粮食作物
水肥一体化技术与实践

吕英华　张里占　李旭光　杨瑞让　编著

中国农业出版社
北　京

编　委　会

FOREWORD 前言

河北省是水资源严重匮乏的省份之一，年水资源总量约205亿米^3，人均、亩均水资源量分别为311和208米^3，仅为全国平均水平的1/7和1/9，列全国第25位和27位，其中农业用水占社会总用水量的70%以上，小麦用水又占农业用水量的50%左右。河北省还是一个典型的旱作农区，全省年均降水500毫米，时空分布不均，冬春连旱、春夏连旱现象发生频度高、范围广、程度重，再加上水资源不足，不合理用水，过度抽取地下水，造成了地面沉降、海水倒灌、机井报废，提水成本增加，已严重制约了粮食生产，制约了社会经济可持续发展。为了治理严重的地下水超采问题，2014年国家在河北省率先启动了地下水超采综合治理试点项目，并把水肥一体化列为重要的农艺节水技术措施进行了推广应用。

水肥一体化技术是一项先进的灌溉施肥技术，被誉为现代农业的“一号技术”。它借助压力灌溉系统，将可溶性固体或液体肥料，按作物的需肥规律和特点，通过管道适时适量地输送到作物根部，在空间和时间上同时满足作物生长所需的水分和养分供给，可以在减少灌溉用水的情况下，通过合理施肥，达到既节水节肥，又能稳定作物产量的效果。据了解，美国、加拿大、以色列等发达国家一直重视水肥一体化技术，以色列水肥一体化应用比例达90%以上，美国是微灌面积最大的国家，25%的玉米、60%的马铃薯、33%的果树均采用水肥一体化技术。我国水肥一体化虽然和发达国家相比有一定差距，但近年来发展迅速，逐步从经济作物向粮食作物拓展，并形成了一系列技术模式，而且从政策层面来看，节水、减肥已经成为我国政府的“国家行动”。

虽然水肥一体化技术是一项成熟的技术，具有节水、节肥、省时、省工、简化、增产、增效的多种优点，已在世界各地得到广泛应用，但水肥一体化技术在粮食作物特别是冬小麦夏玉米轮作下应用刚刚起步，广大用户对技术还不熟悉，建设、维护、使用等环节还需要规范完善。在河北省近年来的试验示范实践探索中，也伴生出现许多在技术和项目管理层面不相适应的矛盾和问题，各环节缺乏统一的技术质量标准，技术设施建设参差不齐、千差万别，缺乏不同作物规范的灌溉施肥制度，用户水肥一体化知识缺乏，严重制约了技术的推广和应用。系统了解和学习建立粮食作物水肥一体化技术非常必要，具有重要的现实意义。

为推进水肥一体化技术的推广应用，结合近年来河北省开展粮食作物水肥一体化的实践，我们编写了《粮食作物水肥一体化技术与实践》。由于水肥一体化是一项不断发展的技术，书中相关描述不足和错漏之处敬请广大读者批评指正。

编　者

2019年7月

CONTENTS 目录

第一章　概　　述

我国农业历史悠久，传统农业经验与现代农业技术结合，解决了13亿中国人的温饱问题，确保了国家粮食安全。但农业生产中也存在水、肥管理粗放、水肥资源消耗量大、利用效率低下等问题。我国每年农业灌溉用水约3 600亿米^3，水分生产效率平均1千克/米^3，与发达国家相比有较大差距。化肥施用量达每年近6 000万吨，化肥利用率不足40%，远低于世界发达国家水平。水肥资源约束已经成为威胁粮食安全、制约农业绿色发展和生态可持续发展的主要限制因素。水肥一体化技术是实现节水、减肥、减少环境污染和降低资源消耗的重要技术手段，因此，大力推广水肥一体化，实现水分和养分的综合协调和一体化管理，提高水肥利用效率，对我国农业转变发展方式，走绿色、高效、可持续发展之路具有重要意义。当前，水资源状况严峻，水肥利用已遇到瓶颈，推广水肥一体化技术，提高水肥利用效率刻不容缓、势在必行。发展水肥一体化技术，用现代高效灌溉设备装备我国农业，能够有效提高农业抗旱减灾能力。水肥一体化本身具备的巨大节水节肥优势，无疑将会成为高效农业发展的强大驱动力。

第一节　粮食安全与水肥一体化

一、确保国家粮食绝对安全

粮食是国民经济发展的重要战略物资，粮食安全关系到国计民生的各个方面，直接影响社会经济稳定。多年以来，中央连续下发中央1号文件，都强调了农业“重中之重”的基础地位，稳定发展粮食生产，重新成为各级政府的重要工作，确保粮食安全，成为今后相当长一段时期农业的首要目标，粮食安全问题也成为社会各界普遍关注的焦点问题之一。

2013 年在中央农村工作会议上习近平总书记首次对新时期粮食安全战略进行了系统阐述。他强调粮食安全的极端重要性，“我国 13 亿多张嘴要吃饭，不吃饭就不能生存，悠悠万事，吃饭为大”。他告诫，“要牢记历史，在吃饭问题上不能得健忘症，不能好了伤疤忘了疼”。习近平总书记说，只要粮食不出大问题，中国的事就稳得住。粮食安全既是经济问题，也是政治问题，是国家发展的“定海神针”。粮价是百价之基，关系物价稳定，是稳增长、保就业的重要支撑。粮食事关国运民生，“民以食为天”，粮食安全是维系社会稳定的“压舱石”，是国家安全的重要基础。习近平总书记反复强调，保障国家粮食安全是一个永恒课题。党的十八大以来，以习近平同志为总书记的党中央始终把粮食安全作为治国理政的头等大事，高屋建瓴地提出了新时期国家粮食安全的新战略，“饭碗论”“底线论”“红线论”……形成了一系列具有重要意义的粮食安全理论创新与实践创新，走出了一条中国特色的粮食安全之路，为国家长治久安奠定了重要的物质基础，并且为维护世界粮食安全作出了重要贡献。

在粮食安全新战略的引导下，从中央到地方形成了一系列兼顾当前与长远的新机制、新举措，更注重改革驱动。2014 年的中央 1 号文件提出，完善粮食等重要农产品价格形成机制。逐步建立农产品目标价格制度，在市场价格过高时补贴低收入消费者，在市场价格低于目标价格时按差价补贴生产者，切实保证农民收益。更注重投入驱动。2016 年 1 月，中央决定加大财政对粮食作物保险的保费补贴比例，提高 7.5 个百分点。中央 1 号文件提出，加大投入力度，整合建设资金，创新投融资机制，加快建设步伐，到 2020 年确保建成 8 亿亩[1]、力争建成 10 亿亩集中连片、旱涝保收、稳产

[1] 亩为非法定计量单位，1 亩＝1/15 公顷≈667 米^2。——编者注

高产、生态友好的高标准农田。更注重调动种粮积极性。2015 年 1 月，国务院《关于建立健全粮食安全省长责任制的若干意见》出台，这是首部全面落实地方政府粮食安全责任的文件，涉及粮食生产、流通、消费等各环节。同年的中央 1 号文件提出，强化对粮食主产省和主产县的政策倾斜，保障产粮大县重农抓粮得实惠、有发展。

二、河北是粮食生产重要省份

河北省属 13 个粮食主产省之一，粮食安全问题与全国其他省份相比，既有相同之处，也有不同之处。一个省的粮食安全与供需平衡问题，不能孤立地自求平衡，必须放在全国粮食安全形势的大局中统筹考虑。河北省地貌类型多样，是全国唯一兼有海滨、平原、湖泊、丘陵、山地、高原的省份。由于地区气候差异，农作物种类较多，主要农产品产量在全国占有重要地位。河北省丰富的土地资源以及气候特点，决定了其粮食生产的季节性和与其他地区的互补性，有利于平抑我国粮食生产的周期性波动，有利于促进国家粮食安全目标的实现。作为产粮大省，河北省粮食生产对稳定全国物价、促进区域经济协调发展、提供维护国家安全战略物资等方面具有重要的意义。

回顾河北省粮食生产历程，河北省的粮食生产总体呈波动增长态势，主要历经 1949—1977 年的改革开放前和 1978 年实施改革开放至今的两个时期。在 1949—1977 年期间，河北省粮食总产从中华人民共和国成立初期的不足 500 万吨提高到了 1 500 万吨。改革开放后 1978—1998 年的 20 年间，河北省粮食生产连续跨越了几个台阶。1982 年河北省彻底摘掉缺粮省的帽子，1991 年实现由粮食调入省向调出省的转变，1994 年粮食总产登上 2 500 万吨台阶，在之后的绝大多数年份里，河北省人均粮食占有量高于全国平均水平，1998 年达 2 920 万吨的历史最高总产。2004 年以后，国家取消农业税，开始向农民发放粮食直补、农资综合补贴、农机购置补贴和良种补贴，粮食生产保持了稳定增长态势，2008 年粮食总产量达到 2 995 万吨，2013 年粮食总产量达到 3 584.87 万吨，首次登上 350 亿千克台阶。2016 年，全省粮食播种面积 10 187.07 万亩，总产量达到 3 782.98 万吨，面积和总产分别在全国排第六位和第七位。在发展粮食生产过程中表现以下几方面的特点：一是粮食生产格局优势品种比例日趋集中。河北省粮食品种主要包括小麦、玉米、大豆、稻谷、马铃薯、甘薯等，随着品种结构的不断调整，1978 年以来，小麦、玉米的产量占粮食总产的比重每 10 年增长 10%，2005 年以后已经达到 90%以上。二是粮食生产产业带逐渐形成。近些年，粮食种植逐渐向优势产区集中。主要粮食作物品种产业带已具雏形。全省初步形成了以京山、京广铁路沿线为重点的优质小麦产业带，以京山、京广铁路沿线和张承坝下地区为重点的优质玉米产业带，以黑龙港低平原区、太行山浅山丘陵区、张承地区为主的优质杂粮主产区。三是全省主要粮食作物区域布局日趋合理，粮食生产核心区作用更加凸显。河北省粮食生产分为太行山和燕山山区、坝上高原、山前平原及黑龙港地区四大区域。太行山山前平原和黑龙港低平原区是河北省粮食主产区，在粮食生产中居于绝对主导地位。山前平原区和黑龙港低平原区两个区域粮食总产占全省粮食总产量的 90%。

分析影响河北省粮食综合生产能力的因素，主要有 4 个方面：一是粮食单产水平的提高。粮食单位面积产量是影响全省粮食总产量的主要因素之一。近几年河北省耕地面积不断减少，但是粮食产量不减反增，依靠的是科技进步。农业科技进步，包括采用优良新品种，推广种植新技术，合理使用化肥、农药，提高粮田复种指数等。二是灌溉及水资源条件。河北省粮食生产一直受到水资源短缺的严重制约。在粮食生产中，每年都会有一些地区遭受不同程度的自然灾害，给粮食生产能力带来不稳定的隐患与风险。其中旱灾是最主要的自然灾害。因此，发展农田灌溉事业，提高抗灾水平，在河北省粮食稳产、增产中具有重要作用。三是耕地数量和耕地质量。一定数量、质量的耕地是粮食生产的自然基础，是粮食安全的根本保障。从河北省耕地数量、粮食总产量变化的总趋势看，由于正处于工业化发展中期和城市化快速发展时期，非农占地仍将继续，耕地数量下降已呈不可逆转之势。四是生产规模大小和机械化水平。现行土地流转方式的随意性和不稳定性，抑制了土地向种田能手户集中，不利于提高粮食单产和稳定总产。河北省90%的农户采取自营农机自耕自种，或农机大户在耕、播等生产环节上为农户提供部分作业服务。因此，现行土地的利用方式，不同程度地制约了规模经营的发展，进而影响粮食产量的提高。农业机械总动力是粮食生产现代化水平的一个重要标志。机械化水平提高，直接从事粮食生产的农民相应减少，劳动成本降低，促进粮食产量的增加。

提高河北省粮食综合生产能力，一要依靠科技。一方面耕地面积不断减少，人口增加和消费水平提高对粮食需求刚性增长；另一方面水资源不断减少，粮食增产与水资源承载力越来越不适应。在这种形势下，河北省提高粮食综合生产能力的关键是要加强农业科技创新，提高粮食生产的科技含量，着重发展节水型粮食生产技术体系，大力提高粮食单产水平。在提高粮食单产上，应重视综合增产技术的集成和应用，以及品种选育、配方施肥、病虫害防治等综合技术的集成与推广。完善农业科技体系，提高技术服务水平。依托省市骨干涉农科研机构，整合科技资源，增加科研投入，重点突破育种、栽培、土肥水高效利用、病虫草害防控、产业经济等制约粮食生产的重大关键难题。完善以省、市、县农技推广机构为主体，科研单位、大专院校、企业和农业社会化服务组织广泛参与的新型农技推广体系建设，扩大新品种新技术的普及率。二要科学利用和严格保护农业资源。重点是保护淡水资源，提高用水效率，藏粮于地、藏粮于水，这是保护和提高粮食综合生产能力的基础性措施。提高雨水利用率，要解决河北省农业缺水问题，必须通过收集和储存雨水的方式，发展节水型农业。大力建设稳产高产、旱涝保收、节水高效的高标准基本农田，因地制宜采用科学合理的节水模式，最大限度地提高水资源的利用效率。三要切实保护现有耕地，确保粮食播种面积，保持粮食生产用地的动态平衡，提高基本农田的粮食产出能力。四要调整耕地管理经营模式，提高机械化水平。机械化耕整地、播种、施肥、收获对粮食增产的综合贡献率可在8%～10%。作为一个适宜机械化作业的平原区域，河北省应紧紧抓住国家建设全程农机化示范区的机遇，全力推进农业机械化特别是粮食机械化的发展。促进农业适度规模经营，提高农业组织化程度。规模化集约化经营水平的逐步提高，将促进种植效益的不断增长。五是依靠国家和省粮食生产优惠政策的稳定支持。要通过支持粮食发展的政策体系，调动农民的种粮积极性，提高农民的种粮收益，确保足够规模的农业资源用于粮食生产。

三、水肥一体化是稳定提高粮食产量的重要措施

水肥一体化可以在限制灌溉施肥的条件下稳定、提高粮食单产。一是水肥一体化是当前国际上先进的灌溉施肥技术，不仅可以显著提高水肥利用效率，还实现了灌溉施肥的机械化，从而使农业生产可以实现全程机械化。二是水肥一体化可以减少过去传统灌溉方式设置垄沟、畦埂对耕地的占用，提高耕地利用率。三是减少灌溉施肥用工，降低生产成本，提高生产效率。河北省几年来田间应用效果表明，采用水肥一体化技术施肥，施肥方式更加合理，施肥时间更容易调控，作物能够更有效地吸收利用养分，水肥耦合效应明显，作物增产显著。总的趋势是小麦产量稳定略增，玉米增产明显。一般小麦增产5%左右，玉米增产15%左右，全年两季可亩增产粮食100千克左右。据石家庄市多点调查，小麦增产在20%以上的地块均出现在沙土地。藁城丰上村沙质土示范区，喷灌处理的小麦产量为539.3千克，常规浇水的小麦产量420.5千克，亩增产118.8千克，增产28.25%；南关街沙质土示范区，喷灌处理的小麦产量为475.4千克，常规浇水的小麦产量388.3千克，亩增产87.1千克，增产22.43%。石家庄市农业科学院在赵县原种场试验，微喷4水的亩产506.63千克，比常规对照亩增产67.1千克，增产15.52%；据高邑试验微喷3次的小麦亩产为411.0千克，微

喷2次的小麦亩产367.0千克，亩增产小麦44千克，增产率12.0%；常规对照亩产368.5千克，亩增产42.5千克，增产率11.5%。

第二节 水资源短缺与水肥一体化

我国是一个农业大国，同时也是一个水资源绝对量大而相对量小的贫水大国，水资源短缺问题已经十分明显。农业是用水大户，应用水肥一体化技术，可以提高水分利用效率，实现节水节肥。

一、水资源状况

水是农业的命脉，是农业最为重要的生产要素之一。水资源不足是我国的基本国情。虽然水资源总量丰富，但人均占有量和单位面积耕地占有量小，大部分地区都存在着不同程度的水资源短缺问题。而随着社会经济的发展，人们对粮食的数量与质量需求提出了更高要求，这就要求更大的供水量来维持。我国农业水资源的特点，一是农业水资源空间分布不均，与耕地分布以及生产力布局不相匹配。从全国分配来看，总体上南方水多、北方水少，东部多、西部少，山区多、平原少。我国长江流域及其以南地区水资源量占全国的82%，而耕地仅占36%，人口占54%。黄淮海平原拥有中国20%的人口和可耕地，但粮食产量占总产量的25%，平均水量仅为全国平均水平的20%，高密度的人口和集约耕作使得地下水水位以年均1米的速度下降，并使得该地区的农业水资源短缺问题大大恶化。二是降水时间分布不均。我国水资源主要来源于大气降水，受季风的影响，我国降水年内年际变化大，造成农业水资源年内年际分配极其不平衡。我国降水时间分配上呈现明显的雨热同期，基本上是夏秋多、冬春少。总体表现为降水量越少的地区，年内集中程度越高。

河北省属全国严重的资源型缺水省份，干旱缺水是制约现代农业发展的主要障碍因素。全省多年平均降水量 532 毫米，人均水资源量从 1956 年的 945 米^{3}减少到 307 米^3，亩均水资源量从 1 380米^{3}减少到 211 米^3，均为全国平均值的 1/7 左右，人均水资源占有量全国排名倒数第四，不及国际上公认的人均 1 000 米^{3}缺水标准的 1/3。远低于国际公认的人均 500 米^{3}的“极度缺水标准”。全省多年平均水资源总量仅为 205 亿米^3，可利用量仅为 170 亿米^3，但一般年份用水量已达 210 亿～220 亿米^3，资源供需矛盾十分突出。“有河皆干，有水皆污”已成为河北省水资源状况的真实写照。

河北省节水工作虽然取得了一定的成绩，但是水资源形势仍十分严峻，目前的经济社会发展基本上是靠超采地下水来维持的。年超采地下水 50 多亿米^3，其中约有一半为深层地下水。全省范围地下水位持续下降，平均每年下降 2 米多。每年浅井报废率为 9%，深井报废率在 3%以上。有些地方机井打到 400～500 米。

河北省是全国地下水开采利用量最大的省份之一，河北省用全国 0.7%的水资源，生产了全国 5.6%的粮食和 10.9%的蔬菜，养活了全国 5.3%的人口，支撑了全国 5%的国内生产总值。

二、水资源用补不平衡导致地下水超采严重

按照国际公认的水资源合理开发利用警戒线为水资源总量40%的标准，河北省水资源合理开发利用总量超过 100%。由于水资源严重短缺，为支撑全省经济社会发展，不得不依靠超采地下水来解决。20 世纪 70 年代，全省地下水年开采总量 100 亿米^3 左右，基本处于采补平衡状态。从 80 年代开始，地下水取用量迅速增加，2002 年取用地下水量 170 亿米^3，超采量 70 亿米^3，为历年最高值。30 多年来，已累计超采 1 500 多亿米^3，其中深层地下水超采量占70%，浅层占 30%。

据河北省国土资源厅发布《2012 年河北省地质环境状况公报》，全省深层地下水平均埋深 57.19 米，最大埋深已经达到 103

米，形成地下水位降落漏斗25个，漏斗面积超过1 000千米^{2}的有7个，成为全国最大的地下水漏斗区。地下水位下降，不仅直接造成取水成本增加，而且致使每年有3万多眼机井报废，无法使用，在沧州、衡水等一些地方现在打井要到300～400米深，才能保证灌溉用水。

由于严重超采地下水，不仅加重了经济社会发展成本，更重要的是造成地下水位不断下降、地面沉降、海水倒灌、地陷地裂等一系列地质灾害问题，给整个生态环境和可持续发展造成严重威胁。不改变农业灌溉超采地下水的局面，还有可能产生更严重的社会生态后果。

三、农业节水势在必行

河北的水资源状况在客观上要求河北经济社会发展必须走节水的路子，必须在节水中求生存、求发展。但是目前河北的用水状况与水资源短缺的严峻形势仍很不相称，节水任务还相当繁重。一是还有3 000多万亩灌溉面积需要进行节水改造，按照目前的发展速度和投入水平，要用10年时间，投入50多亿元。二是要对现有的节水灌溉面积进行技术升级和更新改造。目前已发展的2 800多万亩的节水灌溉面积，大部分是采用低压防渗管道出水口加塑料软管（俗称“小白龙”）二级防渗，进行小畦节水灌溉，技术含量低，节水效果差，是适应当前经济发展水平的过渡性节水措施，从长远看，还要向喷灌、滴灌等高技术方向发展。三是在提高全社会的节水意识，转变人们的用水观念，普及节水知识，推广节水技术，加强节水管理等方面，还有大量的工作要做。

（一）农业是用水大户

据《河北省水资源公报》，2001－2010年河北省10年平均用水量为200.8亿米^3，其中，农业用水量为150.6亿米^3（农田灌溉用水量141.6亿米^3，占70.5%）占75.0%，工业用水量为25.5亿米^3，占12.7%；城镇生活用水量为10.3亿米^3（含公共事业用水），占 5.13%；农村生活用水量为 13.3 亿米^3，占 6.62%；生态用水量为 1.1 亿米^3，占 0.55%。河北省的农田灌溉用水约占总用水量的 70%，其中小麦玉米用水占农业用水的 70%，是造成地下水超采的重要原因。而随着生活水平的提高和农民增收的需要，高耗水的蔬菜和水果面积扩大也是造成持续超采的一个重要原因。目前河北省农业用水结构：农业生产总用水约 150 亿米^3，其中小麦玉米用水约 80 亿～90 亿米^3，蔬菜用水 45 亿～50 亿米^3，果树 8 亿～10 亿米^3，其他约 10 亿米^3。农业用水是绝对的大户。

在农业用水中，小麦和蔬菜是两个灌溉用水最多的作物。河北省是小麦生产大省，常年播种面积 3 000 万亩以上，总产量在 135 亿千克以上，总产居全国第三位，促进小麦生产可持续稳定发展，保障总量平衡，对保障国家粮食安全具有重要意义。但是，小麦生长期间，全省处于干旱少雨的季节，常年有效降雨量在 100 毫米左右，不能满足小麦生产所需的水分，只能靠灌溉来满足小麦的需水，每年小麦灌溉用水在 70 亿米^3 左右，占农业灌溉用水的 50%。因此，小麦是农业灌溉用水最多的作物。同时，河北省也是蔬菜生产大省，常年播种面积 1 800 多万亩，总产量 7 900 多万吨，分别居全国第五位和第二位。蔬菜本身就是高耗水作物，每年蔬菜生产灌溉用水量在 45 亿～50 亿米^3，占农业用水量的 30%左右。

河北省在粮食生产上实现了节水增产，但是总的农业用水量和由此带来的地下水超采情况并未缓解，主要是高耗水的蔬菜和果树种植面积增加导致的。图 1-1 是张光辉研究华北平原 30 年种植业不同作物用水变化情况，结果表明，30 年来，河北省为主体的华北平原粮食面积由 7 000 万亩降低到不足 5 000 万亩，用水量由占灌溉用水的 89.3%降低为 55.2%，而同时，蔬菜面积由不足 500 万亩增加到 2 500 万亩，用水量由农业灌溉量的 0.46%提高到 31.8%，同时果树用水也提高了 1.5 倍。

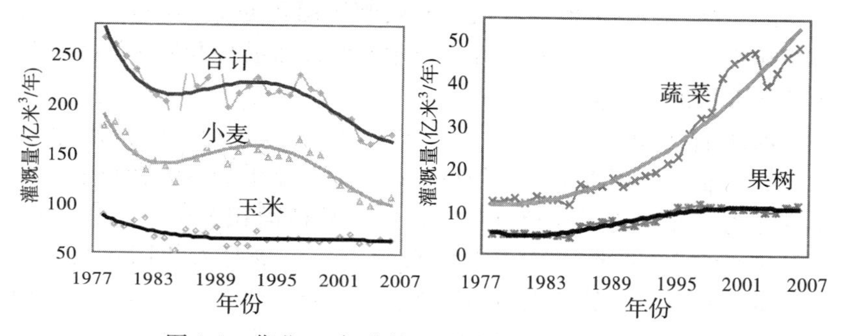

图 1-1 华北 30 年种植业不同作物用水变化情况

（二）农业灌溉情况

我国农业水资源严重短缺，但同时又存在水资源利用效率低下和浪费严重的现象，水资源短缺与粗放低效利用的状况并存，而水资源的粗放低效利用，又加剧了水资源短缺程度。我国农业的灌溉目前仍是普遍沿用“土渠输水、大水漫灌”的方式，灌溉过程中由于蒸发、渗漏等原因，水分损失很多，并且灌溉方式落后，灌溉水量一般都要超出农作物实际需水量的 1/3 甚至 1 倍以上，约有一半的水被浪费。水的利用效率比较低，我国每立方米水的粮食生产能力远低于世界平均水平。我国目前农业灌溉基本还是粗放式，传统的漫灌、畦灌等落后的灌溉方式还随处可见，农业用水浪费非常严重。相比于发达国家，我国在节水灌溉推广方面还有很大的差距。根据国际灌排委员会的统计数据，全世界微喷灌面积达到了 5 303 万公顷以上，其中美国以 1 399 万公顷微喷灌面积居世界首位，以色列、芬兰等国微喷灌已实现了总灌溉面积的 90%以上，而我国还不足 10%，差距非常明显。近几年来，我国加快了农业节水灌溉技术的发展，总结和推广了渠道防渗技术、管道输水技术、畦灌和沟灌技术、喷灌技术、微灌技术、集雨节灌技术、“坐水种”技术、抗旱保水技术以及管理节水技术等多种节水技术。但从整体上来看，农业节水技术水平还处于比较低的层次。2008 年全国节水灌溉面积占有效灌溉面积的 41.8%，渠道防渗和管道输水灌溉等方式仍占主导地位，约占全部工程节水灌溉面积的 42.8%，喷灌和滴灌等高效节水灌溉方式仅占有效灌溉面积的7%左右，与发达国家相比还存在很大差距，并且节水灌溉设备品种和质量还不能满足节水灌溉的发展需要。

河北省农田灌溉用水量150多亿米^3，占全省总用水量71.8%，农业是用水量最大的行业，也是节水潜力最大的行业。冬小麦作为河北省的主要粮食作物，常年种植面积3 000万亩以上，灌溉用水约70亿米^3，占农业用水的50%，既是农业用水第一大户，也是农业节水的最大潜力所在。据统计，以往由于缺乏土壤墒情数据指导，农民灌溉存在盲目性，不能做到因墒灌溉，不但造成水资源浪费，而且对冬小麦生长发育造成负面影响，从而影响产量。通过推广小麦节水高产品种，实施测墒节灌技术及田间保水等综合性技术措施，全省冬小麦大约可节水20%以上，相当于解决农业30亿米^{3}的用水缺口，不仅能为小麦产业的持续稳定发展创造条件，而且可以产生巨大的经济效益、社会效益和生态效益。采用测墒节灌及水肥一体化技术是进一步发展小麦节水的重要途径，对于提高灌溉水利用率和土地产出率，提高农业综合生产能力，促进农民增收，具有重要意义。

近年来，河北节水灌溉发展迅速。各级党委、政府对节水灌溉相当重视。1998年河北省人民政府印发了《河北省全社会节约用水若干规定》，制定和实施了《河北省1998—2000年节水灌溉三年发展规划》。全省平均每年对节水灌溉投入4亿～6亿元，省级财政每年从财政预算、抗旱经费、水利基金、农业综合开发、扶贫等各项资金中安排6 000多万元用于发展节水工程。对各地新建的喷灌工程，省里每亩补助30元，再加上市、县的补助，可以达到工程费用的一半左右，调动了人民群众的积极性。河北省目前已发展节水灌溉面积2 860多万亩，已接近全部灌溉面积的一半左右，其中喷灌面积550多万亩。据测算，全省农业年节水20多亿米^3，近几年连续干旱，凡是有节水工程的地方，抗旱能力明显增强，粮食连年丰收。节水灌溉为河北农业增产和经济社会发展作出了贡献。

（三）农田灌溉存在的主要问题

一是灌溉方式落后，水资源利用率低。目前，农业生产上大多还是采用大水漫灌的方式进行灌溉，浪费现象仍然十分严重。在小麦生育期间一般要灌水 3～4 次水，有的甚至达 5 次之多，壤质土壤每次灌水量需要 40～50 米^3，沙性土壤或地上水灌区每次灌水量在 80 米^3 以上，甚至达到 100 米^3 以上。农业用水浪费现象非常严重。据专家估算，河北省水资源有效利用率只有 40%左右，井灌区也只有 60%，每立方米水生产粮食 1 千克左右，而发达国家灌溉用水有效利用率达 80%，1 米^3 水可生产粮食 2 千克左右，其中以色列已达 2.32 千克。如果农业用水有效利用率提高一个百分点，全省所节约的水量就是 1.4 多亿米^3。因此河北省发展农田节水具有巨大的潜力和广阔的前景。

二是小麦和蔬菜种植面积大，用水多。河北省地处华北平原，环绕京津，不仅是产粮大省和全国第三大小麦主产区，而且也是蔬菜等农产品生产大省，承担一部分京津“菜篮子”副食品供应的任务。常年小麦种植面积 3 000 万亩以上，总产量 1 350 万吨左右，居全国第三位。由于小麦生长在干旱少雨的季节（上年 10 月份至翌年的 6 月份），需要依靠灌溉维持生长，一般年份全生育期需要灌溉 4 次水，每亩总灌水量 200 米^3 左右，每年小麦灌溉用水量在 70 亿米^3 以上。全省蔬菜（含瓜类）常年播种面积 1 900 万亩左右，总产量 7 000 多万吨，分别居全国第五位和第二位。蔬菜本身就是高耗水作物，每茬蔬菜每亩需要灌水 300～500 米^3，全省每年蔬菜生产灌溉用水量在 45 亿～50 亿米^3。小麦和蔬菜两种作物用水量占整个农业用水总量的 85%左右。

三是对农田节水认识不足。农业节水具有公益性、社会性，节约用水产生的是社会效益、环境效益，与农民的利益结合不紧密，因此，对节水农业重视不够，不少地方还没有把农业节水作为制约农业可持续发展、乃至整个社会经济持续发展的重大战略问题来认识，特别是农民节水意识不强。

四是对农田节水重视不够。农业用水占全社会用水总量的

74.7%，节水的大头在农业，农业节水的关键在田间。但目前一提到节水，更多关注的是城市和工业节水，一提到农业节水，往往关注的是田间以外输水过程中的节水。灌溉用水输送到田间以后，只有40%左右的水分被作物吸收，其余60%的水分被蒸发和渗漏，白白浪费掉了。如何控制农田水分蒸发和渗漏，减少水资源的浪费，将是农业节水的关键所在。

五是对生物节水和农艺节水重视不够。现在人们普遍对工程节水较为重视，而往往忽视生物节水和农艺节水。推广节水抗旱品种，采取科学灌水技术可节水25%～40%。因此，生物节水和农艺节水是投资少，见效快，能够有效减少农田水分消耗并提高农作物产量卓有成效的措施。

六是对农艺节水投入不足。长期以来，对节水品种、水肥一体化、地膜覆盖、秸秆免耕覆盖、农机深松、播后镇压等农艺节水措施重视不够，投入严重不足，制约了农艺节水技术的推广。

七是管理机制不健全。农业水价改革滞后，绝大多数地方还没有对农业灌溉用水进行计量，市场在水资源配置中没有发挥主导作用，用多用少一个样，没有体现出多用水多拿钱，少用水少拿钱，难以调节人们的用水行为。

（四）制约农田节水的因素

农田灌溉技术的发展，有许多制约因素，包括体制、机制、政策、科技、投入、管理和思想观念等各个方面。目前影响河北农田灌溉发展的主要因素是：

一是农民种粮增产不增收，影响了对农田灌溉投入的积极性。近年来，农民负担居高不下，收入增长缓慢。尤其是粮食价格下跌，种地成本上升。目前，农民种一亩地，两季作物机耕、机播、机收需要70多元，种子、化肥、农药需要约120元，浇五水需要电费约100元，总计成本约290元。而两季作物的收入只有五六百元，除去人工费等支出，所剩无几。种地收益的下降，直接影响了农民的种地积极性和对农田节水灌溉的投入。

二是农村“大锅水”使节约用水与农民利益没有直接挂起钩

来。1993 年 7 月，中办、国办联合发文，要求对农业用水暂缓征收水资源费五年。五年后，农业灌溉用水的水资源费仍然没有征收，农业灌溉用“大锅水”现象仍然十分普遍。由于水不收费，不用白不用，用多用少一个样。农民能够感受到的节水直接经济效益主要是节省电费，而不是省水。一些地方的地下水埋深较浅，省电的经济效益不明显，农民投入发展节水灌溉的积极性不高。

三是当前联产承包责任制的生产方式，使推广喷灌等高效节水形式受到一定制约。对于喷灌等高效节水形式，属于大面积整合作业方式，适合在集约经营程度较高的大块耕地上使用。目前农村土地基本上是“一家一户一小条”，农民拥有相当大的自主权，种植结构很难统一，实行喷灌、统一浇水难度较大。在喷灌过程中，存在着统一播种、统一施肥等方面的困难，在浇水顺序、浇水多少等方面容易引发矛盾。

四是节水灌溉的一次性投入较大，农民缺乏投资能力。节水灌溉工程，尤其是高效节水工程，如喷灌、滴灌、渗灌等一次性投入较大。打一眼机井需要 10 多万元，还需要管道、电源等配套设施。再发展喷灌，一亩地还需投入 200 多元，省财政补贴 30 元，市县加起来一般也补助 30 元，其余都需农民自筹解决。现在河北大部分地区老百姓还不富裕，很难拿出更多的钱来搞节水灌溉。

五是用于节水灌溉的贴息贷款，在发放、使用和管理上存在一些实际问题。银行体制改革以后，农业银行成为商业银行，用于节水灌溉的贷款利润率较低，发放又很麻烦，因此积极性不高。

六是农民传统的浇地习惯也给节水灌溉增加了难度。长期以来，农民祖祖辈辈都是大水漫灌，浇地而不是浇作物。使用喷灌，即使灌溉定额够了，还总觉得浇水不足，地表不出现明水就不放心，节水宣传和科学普及工作任务仍很重。

（五）农田节水的主要途径

1. 以节水品种为重点的生物节水技术途径 同一作物不同品种之间，水分利用率和抗旱节水性能有较大的差异。针对小麦需水大的问题，石家庄市农业科学院、河北省农业科学院旱作所、中国科学院遗传发育研究所农业资源研究中心、沧州市农业科学院等科研单位，经过多年不懈的努力，已培育出石麦15、衡观35、石家庄8号、小偃81、沧麦6002等一大批节水小麦品种，不仅抗旱节水性能好，而且产量水平与普通品种差异不大。比如石家庄市农业科学院培育的“石家庄8号”小麦品种，经专家鉴定，试验田在全生育期仅灌1次水的情况下，亩产量可达500千克，在大田生产中只灌2次水，亩产也可达500千克，实现了节水与高产的统一。

小麦节水有很大的潜力。第一，品种节水有潜力。不同品种在同等灌水情况下，抗旱节水性能和水分利用效率具有较大的差异。据石家庄市农业科学院近两年在河北赵县新建原种场对近十年100个国审品种进行浇水试验，结果显示，在足墒（相对含水量70%）播种、自然降水的基础上，在旱作（零水）、限水（拔节期灌1次水）、节水（在拔节、抽穗期灌2次水）3个处理中，不同小麦品种之间，抗旱节水性能差异明显。因此在生产上，应该选用节水性能好、产量较高的品种，提高作物水分生产效率，实现节水和高产、高效相统一。

第二，减少灌水次数有潜力。目前，全省小麦全生育期一般浇水3～4次，多的达5次。据石家庄市农业科学院连续10年（2005—2014年）进行灌水研究表明，在底墒充足的情况下（田间持水量70%～80%）灌3水和4水的产量与灌2水的差异不显著，在不灌水和灌1水、2水的情况下，随着灌水次数的增加产量相应提高，灌水次数再增加，增产幅度变小。对深州市前营村的1.8亩衡观35小麦研究表明，只在春季拔节期浇1次水的情况下，亩产达663.8千克，实现了节水与高产的统一。因此，在生产上应该大力推广节水品种，适当减少灌水次数。在现有灌水的基础上应普遍减少1次水，在保水能力较强的高肥力土壤上应推广丰水年春季只灌1水，干旱年灌2水的节水灌溉技术，可节水25%～40%。如果全省小麦少浇一次水，即可节水17.5亿米^3。

第三，利用深层土壤水分有潜力。小麦根系大多分布在深度50厘米的土层内，最深可达2.5米以上，能够利用深层土壤水分。

自然降水进入土壤后，以多种状态储存于土壤中形成土壤水，土壤水是小麦可利用的循环资源。根据石家庄市农业科学院研究，玉米收获以后，2 米土体田间持水量一般在 60%以上，储水量为 500 毫米左右，相当于 335 米^3/亩的储水量。因此，在地下水超采严重的地区和干旱地区，应适度发展旱作雨养小麦，如果推广抗旱品种，配套抓好节水技术，亩产也可以达到一个较为理想的数值。

2. 以蓄水保墒为重点的旱作农业技术途径 河北省有纯旱地 2 000多万亩，这些耕地没有水浇条件，完全依靠天然降水维持生产，主要分布在坝上高原、冀西北间山盆地、燕山山地丘陵、太行山山地丘陵、黑龙港低平原等五大旱作类型区。为了提高这些旱地的生产能力，多年来省委、省政府把发展旱作农业作为农业工作的重点，1998 年省政府办公厅下发了《河北省 1998—2000 年旱作农业工程建设发展规划》，2000 年省人大常委会通过了《关于加快发展节水和旱作农业的决议》，2006 年省政府制定并下发了《河北省旱作农业工程建设规划（2006—2010 年）》。省财政先后投入 1.3 亿元资金支持发展旱作农业，示范推广了地膜覆盖、沟播栽培、集雨补灌、错季栽培等十大旱作农业技术，形成了“一优（推广抗耐旱作物优良品种）、二调（调整旱地产业结构和作物结构）、三改（改跑水、跑土、跑肥的‘三跑田’为保水、保土、保肥的‘三保田’、培肥改土和耕作改制）、四结合（工程措施与生物技术、农机措施与农艺技术、蓄墒措施与保墒技术、传统抗旱措施与现代抗旱技术相结合）”的旱作农业技术体系。全省累计推广旱作农业技术面积 4 000 多万亩次，示范区每毫米降水生产粮食由以前的 0.28 千克提高到了 0.40 千克。比如，农作物地膜覆盖栽培，增温、保墒、增产作用十分明显，是一项很好的旱作农业技术。目前，河北省地膜覆盖面积 1 800 多万亩，主要应用于春玉米、马铃薯、谷子、甘薯和蔬菜等作物。河北省地膜玉米亩产一般在 800 千克左右，高产地块亩产能够达到 900 千克，甚至达到 1 000 千克，比不盖地膜的对照田亩增产 200 千克以上，增产效果十分明显。河北省张家口地区针对干旱少雨的实际，大力推广了“全膜双垄沟播技术”。该技术集保墒、集雨、增光、增温、除草等于一体，比不盖地膜的对照田亩增产 250 千克以上。一般情况下，1 毫米降水最多只能生产 1 千克粮食，而利用该项技术可达到 2.2 千克，使旱地水分利用率由 30%提高到平均 80%以上，有效解决了旱作农业受制于水的难题。

3. 以镇压、深松和测墒等措施为重点的农艺节水技术途径 近年来，我们针对小麦生长期长、需水量大的实际，示范推广了小麦土壤深松、适时晚播、播后镇压、推迟春季第一次浇水时间、测墒灌溉和玉米免耕播种、适时晚收等一大批农艺节水技术，通过调控土壤和农作物生长，达到省水、节水的目的。比如，土壤深松可以打破犁底层，促使根系下扎，提高土壤蓄水能力，建立土壤水库的作用，是一项很好的农艺节水措施。自 2010 年开始，河北省政府把实施农机深松作为挖掘粮食增产潜力的重要举措，累计安排资金 3 亿多元，开展农机深松作业 1 200 万亩，粮食主产区实施农机深松作业的麦田平均增产 10%以上。2013 年 6 月初，李克强总理在河北省麦田视察时指出，“农机深松技术很好，河北省工作力度很大，应该在全国范围内推广”。8 月 16 日国务院常务会议强调，“支持主产区开展机械深松整地”。为落实好总理指示精神，结合农业部深松整地总体部署，省政府研究制定了农机深松 3 年计划，2013 年安排专项资金 2.5 亿元，对 100 个项目县开展 1 000 万亩农机深松作业给予补贴，2014、2015 年各安排 2 000 万亩，争取到 2015 年底全省适宜深松地块全部深松一遍。小麦播后镇压，可以有效地碾碎坷垃、踏实土壤、增强种子与土壤的接触度，减少土壤水分蒸发，起到保墒作用，能够有效减轻小麦冬季遭受干旱和冻害的影响。目前，小麦适时晚播、推迟春一水、播后镇压、玉米免耕播种等农艺节水技术，已经得到广大农民群众的认可和应用。

深松是一项很好的保墒节水技术。针对深耕土壤翻动大，作业成本高，土壤水分蒸发快，作业后地表有墒沟，不易平整，将犁底层的生土翻到表层等缺点，近年来，河北省通过财政补贴的方式，在全省大力推广了农机深松技术。根据河北省农机修造总站试验总结，深松具有以下三项作用：第一，可以增强土壤通透性，提高抗旱防涝能力。深松作业有效破除坚硬的犁底层，促进土壤蓄水保墒能力，增强抗旱防涝能力。主要表现在一是接纳降水能力明显增强。根据他们试点统计，在5～9月降雨376.6毫米条件下，深松作业后贮水深度达到110～150厘米，而有封闭式犁底层的土壤贮水深度只达60厘米。土壤贮水容量能增加15%左右，形成地下"土壤水库"，可以减少浇地次数1～2次。二是"伏雨春用"。底层土壤贮水增多，使土壤水分分布较为平均，有利于次年雨季前的抗旱，即变伏、秋降雨为春墒。据春季麦田调查，8～16厘米含水率平均增加2.12个百分点，16～24厘米含水率平均增加1.14个百分点。三是减少水土流失，提高防涝能力。深松作业后，降水能够迅速渗入土壤，在降暴雨、急雨时，减少了地表水的径流和表土流失。第二，深松还能够改良土壤性能，促进作物生长。主要体现在：一是深松作业增加了土壤耕层的厚度，耕层由原来的10厘米左右，局部增加到25厘米，拓展了作物根部的生存空间，在作物苗期生长得到体现。据定州、鹿泉等地的小麦苗情调查情况表明，与对比田相比，深松地块主茎叶片数平均增加1.4片，单株分蘖数平均增加1.3个，单株大蘖数平均增加0.8个，次生根数平均增加0.6条，株高平均增加0.58厘米，苗齐苗壮，效果显著。二是深松虽然不翻转土壤，但是却将下部的土壤进行疏松，有效解决了土壤板结问题，增强了土壤上下层之间水肥气热的传导与循环，有利于土壤微生物的正常繁殖，为作物生长创造良好环境。第三，多项效果叠加，提高作物产量。由于农机深松技术融合农机深松、优良品种、化肥和科学管理等多项新技术，使农机农艺结合达到一个新的高度，增产效果非常明显。根据近几年多点示范调查，玉米平均亩增产63.64千克，增产率11.83%；小麦平均亩增产41.7千克，增产率9.51%。由此可以看出，农机深松技术是一项很好的蓄水保墒丰产耕作技术，应该持续推广下去，每3年对耕地深松一遍。

4. 以水肥一体化为重点的现代农田节水技术途径　近年来，针对农业生产大水漫灌，水资源浪费严重的现象，我们积极引进学习借鉴以色列、新疆等国家和地区的先进节水技术、节水经验，在蔬菜生产上示范推广了膜下滴灌水肥一体化技术，在小麦玉米生产上示范推广了微喷水肥一体化技术，收到了很好的效果。据石家庄市试验，水肥一体化农田节水技术与传统畦灌方式相比，在蔬菜生产上可以节水 2/3 左右、节肥 1/3 左右，在小麦生产上可以节水 30%～40%，在玉米生产上既能起到节水作用，又可有效地解决中后期追肥困难，亩产可提高 100 多千克，增产和省工效果十分明显。新疆维吾尔自治区和建设兵团在中央和地方财政的大力扶持下，在棉花、蔬菜、瓜果生产上，大力推广了膜下滴灌水肥一体化技术，目前已经推广到 2 000 多万亩，占有效灌溉面积的 64%，对农作物做到了适时适量灌溉，一般节水 50%左右，节肥 1/3 以上，减少打药 2～3 次，亩减少用工成本 100 元，并且实现了农作物的集中连片种植，提高了土地的集约化经营水平。水肥一体化技术将是今后农田节水的最佳选择。

水肥一体化高效节水技术有发展潜力。水肥一体化是一项利用管道灌溉系统，将肥料溶解在水中，同时进行灌溉与施肥，适时、适量地满足农作物对水分和养分的需求，实现水肥同步管理和高效利用的农田节水技术，它不仅能大幅度降低农业用水和肥料，同时还具有省工、省力、增产、增效、环保、安全等优点。这项技术在发达国家被广泛采用，以色列 90%以上的农作物实现了水肥一体化。我国新疆维吾尔自治区和建设兵团在棉花、番茄等作物上应用面积达到 2 000 多万亩。这项技术河北省首先在蔬菜生产上开始应用，目前技术已经成熟，应用面积相对较大，在小麦玉米等大田作物上刚刚起步。

蔬菜生产推广应用的滴灌、微灌、微喷等水肥一体化技术，节水效果非常明显。据河北省农业技术推广总站对设施黄瓜和露地大白菜不同灌溉方式节水效果调查，膜下滴灌节水效果最好。以黄瓜生产为例，按照一年两季生产配置计算，越冬茬与早春茬搭配，或早春茬与秋冬茬配置。膜下滴灌比常规沟灌方式两种茬口分别节水 177 米^3/亩和 141 米^3/亩，平均年节水 159 米^3/亩，节水率

58.21%。膜下沟灌比常规沟灌两种茬口年节水量分别为 141 米^3/亩和 132 米^3/亩，年均节水 136.5 米^3/亩，节水率 50.31%。

露地蔬菜以大白菜为例，他们对传统漫灌、喷灌、膜下沟灌、膜下滴灌等不同灌溉方式进行试验调查，传统漫灌亩均耗水 600 米^3，膜下沟灌为 480 米^3，管灌为 410 米^3，喷灌为 190 米^3，膜下滴灌为 110 米^3。从对比数据看，膜下滴灌、管灌、喷灌、膜下沟灌，分别比大水漫灌亩均节水 490 米^3、410 米^3、190 米^3 和 120 米^3，节水率分别是 81.7%、68.3%、31.7%、20.0%

通过试验和调查发现，蔬菜水肥一体化技术不仅实现了从大水漫灌向浸润式灌溉转变，浇地向浇作物转变，实现了节水，而且由单一浇水向水、肥、药合理调配的“营养液”转变，能够明显降低棚室湿度，减轻病害发生，减少农药使用，有利于发展无公害绿色农产品，达到了节约水肥、节省劳力、改善品质、增产增收的效果。

近几年，借助国家“增产千亿斤①粮食生产能力规划”田间工程项目，河北省在石家庄、邯郸、衡水等 30 多个县（市）开展小麦玉米微喷水肥一体化技术示范，综合分析小麦玉米微喷水肥一体化技术，其具有两节（节水、节地）、两省（省工、省电）、两增（增产、增效）的效果。一是节水。壤质土壤麦田春季一般浇 2～3 次，亩灌水量 100～130 米^3 左右；采用微喷水肥一体化 3～4 次，亩喷水量只需 80～90 米^3 左右，亩节水 30～50 米^3。沙质土壤麦田春季一般需要浇水 5～6 次，亩灌水量 360 米^3 左右；微喷灌溉 5～6 次，用水量 130～160 米^3 左右，亩节水在 200 米^3 左右。二是节地。应用微喷水肥一体化技术后，可以去除地头的大垄沟、田间小垄沟和田间的畦背，增加了农作物的有效种植面积，亩节地 10% 左右。三是省工省时。应用微喷水肥一体化技术后，农民仅需开关阀门就能完成田间灌溉及追肥，省去了清垄沟、扒畦背、扒边埂、撒化肥等田间操作工序。普通畦灌每 2～3 小时浇 1 亩地，1 眼机

① 斤为非法定计量单位，1 斤=0.5 千克。——编者注

井需两人施肥、改畦、看管；而使用微喷水肥一体化技术后 1 小时浇 2 亩地，1 人可看管 2 眼机井。应用微喷技术春季麦田管理每眼井可省工 30～50 个，每次灌溉可省时 3～5 天，工时节省一半。四是省力。微喷技术不但省工省时，解放了劳动力，降低了劳动强度。雇佣人员年龄范围较广，从 20 岁到 70 岁都可以从事该项工作，也为种植大户、合作社等组织解决了雇工难的问题。五是增产。使用微喷水肥一体技术后，沙质土壤小麦增产 10%以上，壤质土增产 5%以上；壤质土壤玉米增产 5%～10%，沙质土壤增产 15%以上。六是节本。应用微喷水肥一体化技术后，由于灌溉时间缩短而减少了用电量，降低了种田成本。

但是，在调查中也发现，小麦玉米微喷水肥一体化技术还存在一定的局限性和实际问题，由于这项技术需要以每眼井为单元进行实施，一般每眼机井覆盖耕地 80～100 亩。所以，该项技术适宜在农民专业合作组织、种粮大户、家庭农场等新型经营主体土地经营规模较大的地方推广。在实际操作中，还存在沙子堵眼、麦收季节需要对田间横管进行拆卸、铺设和卷收软管费工费力等问题。但是，它把现代化农业装备与农田节水技术相结合，代表了现代农业发展方向，通过不断完善、改进和创新，必将在全省大面积推广应用。

除以上节水技术之外，广大农业技术人员和农民群众在生产实践中总结积累了一大批抗旱节水保墒技术。比如，增施有机肥、以肥调水、耙耱保墒、播后镇压、秸秆和地膜覆盖、冬小麦小畦灌溉、适时晚播、推迟春一水等农艺保墒节水，这些农艺技术也有很好的节水效果，仍然具有很强的指导作用，应该在生产上大力推广，让这些技术发挥更大的作用。

（六）农田灌溉发展方向

1. 站在可持续发展的高度考虑节约用水 为了抗旱保丰收，人们还在打更多、更深的井，不少人仍以为缺水只要打井就行了，而不考虑水资源的节约和保护问题；为了增加粮食产量，节水灌溉省下的水又被用来扩大灌溉面积，水还在越用越多。全省每年农业节水 20 多亿米^3，只是工程型节水，而不是资源型节水，因为节省下来的水又被用掉了，实际上没有省下水。因此，应该从可持续发展的高度认识节约用水，从更宏观的角度考虑节约用水。如在北方缺水地区，是否调整种植水稻、小麦等高耗水的农作物？是否还要不断地扩大灌溉面积？是否要用几万年前生成的、回补速度非常慢的深层地下水来灌溉生产已经相对过剩的粮食？是否可以为抗旱保丰收而不顾后果地超采地下水？

2. 从全局角度综合考虑农业节水　节约用水不仅仅是一个工程问题、技术问题，而且是个社会问题、经济问题。节水灌溉涉及农业种植结构的调整，涉及农村家庭联产承包责任制经营方式，涉及农村基层组织的作用，涉及产业结构调整，涉及种粮的效益和农民的切身利益等问题。这些都不是水利部门一家所能解决的，需要各部门密切配合，紧密协作，统筹考虑制约节水灌溉发展的各种因素，采取多种有效措施，促进节水灌溉的发展。

3. 建立起有利于节水灌溉发展的机制　农民是发展节水灌溉的主体。必须将节水灌溉与农民的切身利益紧紧联系起来，使广大农民真正感觉到节水与自己休戚相关，变要农民节水为农民自觉自愿节水。要利用经济手段，通过提高水费、征收水资源费，打破“大锅水”，提高用水成本，增强农民节水的主动性。利用行政手段，制定用水定额，奖励节水，限制浪费，在地下水超采严重的地区，可以考虑采取类似于林业部门“封山”或渔业部门“休渔”的措施，限采地下水。利用财政手段，通过财政补贴、贴息贷款等方式，引导和鼓励农民发展节水灌溉工程，降低农民的节水成本。通过技术服务使农民能够掌握先进的节水技术和技能。

4. 增加农业节水投入　节水灌溉既有经济效益又有社会效益。按照“谁受益、谁负担”的原则，节水的投入应该由农民和社会共同承担。对于直接的经济效益，如节水、节电、省地、省工、增产、增效等，应该由农民承担相应的投入。而节水所带来的社会效益，如改善环境、减轻水资源的供需矛盾等，应该由社会（政府）来承担相应的投入。农业是弱势产业，对农业实行补贴是国际上通行的做法。中国加入 WTO 以后，农业将不可避免地受到强烈冲击。为了保证我国的粮食安全，保护农业，保护农民的利益和种粮积极性，政府应该加大对农业基础设施建设的投入，特别是增加节水灌溉的投入，改善农业生产条件。国家 300 个节水增产重点县建设已经取得了明显成效。今年将进入全面验收阶段。调研中，各地普遍认为这是一种很好的形式，希望能够继续搞下去，保持目前国家的节水投入水平，并努力开辟新的资金渠道。

5. 加强节水工程管理 节水工程能否发挥应有的效益，很大程度上靠管理。通过我们调研了解，河北各地在节水灌溉工程管理上大体有 3 种模式：一是由村委会统建统管，由专门人员负责管理使用井泵及节水设施，一般按浇地面积收取浇地费用和人员工资，有的集体经济实力比较强的村则由村委会统一支付人工工资，不收或少收浇地费用。二是通过拍卖、租赁、承包等方式，将机井及节水设备的使用权和经营权交给个人经营管理。三是承包大户，对承包土地进行小型农场式经营，发展节水灌溉，水源和节水设施等均由自己负责管理和使用。总的来看，后两种模式管理好，问题少。集体管理的也有一些成功的做法和经验，应认真总结。要把发展节水灌溉与农村小型农田水利工程产权制度改革结合起来，建立一套适合我国国情的管理机制，提高管理水平，促进节约用水。

第三节　科学施肥与水肥一体化

一、肥料施用与农业生产

保障粮食安全是关系到国计民生的大事。我国人多地少，人均占有耕地仅为世界平均的 40%，美国的 1/7。在有限的耕地面积上，要进一步增加粮食总产量，满足人民不断增长的需要，只能依靠单产的提高。但要提高单位面积的产量，必须增加物质的投入，其中增施化肥是不可缺少的措施。我国近代农业的发展史已充分表明，没有化肥的投入，是不可能有今天人们的丰衣足食。世界农业发展的实践证明，施肥，尤其是化肥，不论是发达国家还是发展中国家，都是最快、最有效、最重要的增产措施。据联合国粮农组织的资料，在发展中国家，施肥可提高粮食作物单产 51.4%。美国科学家认为，如果立即停止使用氮肥，全世界农作物将会减产 40%～50%。我国大量研究表明，在粮食增产中，化肥的作用占 50%左右。施用化肥可提高粮食单产 40%～50%，粮食总产中约有 1/3 是施用化肥的贡献。我国从 20 世纪 70 年代末开始，大力推进化肥施用，化肥总消费量由 1977 年的 596 万吨增加到 2005 年的 5 000 万吨左右。相应地，近几年我国粮食产量已接近 5 亿吨左右，比 1978 年增加近 80%。我国用占世界 9%的耕地养活了占世界 22%的人口，并且提高了营养水平，靠的是提高作物单位面积产量，其中化肥功不可没。

化肥同粮食一样是关系到国计民生、影响社会稳定的特殊产品。中国在经济发展过程中，面临着耕地减少且人口增加的严峻考验，而在诸多影响粮食产量的因素中，施用化肥是最快、最有效、最重要的增产措施。20 世纪 90 年代中后期中国农业生产全面丰收，除政策、气候等因素的作用外，一个不可否认的重要事实是，中国 1985—1988 年化肥施用量快速递增，连年叠加的化肥后效发挥了重要作用。从 1980 年起，据中国统计年鉴数据可以算出中国化肥施用量以年均 4%的速度增长，从世界范围来看中国已成为世界上最大的化肥生产国和消费国。2011 年中国化肥施用量达到6 027.0万吨，化肥的平均施用量是发达国家化肥安全施用上限的 2 倍。1998—2004 年，中国粮食总产量呈下滑趋势，相应的施肥量仍增加，两者的趋势出现了背离。中国农业生产面临着增肥不增产、化肥施用过量和养分利用效率下降等重大问题。

从河北省化肥施用的历史看，施肥存在 3 个发展阶段。一是起步阶段（1979—1992）。20 世纪 70 年代，化肥，主要是氮肥、磷肥，得到广泛推广应用。这段时期施肥技术的重点是，推广氮肥深施、碳酸氢铵造粒、氮磷配合施用和根外施肥，逐步开展土壤和作物营养诊断。1979 年，河北省革命委员会农业局转发石家庄市农业局《关于施用化肥和开展营养诊断情况的报告》，要求各地参照石家庄市经验，搞好小麦春季合理施用化肥和营养诊断工作。1980年、1981年，河北省农业局连续两年将氮磷肥混施、麦田增施磷肥、碳酸氢铵造粒深施、土壤和作物营养诊断施肥技术列为全省农业技术重点推广项目，化肥用量和施肥技术有了较大提高。全省化肥用量1977年为220万吨，平均每亩耕地22千克，到1983年化肥用量达到345万吨，每亩耕地平均34.5千克。施肥技术不断改进，施肥方法改撒施为深施，改单施为氮磷肥配合施用。1984年河北农业工作会议将配方施肥技术列入土壤肥料技术推广工作重点，当年全省推广配方施肥技术3 970万亩。1985年河北省提出小麦生产“以磷定氮”的配方施肥指导思想，逐步建立起测土、开方、供肥为一体的配方施肥技术体系。据典型调查，平均每亩增产粮食10%左右，高的达20%。二是提高阶段（1993—2004年）。这个阶段，国外先进试验方案被引进并开始应用，高标准平衡施肥技术逐渐得到应用。1993年联合国计划开发署（UNDP）无偿援助河北省在唐山市推广平衡施肥技术项目。项目主要以土壤分析和肥效试验为手段，建立施肥模型和信息数据库，研究确定褐土、潮土区冬小麦、夏玉米轮作合理施肥技术。试验、示范结果表明，平衡施肥比习惯施肥一般增产8.2%～10.1%。联合国平衡施肥项目运用了加拿大土壤化验室技术操作规范，对于限制土壤样品批处理量的部分测试辅助装置进行了创新改造，减轻了化验操作人员的劳动强度，提高了河北省土壤化验室自动化、批量化测试分析水平；引进了先进的试验技术方案，依据试验结果，建立了冬小麦、夏玉米推荐施肥模型，掌握了土壤肥力现状及变化规律，确定了推荐施肥的主要技术参数和推荐施肥技术，依据该参数和土壤耕层养分调查结果，建立了平衡施肥基础数据库和施肥专家咨询系统，为推广平衡施肥技术提供了科学依据。1996—2005年，平衡施肥技术列为农业部十大重点推广技术之一。三是快速发展阶段（2005年—2015年）。这个阶段，政府高度重视施肥工作，投入大量资金购置化验仪器设备，开展人员培训、土壤测试和田间肥效试验，大面积推广测土配方施肥技术。2005 年，农业部在全国启动了测土配方施肥补贴项目。自测土配方施肥项目实施以来，全省 151 个县（市、区）实施了测土配方施肥项目，覆盖到全省所有农业县。项目围绕测土、配方、配肥、供肥、施肥指导五个环节开展野外调查、采样测试、田间试验、配方设计、配肥加工、示范推广、宣传培训、数据库建设、耕地地力评价、效果评价和技术研发等开展工作。通过多年来项目的实施，摸清了耕地土壤肥力基本状况，初步建立了主要作物施肥指标体系，完善了测土配方施肥服务体系，推行了“一村一站、一户一卡”、配方信息上墙、站企结合等多种测土配方施肥推广服务模式，探索了配方、生产、销售“三位一体”有机结合的工作机制，促进了广大农民施肥观念的转变，过量施肥、施肥结构不合理现象得到极大改善，施用肥料逐渐由单质肥料、低浓度肥料向复混肥料、配方肥料、商品有机肥转变，施肥方法由撒施、表施向深施和因土、因作物施肥转变，测土施肥、配方施肥和施配方肥的科技意识得到增强，取得了明显的经济、社会和生态效益。

虽然测土配方施肥技术推广，使全省科学施肥技术水平大大提高，但不可否认肥料使用中仍然存在一些问题。忽视施用有机肥，施肥手段、设备相对落后，不能满足机械化施肥需要，不能根据作物需肥特性从时间、空间角度按时、定位施肥。特别是受粮食产品价格波动影响，农民对采取科学施肥重视不够，有的只图省事，盲目施用，有的降低投入，施肥不足。化肥利用率不高，只有30％左右，化肥增产效益下降。资源利用率不高，不仅造成浪费，使种田成本增高，而且污染环境。化肥流失造成环境污染，引起地下水及河流湖泊的富营养化，蔬菜等农产品中硝酸盐含量超标，直接危害人畜健康。大型畜禽养殖场和城市粪便、生活垃圾利用不充分造成的污染日益严重，已危及城乡人民生活，焚烧农作物秸秆，污染空气，危及交通安全。由于肥料使用不当和生态环境破坏，耕地地力下降、土壤沙化、退化，也直接影响农业生产的持续发展。

二、提高科学施肥水平的关键环节

(一) 控制化肥施用量

2016 年中国农用化肥施用量 5 984 万吨，化肥的平均施用量是发达国家化肥安全施用上限的 2 倍。中国化肥施用量较高有诸多方面的原因，其中，中国农民文化水平低，科学施肥技术推广难度大，农民科学素质普遍偏低。农业生产中仍存在盲目施肥现象，缺乏科学技术指导，化肥利用率和使用效率不高，化肥浪费严重。2005 年开始国家实施测土配方施肥项目，大力推广测配产供施一条龙服务，免费为农民进行测土，出具施肥配方，指导农民科学施肥，同时加强农企合作，大力推广应用配方肥，促进了科学施肥技术的普及应用。2015 年农业部开始实施化肥使用量零增长行动，采取精调改替的技术路径，即精准施肥、调整化肥施用结构、改进施肥方式、有机肥替代化肥，大力推广化肥减量增效技术，化肥利用率有了大幅度提高，化肥使用量实现了零增长。根据农业部公布的数据，2017 年中国主要粮食作物的氮肥利用率平均为 37.8%，虽然有了很大提高，但与欧美等发达国家相比仍有不小的差距。目前，美国粮食作物氮肥利用率大体在 50%，欧洲粮食作物氮肥利用率大体在 65%，比中国高 12～27 个百分点。当前，应继续采用可靠的肥料效应函数法和测土施肥法，掌握施肥量与产量间的定量关系，判定土壤养分丰缺程度，提出合理施肥的数量和比例。对于施肥量的确定要统筹考虑增产、经济和生态环境，实现增产施肥、经济施肥、生态施肥相统一。另外，要促进科学成果转化，做好科学施肥技术的推广和宣传，将科研中较好的施肥技术应用到实际的生产生活中，改变以往的施肥观念，做到科学有效地利用化肥。

(二) 改变施肥方式

中国现实生产中，受劳动力转移、施肥机械不匹配、施肥方式落后等多种因素影响，化肥表施撒施、“一炮轰”、“重基肥轻追肥”等较普遍，由此造成化肥利用效率低、养分损失大等问题。因此，需加强对施肥方式的改进，采取农机农艺相结合，研发推广施肥设备，改表施、撒施为机械深施、水肥一体化、叶面喷施等形式，转变施肥方式，提高施肥效率。

（三）调整化肥施用结构

调整氮、磷、钾养分配比，促进大量元素与中微量元素配合施用，河北省按照减氮、调磷、增钾、补中、配微的原则，将过高的氮肥使用量降下来，提高钾肥和中微量元素肥料使用量，平衡各种养分比例，提高肥料增产效果。优化化肥产品结构，鼓励引导肥料生产企业加快产品优化升级，提高化肥科技含量，为农业生产提供缓控释肥料、水溶肥料、生物肥料等优质、高效、环境友好型肥料，减少化肥对农产品和生态环境的污染。

第四节 水肥一体化发展

水是生命之源，是农业生产发展的必要条件，肥料是农业增产高产的重要保障。土壤不仅是作物生长的载体，更为作物提供了必需的生活条件。土壤肥力是土壤的基本属性和本质特征，也就是供应与协调植物正常生长发育所需的水、肥、气、热条件的能力。在土壤肥力四大因子中，水和肥占据前两位。气、热因子与气候、地域条件关系密切，难以进行根本性改造，但可以通过水肥调节。因此，在农业生产中重点是通过调控农田水分和养分状况，达到增加产量、改善品质、提高效率的目的。这也就是通常所说的“有收无收在于水、收多收少在于肥”。科学合理地调控土壤水分和养分条件，是发展高产、优质、高效、生态、安全农业的根本性措施。长期以来，缺水加上肥料的不合理使用，一直制约着我国农业持续高效发展。在我国农业生产中，存在施肥多、耕地少、水资源缺乏的问题。水肥一体化技术，正在改变这样的局面。通过灌溉与施肥有机结合，实现了水肥同步管理，成为高效农业的一个突出亮点。它不只是节水节肥、环保高效，更重要的是，它对转变农业发展方式、促进农业现代化建设所起到的引领和推动作用。水肥一体化，是发展现代农业的重大技术，更是“资源节约、环境友好”现代农业的“一号技术”。无论是旱区还是有水源的地方，都需要水肥一体化，节水灌溉只是提供一个载体，最重要的是通过水把肥料施到作物的根区。水肥一体化与传统施肥相比，实现了六个方面的转变：渠道输水向管道输水转变、由浇地向给庄稼供水转变、土壤施肥向作物施肥转变、水肥分开向水肥耦合转变、单一技术向综合管理转变、传统农业向现代农业转变。

一、国内外水肥一体化状况

（一）国外水肥一体化发展状况

水肥一体化起源于无土栽培，并伴随高效灌溉技术得以发展。在20世纪70年代，由于便宜的塑料管道大量生产，极大地促进了滴灌以及微喷灌等技术的进步。过去的几十年，水肥一体化技术在全世界迅猛发展。美国是目前世界上微灌面积最大的国家，在灌溉农业中60%的马铃薯、25%的玉米、33%的果树采用水肥一体化技术，用于水肥一体化的专用肥料占肥料总量的38%。加利福尼亚州果树生产均采用了滴管、渗灌等水肥一体化技术，成为世界高价值农产品现代农业生产体系的典型。在德国，随着塑料工业兴起，高效灌溉技术得到了迅速发展，也使灌水与施肥很快结合，成为高精度控制土壤水分、养分的一种农业新技术。2006—2007年，澳大利亚设立总额100亿澳元的国家水安全计划，用于发展灌溉设施和水肥一体化技术，并建立了系统的墒情监测体系，用于指导灌溉施肥。以色列是水肥一体化应用最典型的国家。自20世纪60年代初起，伴随着塑料工业的发展，以色列开始普及灌溉施肥技术，发展滴灌，开始使用水肥一体化的技术。到了20世纪80年代初，以色列的灌溉施肥技术开始应用到自动推进机械灌溉系统，施肥系统也由过去单一的肥料罐，发展为肥料罐、文丘里真空泵和水压驱动肥料注射器等多种模式并存，并且引入电脑控制技术及设备，养分分布的均匀度显著提高。在以色列，将近80%的灌溉耕地采用灌溉施肥方法，超过50%的氮和磷以及65%的钾都是以灌溉施肥的方法施用的。西班牙、意大利、法国、印度、日本、南非等国家水肥一体化发展也较快。进入 21 世纪，水肥一体化技术发展更加迅速，应用面积进一步扩大，同时与水肥一体相配套的水溶肥研制和生产取得了长足的进步，一些发达国家已经形成了完善的设备生产、肥料配置、推广服务体系。

（二）国内水肥一体化发展状况

我国最早应用的水肥一体化技术是引自墨西哥，从此开始得到了进一步的研究。水肥一体化的技术在应用上逐渐从试验和示范田推广到大面积的应用。到了 20 世纪后期，水肥一体化技术愈来愈得到高度重视，组织专业人员开展技术培训，2000 年水肥一体化的技术培训和指导得到进一步的发展，全国农业技术推广服务中心连续 5 年举办水肥一体化技术培训班，促进了水肥一体化技术的推广应用。目前，水肥一体化技术已经由过去的局部试验、示范发展，成为现在的大面积推广应用，辐射范围扩大到全国，覆盖果树、蔬菜、花卉、苗木、大田经济作物等。2013 年农业部办公厅印发《水肥一体化技术指导意见》。近年来，国家在西北、华北、东北、西南等地区大力示范和推广了全膜覆盖集雨保墒、灌溉施肥、膜下滴灌、测墒灌溉等节水农业技术，将水分、养分一体化管理，实施水肥一体化技术，取得了显著的经济效益和社会、生态效益。我国新疆维吾尔自治区和建设兵团在棉花、蔬菜、瓜果生产上，大力推广了膜下滴灌水肥一体化技术，应用面积达到2 000多万亩，占有效灌溉面积的 64%，对农作物做到了适时适量灌溉，一般节水 50%左右，节肥 1/3 以上，减少打药次数，同时减少用工成本，实现了农作物的集中连片种植，提高了土地的集约化经营水平。在西北旱作区，甘肃、陕西、宁夏、青海等地旱作区大面积示范推广全膜覆盖集雨保墒技术，配套施用长效肥料、缓控释肥料和有机肥料等，在 300 毫米降水条件下，亩产达到 600 千克以上，比农民常规生产增产近 50%。在东北精灌区，微灌果树、蔬菜以及马铃薯、玉米、棉花等大田作物上开展水肥一体化技术示范推广，将肥料溶于灌溉水中，通过喷滴灌系统，进行水肥一体化应用。在吉林西部、黑龙江西部、内蒙古东部等地玉米膜下滴灌水肥一体化技术，亩产由500千克提高到800千克，增产60%。在内蒙古、甘肃等地马铃薯上采用，平均亩产可达3 000千克以上，较常规水地增产1 000千克，增产50%。在山东番茄上，采用同样施肥量，亩产达到7 500千克，比传统沟灌冲肥亩增产2 000多千克。肥料利用率显著提高，氮、磷、钾分别达到59.8%、21.4%和69.4%，与沟灌冲肥相比，分别提高21.9、7.8和25.4个百分点。在华北水浇地冬小麦上，过去农民一般要灌水3～4次，亩灌水量达到160～200米^3，而采用微喷灌水肥一体化技术，灌溉施肥根据作物需求一体化进行，亩灌水量减少为100～120米^3，亩节约灌水量60米^{3}以上，亩产稳定达到500千克以上。

在发展配套的水溶肥方面，目前我国已形成几千家灌溉专用肥料生产企业，总产能在700万吨左右。但受制于灌溉设施滞后等多方面因素，水溶肥使用量占比低，约占化肥总量的2%左右。但水溶肥因具有肥效快、作物吸收率高、节水、省工、不易烧苗和适用性强等优点，随节水灌溉的推广进入快速发展期。我国水溶肥产业从2007年开始大规模发展，登记的各类水溶肥产品已达3 000多个，主要有大量元素水溶肥、微量元素水溶肥、中量元素水溶肥、含氨基酸水溶肥、含腐殖酸水溶肥等几种。

（三）河北水肥一体化发展状况

河北省政府高度重视农作物水肥一体化技术，针对农业生产大水漫灌，水资源浪费严重的现象，积极引进学习借鉴以色列和新疆维吾尔自治区的先进节水技术、节水经验，在小麦、玉米、马铃薯、蔬菜等作物上示范推广了微喷灌、固定式喷灌、桁架式喷灌、绞盘式、指针式喷灌及膜下滴灌等水肥一体化技术，收到了很好的效果。近年来，为探索一条合理用水、高效节水、高效节肥的技术模式，河北省按照省政府办公厅《关于贯彻落实国家农业节水纲要（2012—2020年）的实施意见》要求，把水肥一体化技术作为一项战略性举措来抓。以小麦、蔬菜高耗水作物为重点，以种植大户、农民专业合作社和示范区建设为主要抓手，探索不同类型区、不同形式下的水肥一体化集成技术和推广模式，力争实现水肥同步管理和高效利用。一是示范推广了小麦玉米微喷灌技术。从2011—2013年，在石家庄市、保定、邯郸、邢台四市23个县开展了小麦玉米两茬连作区域微喷灌水肥一体化技术试验示范，建立水肥一体化核心示范区5万亩，示范面积达到10万亩，实现节水40%以上，节肥30%以上，增产20%以上。夏玉米中后期肥水管理做到肥水可控，分期追肥，增施攻粒肥，通过实收测产亩产高达875千克，亩增产110千克，创全省夏玉米高产纪录。二是大力示范推广蔬菜膜下滴灌水肥一体化技术。目前，全省蔬菜膜下滴灌水肥一体化应用面积约560万亩，比畦灌方式节水2/3左右，节肥1/3左右。设施蔬菜生产，棚内湿度显著下降，有效控制病害发生，农药用量大幅度减少。三是重点区域重点推进。石家庄市连续两年选择藁城、赵县等18个粮食高产县（市），按照“广泛布点、试验示范、突出重点、逐步推广”的原则，以12个粮食产能大县为重点，建设了一批以“机井”为单元的示范方，形成“覆盖全市、重点突出、布点广泛、星罗密布”的示范网络。通过改造机井，埋设地下主管道，田间铺设喷灌带，施用可溶性肥料等措施，推广小麦、玉米微喷水肥一体化技术2.03万亩。四是水肥一体化技术在综合治理试点项目中得到大力实施。2014—2016年，在邯郸、邢台、沧州、衡水、石家庄、保定、张家口、廊坊8市118个县（市、区）的小麦、玉米、马铃薯等作物上实施水肥一体化技术，3年共投资近7亿元，应用面积50余万亩；在74个县（市、区）推广蔬菜水肥一体化技术，3年共投资6.76亿元，推广面积42.4万亩；在石家庄、沧州、邢台、邯郸等7市示范中药材水肥一体化技术2万亩。

二、水肥一体化技术的优势

水肥一体化技术具有多方面的优点。一是省水。相对于传统的灌溉技术，水肥一体化技术在节水方面具有很大优势。传统的浇灌技术一般采取的是大水漫灌或畦灌，这两种灌溉方式在运输途中存在大量渗透损失而浪费。但水肥一体化技术，采用管道输水，不存在输水渗漏损失，而且采用滴灌或微喷灌溉方式，水分滴状浸润作物的根系，可以减少水分的下渗及蒸发损失，使水分得到充分的利用，一般可节水30%以上。二是省肥。水肥一体化不仅能灌水，而且可施肥，使肥料均匀直达作物根部，集中有效施肥，减少了肥料的随水流失、挥发、被土壤固定等损失。而且施肥时间与作物需求一致，施肥位置位于根系附近，极大地提高了肥料利用率。三是提高土地利用率。采用高效灌溉水肥一体化技术，田间可以不再留有畦埂、垄沟，一般可提高土地利用率13%左右。四是省工。水肥一体化技术不需再单独花时间灌水、施肥，减少了施药、除草、中耕，大大地节约了工时。五是减少病虫草害。多数病害是因田间湿度过大，水肥一体化技术的应用有效控制了田间湿度，减少了病害的发生，土传病害也能得到有效控制。滴灌是埋在土壤中，在雨水来以前，表土干燥，不易滋生杂草。六是节本增效。省水、省肥、省药、省工，节省了生产成本，提高了生产效益。水肥一体化技术大大地改善了植物的浇灌，使作物得到了足够的满足生理需要的水肥，这种浇灌技术下的作物在整个生长周期保持持续、旺盛的生长发育，奠定了丰产、优质的基础，普遍可增产10%以上。

三、发展水肥一体化技术还需解决的问题

虽然水肥一体化技术取得了很好的进展，但在推广应用过程中仍然存在一些问题与制约瓶颈，需要不断改进和完善。

一是水肥一体化技术基础性研究还需要进一步深化。河北省对水肥一体化技术的应用时间还相对较短，且推广面积不大，农业科研单位对该项技术的研究还不够深入，虽然也取得了一些作物的相应技术指标，但是还不够细致，还需要进一步地研究，例如：不同区域（平原和山区等）对不同作物适宜的土壤墒情、田间管带铺设的问题及不同作物整个生育期适宜的喷、滴灌次数和施肥量等参数研究的还远远不够，只有掌握了这些技术参数，才能根据不同作物的不同生育阶段，确立它的浇水量和施肥量，才能形成比较完善的

水肥一体化技术体系。而河北省目前这方面的研究还处于起步阶段，研究的还远远不够，还需要一个长期的过程。

二是土地分散承包经营制约水肥一体化发展。土地集约化经营程度低，大多数都是一家一户分散经营，不但种植规模较小，而且所种的作物品种也是多、乱、杂，无法统一进行田间管理。大部分老百姓还是沿用落后的栽培管理技术在田间地头辛勤劳作，一些大型的现代化机械设备无法在小的田间地头应用，水肥一体化技术只有成方连片的安装，大面积使用，才能节药成本，更好地发挥它应有的作用，对一些种植规模较小的散户，不能更好地发挥应有的效能。同时，很多农村比较贫困，一些农户的经济实力比较差，推广水肥一体化技术需要前期安装灌溉设备，老百姓在没有亲眼看到效益的前提下，是不会投资这项技术的，因此影响了水肥一体化的推广进程。

三是肥料、灌溉设备尚未实现有机融合。水肥一体化是节水灌溉系统和施肥系统有机结合的整体，目前节水灌溉系统厂家和水溶性肥料厂家大多各自为政，缺乏交流、沟通和协作，没有形成良好配合的体系。

四是农化服务体系不健全，基层缺乏专业技术人员。目前，我国肥料企业和灌溉设备企业重视销售、轻视服务和技术指导的现象较为严重。由于农民施肥灌溉缺乏相关的知识，企业没有专业的农化人员跟踪服务，水肥一体化应用中出现的问题不能及时解决，在一定程度上增加了水肥一体化推广普及的难度。

五是国家政策扶持力度仍需进一步加大。近年来，虽然国家各级部门陆续出台相关政策，支持水肥一体化技术发展，但我国农业基础设施相对薄弱，且在节水灌溉行动中存在重设备、轻技术的现象，在一些地区只注重节水灌溉工程建设和设备配备，仅用于农田灌溉，没有真正实现水肥一体化。另外，水肥一体化技术应用前期投入较大。由于投入不足，水肥一体化示范推广项目仅在局部实施，规模偏小，投入标准偏低，影响了水肥一体化技术的推广。

四、发展水肥一体化对策

随着我国经济社会的不断发展，耕地面积减少趋势不可逆转，水肥资源对农业发展的制约将更加突出。因此，发展高产、优质、高效、安全、生态农业，实现可持续发展，必须转变发展方式，走资源高效利用的路子，全面树立水肥一体、科学管理的理念。必须进一步创新理论，推动水肥一体化发展，使水肥一体化成为提高水肥资源利用效率的战略性措施，成为建设“资源节约型、环境友好型”农业的重要技术。为推动水肥一体化发展，针对水肥一体化发展过程中存在的问题，以问题为导向，抓住技术推广的关键，进行重点攻关与突破。

一是加大政策、资金扶持力度，全面推动水肥一体化行业发展。在长期从事农作物水肥一体化技术的示范推广过程中，我们发现大部分农民对农业新技术、新设备的出现还是非常感兴趣，尤其一些种植大户、大型农场等，他们也渴望新技术能带来更好的经济效益。但是考虑前期的大量投入，基本都持观望的态度，更不用说小的种植户，因为对他们来说种植面积小成本相对更高，因此，要想加快农作物水肥一体化技术的示范推广，就必须解决这些现实问题。加大政府财政支持，也可采取如同农机财政补贴的办法，对节水、节肥先进技术和设备实行财政补贴，因为，水肥一体化技术是一种节本增效的新技术，只要解决了老百姓前期的资金投入，定能使该项技术健康、稳定、快速的发展。建议国家统一规划，一方面将水肥一体化作为高标准农田建设、黑土地保护、耕地质量提升等工作的重要内容，在资金上予以倾斜。另一方面扩大水肥一体化技术示范推广专项规模，全面加强政策、资金扶持力度。同时，充分发挥行业龙头企业带动作用，选择有示范带动性的龙头企业，重点在政策、财税等方面予以支持，积极推动龙头企业致力于产品技术开发和行业辐射，引领行业规范有序发展。强化对水肥一体化的政策扶持

二是鼓励行业多方位合作，促进水肥一体化技术发展。设立水

肥一体化技术研究和集成示范重大专项，从墒情监测、水溶性肥料、灌溉设备、技术模式、灌溉施肥制度等研发、示范的各个环节开展基础研究和集成示范，为大面积推广奠定基础。加强产学研用合作，充分结合高校及科研院所的研发能力、水溶肥和灌溉设备企业的产业化能力、技术推广部门的示范推广能力，达到产学研用紧密合作；促进水溶肥企业与节水灌溉设备企业融合，充分发挥双方各自优势，共同进行新产品、新技术的研发，建立联合推广机制，形成节水灌溉与肥料配套的统一体系，并对灌溉施肥应用及服务技术做出规范，同时在产品、渠道、资本等层面开展全方位合作，共同推动行业发展。

三是强化示范基地建设，健全技术农化服务体系。水肥一体化作为一项新技术，在应用推广过程中应加强示范和农化服务，缩短农民接受的过程。建议采取政府引导、市场主导的建设模式，在全国范围内建立全方位、多层次、高标准的水肥一体化产业示范基地，形成国家、省级、县级各级的示范展示基地，通过试验示范，完善区域技术模式，制定技术规范，为大规模应用推广奠定基础。加强农化服务建设，以企业为主体，通过政府购买等方式引导企业建立专业化、社会化的农化服务体系，通过试验示范、技术讲座、田间学校、入户指导等形式，逐级开展技术培训和服务，提升农化服务水平，以利于水肥一体化技术的普及和推广。

四是注重水肥一体化技术的基础性研究。要根据水肥一体化技术对不同作物的栽培、田间管道铺设方式、整个生育期适宜的浇水次数，不同生育阶段的具体施肥量等进行系统的研究，对不同作物形成各自合理的技术参数。总结出不同作物在喷、滴灌模式下的高产栽培技术规程，才能打破农民沿用已久的传统的种植、管理习惯，真正指导农民进行规范生产，充分发挥优良品种的增产潜力，不仅可使农民增产增收，同时，还可为河北省的水肥一体化技术栽培提供技术支持，为我国的粮食安全作出贡献。

五是加强水肥一体化技术队伍建设。加强技术人才建设，扩大既懂科研、生产，又懂示范、推广的优秀人才队伍。搞好技术人员的继续培训教育，不断更新知识和提高技能；加强基层水肥一体化技术示范培训工作，不断提升技术推广服务能力和应用能力，可召开田间现场观摩会，现场指导和答疑，扩大技术示范队伍，使新技术更快更好地被农民接受。

六是加强对农民节水、环保意识的培养引导。随着地球水资源的日益枯竭和环境污染的严重，节水、环保是生活在地球上每一个公民的责任和义务，但是目前农民的节水、环保意识还比较差，认为地下水是不花钱的，可以随意抽取，他们的意识还上升不到更高的层面。农业是一项公益性较强的事业，不仅要较强科研技术的推广，还要和老百姓讲解水资源浪费的严重性，目前农业用水都是免费的，很难引起农民的重视，因此应建立一套完善的节水激励机制，制定一些地方性法规，来约束和控制农民的大量用水，对加快水肥一体化技术的示范推广具有非常重要的意义。

第二章　水肥一体化技术

第一节　水肥一体化基本知识

一、作物对水肥的吸收

土壤水分与养分是农业生产的两大因素，两者具有协同效应，水分能够增加肥料的增产效应，肥料能够增加灌水的增产效应，两者既相互制约又相互协调促进，具有协同作用。在农业生产中，只有合理匹配水肥因子，才能起到以肥调水、以水促肥，并充分发挥水肥因子的整体增产作用。研究水肥耦合效应，对提高肥料和水分利用效率、提高农业生产的经济效益和生态效益、保障农业可持续发展有着重要的意义。

作物如何吸收养分？农作物主要是通过根系吸收养分的，那么，根系又是怎样吸收养分的呢？

植物所需的必要养分要素有：碳（C）、氢（H）、氧（O）、氮（N）、磷（P）、钾、（K）、硫（S）、钙（Ca）、镁（Mg）、铁（Fe）、锰（Mn）、铜（Cu）、锌（Zn）、硼（B）、钼（Mo）和氯（Cl）16种，其中碳、氢、氧主要来自于空气和水，而其他13种营养要素绝大部分来自于土壤。作物根系一般能吸收气态、离子态和分子态养分。气态养分有二氧化碳、氧气及水汽等。离子态养分又可分阳离子和阴离子两类，阳离子养分有：NH_4^+、K^+、Ca^{2+}、Mg^{2+}、Fe^{2+}、Mn^{2+}、Cu^{2+}、Zn^{2+}等；阴离子养分有：NO_3^-、$H_2PO_4^-$、HPO_4^{2-}、SO_4^{2-}、$H_2BO_4^-$、$B_4O_7^{2-}$、Cl^-等。作物根系也能吸收少量分子态的有机养分，如尿素、氨基酸、糖类、磷脂类、生长素、维生素和抗生素等。

植物对养分的吸收是指养分进入植物体内的过程，即是指养分通过细胞原生质膜进入细胞内部的过程。根系是植物吸收养分的主要部位，根系对养分的吸收一般包括如下 3 个过程：养分向根表面的迁移；养分进入质外体；养分进入共质体。养分向根表面的迁移有 3 种方式，即扩散、截获和质流。

扩散（diffusion）是物质（分子或离子）借助化学势从高浓度区域向低浓度区域的迁移，直到均匀分布的现象。植物根系对养分离子的吸收往往会导致根表的离子浓度下降，这样就形成了土体—根表之间的浓度梯度，养分离子也就可以通过扩散的形式迁移至根表。

截获（interception）是指植物根系在生长过程中直接接触到养分而养分迁移至根表的过程。特点：养分依靠截获迁移到根表面的数量取决于根系接触的土壤体积。根系接触到的土壤只占总体积的一小部分，一般只有 1%左右，依靠截获迁移到根表的数量是较少的，往往不能满足植物的需要。

质流（mass flow）是因植物蒸腾、根系吸水而引起水流中所携带的溶质由土壤向根部流动的过程。由于蒸腾作用产生了由植物叶片开始沿茎、根到土壤的水势梯度。在这一梯度作用下，水由土壤经根表面进入根内，溶在水中的养分也随水流近根表，供植物吸收。土壤中的硝态氮、钠、铁、铜、锌、钙、镁大部分是靠质流由土壤供给植物的。一般认为，在土壤中长距离时，质流是补充养分的主要形式，而短距离内，扩散作用可更有效地补充养分。如果从养分在土壤中的移动性来看，硝酸态氮移动性较大，质流可提供大量的氮素供作物根系吸收，但提供的磷、钾较少。氮通过扩散作用运输的距离比磷和钾要远得多。根系对磷的吸收比对钾的吸收作用更大，因为磷的扩散远远低于钾。无论是哪种养分吸收形式，都离不开土壤水分，水是养分吸收的不可或缺的协助因素。

农业生产中水分和养分（肥料）是影响作物生长的两个重要环境因子，水肥之间的关系相当复杂。在农田系统中，水分与养分之间、各养分之间以及作物与水肥之间都具有相互激励与拮抗的动态平衡关系。水肥耦合则是指农田生态系统中，水分和肥料二因素或水分与肥料中的氮、磷、钾等因素之间的相互作用对作物生长的影响及其利用效率，也可以理解为在农业生态系统中，水与土壤矿质元素这两个体系融为一体，互相影响、相互作用，对植物的生长发育产生的现象或结果。水肥耦合技术是指综合考虑水分和养分对作物生长的影响，在不同水分、养分基础条件下，所建立的因水施肥、以水定肥、以肥调水等各项技术。

水肥是影响作物产量的两个重要因子，合理的灌溉与施肥是作物增产的主要途径之一。从水、肥对作物的生理生长影响过程来看，这两个因子在很大程度上既相互制约，又互相影响，水分不足影响作物根系对肥料的吸收，并直接影响作物的产量；养分不足则同样限制作物对水分的充分利用并降低作物产量。增水能促进肥料的增产效应；增肥可明显改善作物叶片水分状况，增加光合速率、延缓叶片衰老，有利于作物后期维持一定的光合面积和作用时间，减小了土壤水分不足对产量的影响。只有合理匹配水肥因子，才能起到以肥调水、以水促肥，达到水分和养分的高效利用，并充分发挥水肥因子的整体增产作用。要实现水肥耦合，充分发挥水肥对作物生长作用，采用水肥一体化技术是最有效的途径和措施。水肥一体化技术是将灌溉与施肥融为一体的农业新技术。植物在有阳光的情况下叶片气孔张开，进行蒸腾作用，导致水分损失。根系必须源源不断地吸收水分供叶片蒸腾耗水。靠近根系的水分被吸收了，远处的水就会流向根表，溶解于水中的养分也跟着到达根表，从而被根系吸收。因此，肥料一定要溶解才能被吸收，不溶解的肥料植物“吃不到”，是无效的。在实践中就要求灌溉和施肥同时进行，也就是水肥一体化管理，这样施入土壤的肥料被充分吸收，肥料利用率大幅度提高。

二、水肥一体化概念

广义讲，水肥一体化就是水肥同时供应作物需要。狭义讲，就是把肥料溶解在灌溉水中，由灌溉管道带到田间每一株作物。

我们现在推广的水肥一体化技术是借助高效压力灌溉系统，按土壤养分含量和作物种类的需肥规律和特点，将可溶性固体或液体肥料，配兑成的肥液，均匀定量的加注到灌溉水中，通过灌溉管道系统直接输送到作物根部附近的土壤供给作物吸收，灌水、施肥得到有效控制，可以在作物关键需水、需肥期适时、适量的供应作物。

水肥一体化技术适宜于有固定水源，水质符合微灌要求，已建设或有条件建设灌溉设施的区域推广应用。对大田作物来说，该技术更适合规模化经营地块实施，在砂性质地、贫瘠土壤、不平整地块实施优势更加明显。应用微灌水肥一体化，由于微灌的可控性意味着施肥变得可控。通过微灌系统进行施肥，相当于“用勺喂”作物，给作物“打点滴”。可以很容易、准确地控制施肥的时间、次数、养分品种和量，甚至浓度。可根据植株、土壤监测结果以及市场需要等及时调控养分供应。微灌的均匀性意味着作物养分供应的均匀性，控制所有作物长势一致。

水肥一体化技术有很多优点。一是灌溉施肥的肥效快，养分利用率高。可以避免肥料施在表土层易引起溶解慢的问题，尤其避免了铵态和尿素态氮肥施在地表挥发损失的问题，既节约氮肥又有利于环境保护。由于水肥一体化技术通过水肥定量调控，满足作物在关键生育期水肥的需要，克服了作物缺素症状，因而在生产上可达到提高作物产量和改善农产品品质效果。二是提高土地利用率。可以去除田间垄沟畦埂，增加耕种面积。三是省工省时。传统的沟灌、施肥费工费时，非常麻烦。而使用水肥一体化技术，只需打开阀门，合上电闸。四是节水节肥。应用水肥一体化技术，直接把作物所需要的肥料随水均匀地输送到植株的根部，作物“细酌慢饮”，大幅度地提高了肥料的利用率，灌水量也大幅减少，节水效果明显。五是增加产量，改善品质，提高经济效益，增产增收。

三、水肥一体化主要技术要点

为了推进水肥一体化技术又好又快地推广应用到田间地头，农业部组织专家制定并印发了《水肥一体化技术指导意见》，提出了水肥一体化主要技术要点。主要内容包括：

（一）设施设备建设

通过综合分析当地土壤、地貌、气象、农作物布局、水源保障等因素，系统规划、设计和建设水肥一体化灌溉设备。灌溉设备应当满足当地农业生产及灌溉、施肥需要，保证灌溉系统安全可靠。根据应用作物、系统设备、实施面积等选择施肥设备，施肥设备主要包括压差式施肥罐、文丘里施肥器、施肥泵、施肥机、施肥池等。

根据地形、水源、作物分布和灌水器类型布设管线。在丘陵山地，干管要沿山脊或等高线进行布置。根据作物种类、种植方式、土壤类型和流量布置毛管和灌水器。条播密植作物的毛管沿作物种植平行方向布置；对于中壤土或黏壤土果园，每行布设一条滴灌管，对于沙壤土果园，每行布设两条滴灌管。对于冠幅和栽植行距较大、栽植不规则或根系稀少果园，采取环绕式布置滴灌管。安装完灌溉设备系统后，要开展管道水压试验、系统试运行和工程验收，灌水及施肥均匀系数达到 0.8 以上。

（二）水分管理

根据作物需水规律、土壤墒情、根系分布、土壤性状、设施条件和技术措施，制定灌溉制度，内容包括作物全生育期的灌水量、灌水次数、灌溉时间和每次灌水量等。灌溉系统技术参数和灌溉制度制定按相关标准执行。根据农作物根系状况确定湿润深度。蔬菜宜为 0.2～0.3 米，果树因品种、树龄不同，宜为 0.3～0.8 米。农作物灌溉上限控制田间持水量在 85%～95%，下限控制在 55%～65%。

（三）养分管理

选择溶解度高、溶解速度较快、腐蚀性小、与灌溉水相互作用小的肥料。不同肥料搭配使用，应充分考虑肥料品种之间相容性，避免相互作用产生沉淀或拮抗作用。混合后会产生沉淀的肥料要单独施用。推广应用水肥一体技术，优先施用能满足农作物不同生育期养分需求的水溶复合肥料。按照农作物目标产量、需肥规律、土壤养分含量和灌溉特点制定施肥制度。一般按目标产量和单位产量养分吸收量，计算农作物所需氮（N）、磷（P_2O_5）、钾（K_2O）等养分吸收量；根据土壤养分、有机肥养分供应和在水肥一体化技术下肥料利用率计算总施肥量；根据作物不同生育期需肥规律，确定施肥次数、施肥时间和每次施肥量。

（四）水肥耦合管理

按照肥随水走、少量多次、分阶段拟合的原则，将作物总灌溉水量和施肥量在不同的生育阶段分配，制定灌溉施肥制度，包括基肥与追肥比例、不同生育期的灌溉施肥的次数、时间、灌水量、施肥量等，满足作物不同生育期水分和养分需要。充分发挥水肥一体化技术优势，适当增加追肥数量和次数，实现少量多次，提高养分水分利用率。在生产过程中应根据天气情况、土壤墒情、作物长势等，及时对灌溉施肥制度进行调整，保证水分、养分主要集中在作物主根区。

（五）设施设备使用维护保养管理

每次施肥时应先滴清水，待压力稳定后再施肥，施肥完成后再滴清水清洗管道。施肥过程中，应定时监测灌水器流出的水溶液浓度，避免肥害。要定期检查、及时维修系统设备，防止漏水。及时清洗过滤器，定期对离心过滤器集沙罐进行排沙。作物生育期第一次灌溉前和最后一次灌溉后应用清水冲洗系统。冬季来临前应进行系统排水，防止结冰爆管，做好易损部件保护。

四、水肥一体化技术构成

水肥一体化是一项综合技术，涉及农田灌溉、作物栽培和土壤耕作等多方面，其主要技术要领包括 4 个方面。一是高效灌溉系统。包括提水、过滤、加压、计量、控制、管道等一系列设施。水肥一体化灌溉系统的灌水方式可采用喷灌、微喷灌、滴灌、渗灌、小管出流等。二是施肥系统。通过灌溉系统对作物进行施肥的系统装置，包括选择采用的加肥方式，配套设施。三是选择适宜肥料种类。四是配套灌溉施肥技术。包括灌水时期、灌水次数、灌水量，施肥时期、施肥种类、施肥次数、施肥数量等。

高效灌水系统已在我国得到广泛应用，大田作物水肥一体化采用的主要灌溉模式包括滴灌、微喷和喷灌。喷灌又分多种模式。河北省小麦玉米主要采用了微喷带、立杆式和卷盘式等喷灌水肥一体化技术模式，马铃薯、春玉米、蔬菜等作物采用了滴灌水肥一体化模式。

施肥系统主要是选择肥料加注方法。肥料加注方法主要有压差式、文丘里式、注射式、比例施肥器、泵吸式、重力自压式。压差式施肥浓度不断变化，施肥不均匀，大田使用不便，主要用于温室大棚。文丘里式施肥浓度恒定，施肥量易控制，造价极其低廉，适用于大田，温室大棚等，缺点是输水压力损失大。注射式施肥均匀，速度快，施肥量易实现自动化控制，造价极其低廉，适用于大田，温室大棚。比例施肥泵施肥均匀连续，输水压力损失大，成本高。全省蔬菜大棚主要采用文丘里式施肥，小麦玉米主要推广注射式施肥，卷盘式喷灌推广比例施肥泵。

用于水肥一体化的肥料品种与常规施肥有所区别，突出要求肥料要易溶于水，混合后不产生沉淀，否则会堵塞出水孔。

实现水肥一体化，需要必要的设施设备及田间工程建设。

微喷灌水肥一体化系统主要设施设备包括：首部系统、地下输水管道系统、地上输水管道系统和田间微喷带及附属配套设施。首部系统为整个灌溉系统提供加压、施肥、过滤、量测、安全保护等作用，主要设施设备包括井房、施肥池（罐）、离心式过滤器、加压泵、注肥泵、逆止阀、球阀、进排气阀、压力表、电磁或涡节流量计及智能化控制设备等。

固定立杆喷灌式水肥一体化系统主要设施设备包括：首部系

统、地下输水管道系统、地上输水管道系统和田间喷灌系统。

卷盘式水肥一体化系统主要设施设备包括：首部系统、输水管道系统和卷盘喷灌机。首部系统主要设施设备与微喷灌模式基本一致，注肥泵宜采用连续均匀供肥的比例施肥泵。

不同的喷灌形式对首部和输水管道的要求不同，配置也不同。受水源供水量、控制面积、配套设备设施的影响，单位投资成本相差较大。

微喷灌水肥一体化模式的优点是水蒸发损失小、灌水较均匀，作物生长对灌水没有影响，对地块道路没有要求，操作较简单，对灌溉水过滤要求不高，对肥料溶解性要求不高。其缺点是铺管收管烦琐，投入成本较高，灌溉单元面积小，控制阀门多，操作较烦琐，鸟会对管子破坏，冬季风吹乱微喷带，不容易实现自动化控制，夜间浇水不方便，轮灌周期长等。

立杆喷灌式水肥一体化模式的优点是投资少，成本可控，简便、省工、好操作，地里固定管道少，不影响机械化作业，对操作人员要求低，对地块道路无要求，能够夜间连续浇水作业。其缺点是受风的影响较大，可能产生灌溉不均匀的问题，对管道要求一定的承压。

卷盘式水肥一体化模式的优点是地里没有管道，不影响机械化作业，没有丢失的问题，投入成本比较低，省工。缺点是移动不便，操作人员技术要求较高，碾压作物，地两边有道路，压力高，能耗大，水蒸发损失较大，水滴打击力度较大，水量不易控制。

第二节　高效灌溉系统

一、灌溉方式

水肥一体化高效灌水方式一般采用喷灌、微喷灌、滴灌、渗灌、小管出流等高效灌溉方式。特别忌用大水漫灌，这容易造成氮素损失，同时也降低水分利用率。

（一）喷灌

1. 喷灌的概念　喷灌（sprinkler irrigation）就是利用喷头等专用设备把有压水喷洒到空中，形成水滴落到地面和作物表面的灌水方法。喷灌是喷洒灌溉的简称，它是利用专门的设备（动力机、水泵、管道等）把水加压，或利用水的自然落差将有压水送到灌溉地段，通过喷洒器（喷头）喷射到空中散成细小的水滴，均匀地散布在田间进行灌溉。喷灌具有省水、省工、省地等优点，便于实现灌溉机械化和自动化。喷灌特别适用于地形复杂，对土地平整要求不严格，但耗能较高，且受风力影响大，在四级风以上时，难以喷洒均匀。

世界喷灌始于19世纪末，20世纪50～60年代随着工农业的发展和大型自走式喷灌设备的出现，喷灌面积得以迅速发展。中国1953年开始在农田中试用喷灌，20世纪70年代中期以后，随着喷灌技术和装备研制水平逐步提高，园艺、经济作物、蔬菜以及部分地区大田作物的喷灌有了较快的发展。

喷灌和地面灌溉相比，具有节约用水、节省劳力、少占耕地、对地形和土质适应性强、能保持水土等优点。因此，被广泛应用于灌溉大田作物、经济作物、蔬菜和园林草地等。喷灌可以根据作物需水的状况，适时适量地灌水，一般不产生深层渗漏和地面径流，喷灌后地面湿润比较均匀，均匀度可达0.8～0.9。由于用管道输水，输水损失很小，灌溉水利用系数可达0.9以上，比明渠输水的地面灌溉省水30%～50%。在透水性强、保水能力差的土地，如砂质土，省水可达70%以上。由于喷灌可以采用较小的灌水定额进行浅浇勤灌，因此能严格控制土壤水分保持肥力，保护土壤表层的团粒结构，促进作物根系在浅层发育，以充分利用土壤表层养分。喷灌还可以调节田间小气候，增加近地表层空气湿度，在高温季节起到凉爽作用，而且能冲掉作物茎叶上的尘土，有利于作物的呼吸和光合作用，故有明显的增产效果。多年大面积应用喷灌证明，与传统地面灌溉相比，喷灌粮食作物增产10%～20%，喷灌经济作物增产20%～30%，喷灌果树增产15%～20%，喷灌蔬菜增产1～2倍。但喷灌也有一定的局限性，比如受风的影响大，风大时不易喷洒均匀，而且喷灌的投资比一般地面灌水的投资要高。

喷灌几乎适用于灌溉所有的旱作物，如谷物、蔬菜、果树、食用菌、药材等。既适用于平原，也适用于山区，既适用于透水性强的土壤，也适用于透水性弱的土壤。不仅可以灌溉农作物，也可以灌溉园林、花卉、草地，还可以用来喷洒肥料、农药，防霜冻、防暑、降温和防尘等。

2. 喷灌系统组成 喷灌系统由水源、首部系统、管道系统（干管、支管、竖管）及喷头组成。

Ⅰ水源。池塘、渠水、井水等水质符合喷灌要求的均可作为喷灌的水源。

Ⅱ首部系统。包括水泵、动力机、加压泵等加压设备，流量计、压力表等计量设备、闸阀、球阀、给水栓等控制设备，过滤器、逆止阀、排气阀等安全保护设备。加压设备，主要是在没有自然水头的地区，为喷灌系统提供工作压力；计量设备是为了保证系统正常运行而对系统的工作状态进行监测的装置；控制设备主要是控制系统水流流向、按喷灌要求向系统内各部分分配输送水流，为系统维修提供方便；安全保护设备是为喷灌系统提供安全保护作用，其中过滤器可以防止水中杂物进入管道系统而堵塞喷头，排气阀则一般安装在系统最高处或局部最高处，在系统启动及停止时候及时排气与补气，逆止阀主要防止水流的倒流，对防止水锤、保护水泵有重要作用。

Ⅲ管道系统。包括首部装置和喷头以外的其他位于田间的所有装置包括管道、控制阀、支管、竖管等。

Ⅳ喷头。是喷灌的专用设备，也是喷灌系统最重要的部件，其作用是通过收缩管嘴或孔口把管道中的有压集中水流分散成细小的水滴均匀地散布在田间。喷头的种类很多，喷头按工作压力高低可分为高压（大于500千帕）、中压（200～500千帕）和低压（小于200千帕）3种。按喷洒特征及结构形式分为固定式和旋转式。固定式喷头又分为折射式、缝隙式及离心式3种。这类喷头无转动部件，结构简单，运行可靠，工作压力低，雾化好，但喷洒范围小，喷灌雨强高，多用于温室、园艺、苗圃或装在行走喷洒的喷灌机上使用。旋转式喷头主要由旋转密封机构、流道和驱动机构组成，按驱动喷体方式又分为反作用式、摇臂式和叶轮式 3 种。这类喷头喷洒半径大，喷灌强度低，喷洒图形为圆形及扇形，是应用最广的一种喷头。

3. 喷灌系统评价 一般用喷灌强度、喷灌均匀度、雾化程度三项技术参数反映喷灌系统优劣。喷灌强度是指单位时间内喷洒到灌溉土地上的水深（毫米/小时），要求不大于土壤渗吸速度，避免地表积水和产生径流；喷灌均匀度是指喷灌面积上水量分布的均匀性，一般要求在 0.8 以上；雾化程度是用喷洒水滴直径的大小衡量，要求控制水滴平均直径在 3 毫米以内。

4. 喷灌系统分类 一般将喷灌系统分为固定式、半固定式、移动式。固定式喷灌系统是指系统全部设备均固定在一个地块使用，用材多、投资大，但使用操作方便，生产效率高，经济作物区使用较多。半固定式是指干管固定，支管、喷头移动使用。移动方式有手动和机动，用材及投资均低于固定式，使用比较普遍。移动式是指系统全部设备都可移动使用，设备利用率高、造价低。

Ⅰ固定式喷灌。固定式喷灌系统是指系统全部设备均固定在一个地块使用，不能移动，干管和支管埋在地下，喷头装在固定的竖管上。固定式喷灌优点是使用时操作方便，占地少，尤其适合地面坡度大的山地丘陵区、灌溉频繁的经济作物，能够确保地块随时灌溉。缺点是管材需要量大，建设造价相对高，田间设施影响农业机械田间作业，田间设施易损坏。主要有立杆式固定式喷灌。为了便于农业机械田间作业，减少立杆拆装劳动强度，近年来发展了立杆伸缩（自动伸缩）式固定式喷灌，深受农民欢迎。

Ⅱ地埋伸缩式固定喷灌。地埋伸缩式喷灌属于固定式喷灌的一种，地埋伸缩式喷灌主要由地埋管、伸缩管、钻土器及三通组成，配有立管和喷头。滴灌专用自动伸缩取水器垂直埋在地面 35 厘米以下，下端与输水管道相连。在非灌溉时，伸缩管连同钻土器缩入

套管内，套管埋于地面以下一定深度内，不会对田间的正常耕作活动造成影响。当需要进行灌溉时，来自输水管道的有压水流进入套管内，通过水流对伸缩管产生的向上推力，推动伸缩管连同钻土器一同向上运动；在此过程中，有压水流通过伸缩管进入钻土器，并在经过钻土器上端的小孔时形成压力更大的高速水流，这种高速水流能够挤压并切割钻土器上端的土壤；随着钻土器上端的土壤不断被清除，伸缩管会持续上升直至露出地面并停止。当伸缩管完全伸出套管并露出地面时，摘除钻土器，将喷头或带有喷头的竖管快速连接到伸缩管上，实现田间喷灌。通过竖管可以根据作物的高度调节喷头的高度。当灌溉停止时，取下喷头或带有喷头的竖管，重新安装上钻土器。输水管道中的水压下降，在重力和外力辅助作用下，伸缩管缓慢下降，存储器内部的水流同时从钻土器顶部的小孔流出，直至伸缩管全部缩回套管内时停止下降，恢复到初始状态。

地埋伸缩式喷灌的优点是喷灌竖管埋于耕作层 35～40 厘米以下，避免人为破坏。灌溉后设施缩于地下，不影响农机作业。不需要人工收起和安装竖管或喷头，极大地降低了劳动成本。同时地埋伸缩式喷灌易于实现自动化控制，因此受到农民普遍欢迎。

Ⅲ半固定式喷灌。半固定式是指干管固定，支管、喷头移动使用。移动支管用材及投资均低于固定式，使用比较普遍。支管要方便在地面上移动，常用铝合金管、镀锌薄壁钢管和塑料管。河北省目前主要有硬支管移动立杆式喷灌、软支管移动立杆式喷灌等，使用效果都很好。

Ⅳ移动式喷灌。移动式是指系统全部设备都可移动使用，设备利用率高、造价低。这种喷灌系统在田间布置有水源，动力、水泵、干管和支管及喷头都是移动的。可以在不同地块轮流使用，提高了设备使用效率。有时将移动部分组装在一起，甚至省去干管和支管，构成一个整体，称为喷灌机。河北省大田作物目前多采用卷盘式喷灌、平移式喷灌、指针式喷灌等形式。

（二）微灌模式

微灌是微水灌溉的简称，它是利用微灌系统设备按照作物需水要求，通过低压管道系统与安装在尾部（末级管道上）的特制灌水器（滴头、微喷头等），将水和作物生长所需的水和养分以较小的流量均匀、准确地直接输送到作物根部附近的土壤表面或土层中，使作物根部的土壤经常保持在最佳水、肥、气状态的灌水方法。微灌的特点是灌水流量小，一次灌水延续时间长，周期短，需要的工作压力较低，能够较精确地控制灌水量，把水和养分直接输送到作物根部附近的土壤中，满足作物生长发育之需要。

按灌水时水流出流方式的不同，微灌可分为滴灌、微喷灌和渗灌等。其中滴灌应用最为广泛。小管出流和渗灌在大田作物上应用较少，本书不做介绍。

1. 滴灌 滴灌是迄今为止农田灌溉最节水的灌溉技术之一。但因其价格较高，一度被称作“昂贵技术”，仅用于高附加值的经济作物中。近年来，随着滴灌带的广泛应用，“昂贵技术”不再昂贵，完全可以在普通大田作物上应用。

滴灌（drip irrigation）是利用塑料管道将水通过毛管上的孔口或滴头送到作物根部进行局部灌溉。它是目前干旱缺水地区最有效的一种节水灌溉方式。滴灌较喷灌具有更高的节水增产效果，结合施肥，可以提高肥效一倍以上。可适用于果树、蔬菜、经济作物以及温室大棚灌溉，在干旱缺水的地方大田作物也可结合地膜覆盖，实行膜下滴灌，河北省北部张家口、承德等干旱地区马铃薯、春玉米、谷子、胡萝卜等一般采用膜下滴灌技术。其不足之处是滴头易结垢和堵塞，因此应对水源进行严格的过滤处理。

滴灌是按照作物需水要求，通过低压管道系统与安装在毛管上的灌水器，将水和作物需要的养分一滴一滴，均匀而又缓慢地滴入作物根区土壤中的灌水方法。滴灌不破坏土壤结构，土壤内部水、肥、气、热经常保持适宜于作物生长的良好状况，蒸发损失小，不产生地面径流，几乎没有深层渗漏，是一种有效的节水灌水方式。滴灌的主要特点是灌水量小，一次灌水延续时间较长，灌水的周期短，可以做到小水勤灌；需要的工作压力低，能够较准确地控制灌水量，可减少无效的棵间蒸发，不会造成水的浪费；滴灌还能自动化管理。

滴灌具有很多优点。一是节水、节肥、省工、增产。滴灌属全管道输水和局部微量灌溉，使水分的渗漏和损失降低到最低限度。滴灌时，水不在空中运动，不打湿叶面，也没有有效湿润面积以外的土壤表面蒸发，直接损耗于蒸发的水量最少；容易控制水量，不致产生地面径流和土壤深层渗漏。同时，又由于能做到适时地供应作物根区所需水分，使水的利用效率大大提高。滴灌可方便地结合施肥，即把化肥溶解后注入滴灌系统，由于化肥同灌溉水结合在一起，肥料养分直接均匀地施到作物根系层，真正实现了水肥同步，大大提高了肥料的有效利用率，同时又因是小范围局部控制，微量灌溉，水肥渗漏较少，故可节省化肥施用量，减轻污染。运用灌溉施肥技术，为作物及时补充价格昂贵的微量元素提供了方便，并可避免浪费。滴灌系统通过阀门人工或自动控制，又结合了施肥，可明显节省劳力投入，降低了生产成本。由于作物根区能够保持着最佳供水状态和供肥状态，增产效果非常明显。二是控制温度和湿度。传统灌溉，一次灌水量大，地表长时间保持湿润，地温降低快，回升慢。因滴灌属于局部微灌，大部分土壤表面保持干燥，且滴头均匀缓慢地向根系土壤层供水，对地温的保持、回升有明显的效果。采用膜下滴灌，即把滴灌管（带）布置在膜下，效果更佳。另外滴灌由于操作方便，可实行高频灌溉，且出流孔很小，流速缓慢，每次灌水时间比较长，土壤水分变化幅度小，可控制根区内土壤能够长时间保持在接近于最适合作物等生长的湿度。三是保持土壤结构。滴灌水分缓慢均匀地渗入土壤，对土壤结构冲击小，能起到保持作用。

但滴灌也有自身不足和缺点。首先易引起堵塞。灌水器的堵塞是当前滴灌应用中最主要的问题，严重时会使整个系统无法正常工作，甚至报废。引起堵塞的原因可以是物理因素、生物因素或化学因素。如水中的泥沙、有机物质或是微生物以及化学沉凝物等。因此，滴灌时水质要求较严，一般均应经过过滤处理。其次可能引起盐分积累。当在含盐量高的土壤上进行滴灌或是利用咸水滴灌时，盐分会积累在湿润区的边缘，若遇到小雨，这些盐分可能会被冲到作物根区而引起盐害，这时应继续进行滴灌。在没有充分冲洗条件下的地方或是秋季无充足降雨的地方，则不要在高含盐量的土壤上进行滴灌或利用咸水滴灌。还可能限制根系的发展。由于滴灌只湿润部分土壤，加之作物的根系有向水性，这样就会引起作物根系集中向湿润区生长。四是采用膜下滴灌时，要防止滴灌带的灼伤。铺设滴灌带时要压紧压实地膜，使地膜尽量贴近滴灌带，地膜和滴灌带之间不要产生空间。避免阳光通过水滴形成的聚焦。播种前要平整土地，减少土地多坑多洼现象。防止土块杂石杂草托起地膜，造成水汽在地膜下积水形成透镜效应，灼伤滴灌带。铺设时可将滴灌带进行潜埋，避免焦点灼伤。

按照滴灌工程中毛管布置在地上和地下的方式不同，可以将滴灌系统分成地面式和地下式。地面式毛管和滴水器布置在地面，应用在果园、温室、大棚和少数大田作物的灌溉中。这种方式的优点是安装、维护方便，也便于检查土壤湿润和测量滴头流量变化的情况。缺点是毛管和灌水器易于损坏和老化，对田间耕作也有影响。地下式将毛管和灌水器全部埋入地下，与地面式相比，它的优点是免除了毛管在作物种植和收获前后安装和拆卸的工作，不影响田间耕作，延长了设备的使用寿命；缺点是不能检查土壤湿润和测量滴头流量变化的情况，发生问题维修也很困难。

滴灌系统一般由水源工程、首部枢纽（包括水泵、动力机、过滤器、肥液注入装置、测量控制仪表等）、各级输配水管道和滴头四部分组成。一是动力及加压设备。包括水泵、电动机或柴油机及其他动力机械，除自压系统外，这些设备是微灌系统的动力和流量源。二是水质净化设备或设施。包括沉沙（淀）池、初级拦污栅、过滤器等。可根据水源水质条件，组合选用。筛网过滤器的主要作用是滤除灌溉水中的悬浮物质，以保证整个系统特别是滴头不被堵塞。筛网多用尼龙或耐腐蚀的金属丝制成，网孔的规格取决于需滤出污物颗粒的大小，一般要清除直径 75 微米的泥沙，需用 200 目的筛网。砂石过滤器是用洗净、分选的砂砾石和砂料，按一定的顺序填进金属圆筒内制成的，对于各种有机或有机污物、悬浮的藻类都有较好的过滤效果。离心过滤器是靠离心力把比重大于水的沙粒从水中分离出来，但不能清除有机物质。三是滴水器。水由毛管流进滴水器，滴水器将灌溉水流在一定的工作压力下注入土壤。它是滴灌系统的核心。水通过滴水器，以一个恒定的低流量滴出或渗出后，在土壤中以非饱和流的形式在滴头下向四周扩散。目前，滴灌工程实际中应用的滴水器主要有滴头和滴灌带两大类。四是加肥器。包括压差式施肥器、文丘里注入器、隔膜式或活塞式注入泵，肥料储存罐（池）等。它必须安装于过滤器前面，以防未溶解的化肥颗粒堵塞滴水器。五是控制、量测设备。包括水表和压力表，各种手动、机械操作或电动操作的闸阀，如水力自动控制阀、流量调节器等。六是安全保护设备如减压阀、进排气阀、逆止阀、泄排水阀等。

滴水器有多种，其分类方法也不相同。按滴水器与毛管的连接方式分为管间式滴头和管上式滴头。管间式滴头是把灌水器安装在两段毛管的中间，使滴水器本身成为毛管的一部分。例如，把管式滴头两端带倒刺的接头分别插入两段毛管内，使绝大部分水流通过滴头体内腔流向下一段毛管，而很少的一部分水流通过滴头体内的侧孔进入滴头流道内，经过流道消能后再流出滴头。管上式滴头是直接插在毛管壁上的滴水器，如旁播式滴头、孔口式滴头等。按滴水器的消能方式不同，主要分为 5 种类型：一是长流道式消能滴水器。主要是靠水流与流道壁之间的摩擦耗能来调节滴水器出水量的大小，如微管、内螺纹及迷宫式管式滴头等，均属于长流道式消能滴水器。二是孔口消能式滴水器。以孔口出流造成的局部水头损失来消能的滴水器，如孔口式滴头、多孔毛管等均属于孔口式滴水器。三是涡流消能式滴水器。水流进入滴水器的流室的边缘，在涡流的中心产生一低压区，使中心的出水口处压力较低，因而滴水器的出流量较小。四是压力补偿式滴水器。借助水流压力使弹性体部件或流道改变形状，从而使过水断面面积发生变化，使滴头出流小而稳定。压力补偿式滴水器的显著优点是能自动调节出水量和自清洗，出水均匀度高，但制造较复杂。五是滴灌管（或滴灌带）式滴水器。滴头与毛管制造成一整体，兼具配水和滴水功能的管（或带）。

2. 微喷灌　微喷是近几年来，国内外在总结喷灌与滴灌的基础上，新近研制和发展起来的一种先进灌溉技术。微喷技术比喷灌更为省水，由于雾滴细小，其适应性比喷灌更大，农作物从苗期到成长收获期全过程都适用。它利用低压水泵和管道系统输水，在低压水的作用下，通过特别设计的微型雾化喷头或喷灌带，把水喷射到空中，并散成细小雾滴，洒在作物枝叶上或树冠下地面的一种灌水方式，简称为微喷。微喷既可增加土壤水分，又可提高空气湿度，起到调节小气候的作用。

微喷与喷灌的区别在于：

Ⅰ微喷具有射程，但射程较近，一般在 5 米以内。而喷灌则射程较远，以全国 PY 系列摇臂式喷头为例，射程为 9.5～68 米。

Ⅱ微喷洒水的雾化程度高，也就是雾滴细小，因而对农作物的打击强度小，均匀度好，不会伤害幼苗。而喷灌由于水滴较大，易伤害幼嫩苗木。

Ⅲ微喷所需工作压力低，一般在 0.7～3 千克/厘米^2 范围内可以运作良好。而喷灌的工作压力，一般在 3 千克/厘米^2 以上才有较显著效果。

Ⅳ微喷省水，一般喷水量为 200～400 升/小时。而全国 PY 系列喷头的喷水量为：1.35～116.54 米^3/小时。由此可见，微喷比喷灌更为省水节能。

Ⅴ微喷头结构简单，造价低廉，安装方便，使用可靠。

在河北省农业生产中，微喷灌技术得到了广泛应用。大田中主要推广应用了微喷带式的微喷技术。

大田作物微喷带式的微喷系统主要包括水源首部系统、输水管道系统、田间微喷灌系统和附属设备设施等部分。首部系统为整个灌溉系统提供加压、过滤、量测、安全保护等作用，应配备过滤器、逆止阀、进排气阀、压力表、流量计等。地下输水管道系统主要是建立从水源到田间的地下输水管道等，一般选用直径 90～125 毫米、工作压力 0.4 兆帕的 PVC 管。田间微喷灌系统主要包括地表输水支管和田间微喷带。地上输水管道一般选用直径 63～90 毫米、工作压力 0.25～0.3 兆帕的低密度 PE 管。田间微喷带选用直径 40 毫米、壁厚 0.2～0.4 毫米、孔径 0.7 毫米、斜五孔，工作压力 0.05～0.1 兆帕的微喷带（图 2-1）。

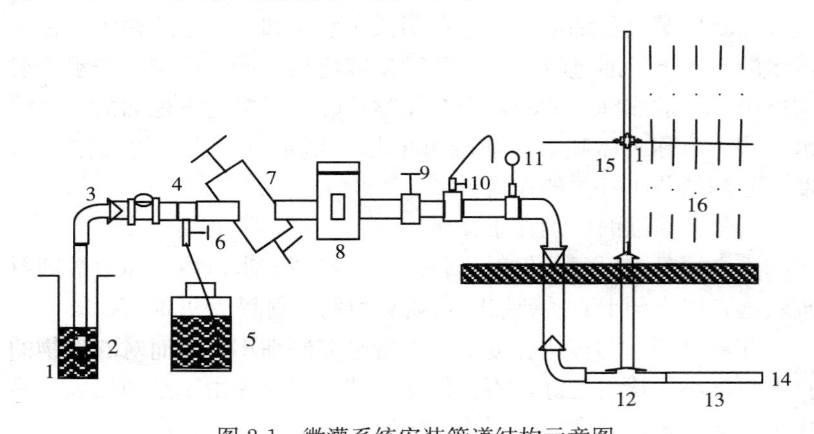

图 2-1　微灌系统安装管道结构示意图

1. 水井　2. 潜水泵　3. 弯头　4. 逆止阀　5. 施肥池　6. 阀门　7. 过滤器　8. 加压泵　9. PVC 控制阀　10. 放水口　11. 压力表　12. 三通　13. PVC 管　14. 出水口　15. 田间控制阀　16. 微喷带

3. 渗灌　渗灌（subbing；subirrigation），即地下灌溉，是利用地下管道将灌溉水输入田间埋于地下一定深度的渗水管道，借助土壤毛细管作用湿润土壤的灌水方法。渗灌是一种地下微灌形式，在低压条件下，通过埋于作物根系活动层的灌水器（微孔渗灌管），根据作物的生长需水量定时定量地向土壤中渗水供给作物。渗灌系统全部采用管道输水，灌溉水是通过渗灌管直接供给作物根部，地表及作物叶面均保持干燥，作物棵间蒸发减至最小，湿润层土壤含水率均低于饱和含水率，因此，渗灌技术水的利用率是目前所有灌溉技术中最高的。地下灌溉最早是由中国发明的。在唐代，山西临汾县龙子祠农民就采用地下灌溉方法引泉水灌溉蔬菜和粮食作物。历史上河南济源县农民曾利用合瓦作管排除地下水，在关闭阀门时也能起渗灌作用。在现代，苏、德、法等国在20世纪20年代曾采用埋设的瓦管进行地下灌溉。随着塑料管道的出现及开沟铺管机的应用，地下灌溉在苏、德、意等国又有进一步发展。中国从50年代起在许多省份进行了现代地下灌溉技术的试验，并应用于农业生产。渗灌的优点是灌水后土壤仍保持疏松状态，不破坏土壤结构，不产生土壤表面板结，为作物能提供良好的土壤水分状况；地表土壤湿度低，可减少地面蒸发；管道埋入地下，可减少占地，便于交通和田间作业，可同时进行灌水和农事活动；灌水量省，灌水效率高；能减少杂草生长和植物病虫害；渗灌系统流量小，压力低，故可减小动力消耗，节约能源。渗灌存在的主要缺点是表层土壤湿度较差，不利于作物种子发芽和幼苗生长，也不利于浅根作物生长；投资高，施工复杂，且管理维修困难；一旦管道堵塞或破坏，难以检查和修理；易产生深层渗漏，特别对透水性较强的轻质土壤，更容易产生渗漏损失。

渗灌系统首部的设计和安装方法与滴灌系统基本相同，所不同的是：尾部地埋渗灌管渗水量的主要制约因素是土壤质地和渗灌管的入口压力，所以渗灌系统运行时的主要控制条件是流量，而滴灌系统完全是通过调节压力而控制流量的。

淤堵是渗灌面临的一大难题，包括泥沙堵塞和生物堵塞。无论国内还是国外，渗灌发展的技术关键是研制渗灌管。美国的渗灌管是通过特殊的配方和生产工艺而制造的，包括发泡、抗紫外线和防虫咬等专利技术。近年来，随着工业技术的发展，国外的渗灌技术有了很大的进展，但我国刚刚起步与发达国家的差距很大。目前一般限于小面积使用。

二、高效灌溉系统

（一）水源

分地上水源和地下水源。地上水源主要有河流、湖泊、坑塘和渠道等，地下水源主要指水井，包括深水井和浅水井。不同水源水质不同，供水量有差别，这些都影响灌溉系统的设备配置和使用。水源要符合《喷灌工程技术规程》（GB/T 50085—2007）的规定，机井出水设施能够满足水肥一体化工程建设需要，水泵出水口出水量满足灌溉要求，有配套的机井电源。

（二）水质

对水质的要求包括两个方面，一是要符合《农田灌溉水质标准标准》（GB 5084—2005）。二是要满足灌溉系统对水质的要求，经采用过滤等技术措施，将水体中含有的有机、无机固体杂质去除，满足不同灌溉系统的要求。

（三）过滤设备

过滤器是用于过滤灌溉水中的杂质，以保证整个灌溉系统不被堵塞，能够进行正常工作的设备。要求过滤器能从灌溉水中分离出一部分粒径大于75微米的杂质，在允许的工作压力下和通过一定水流量时密封性能好，并要求过滤器不被腐蚀、不变形。此外要求过滤器便于清洗，清洗时可将水从出水口引入反冲。过滤器分砂石式、网式、叠片式、离心式等多种类型。

1. 离心式过滤器 离心式过滤器基于重力及离心力的工作原理，清除重于水的固体颗粒。水由进水管切向进入离心过滤器体内，旋转产生离心力，推动泥沙及密度较高的固体颗粒沿管壁流动，形成旋流，使沙子和石块进入集砂罐，净水则顺流沿出水口流出，即完成水砂分离。离心式过滤器适应于分离水中含有的大量沙子及石块。这种过滤器安装在井及泵站旁，最适应于分离水中含有的大量沙子及石块，在满足过滤要求的条件下，分离60～150目砂石的能力可达到92%～98%。它一般不单独使用，而只是作为过滤系统的前段过滤。

离心式过滤器的优点是安装简单，使用寿命长。一般用于水过滤的初级及泵前粗滤。缺点是对于需要严格控制水过滤效果的系统，过滤效果不好，并且他一般和其他过滤设备一起使用，不单独使用，而只是作为过滤系统的前段过滤（图2-2）。

2. 网式过滤器　网式过滤器是一种利用滤网直接拦截水中的杂质，去除水体中悬浮物、颗粒物，以净化水质及保护系统其他设备正常工作的设备。

图 2-2　离心式过滤器

网式过滤器的工作原理是利用滤料组成的孔隙，将水中的泥沙、胶体、悬浮物等杂质截留住。水经进水口进入网式过滤器，到达粗滤网，粗滤网将较大的悬浮物拦截下来，然后到达细滤网，通过细滤网滤除细小颗粒的杂质后，清水由出水口排出。

使用网式过滤器时当过滤网上积聚了一定的污物后，过滤器进、出水口之间的压力降会急剧增加，当压力降超过核定值时需及时进行冲洗。安装时进出水方向必须根据滤芯的过滤方向选择使用，切不可反向使用。如发现滤芯、密封圈损坏，必须及时更换，否则将失去对水的过滤效果。在冬季不用时应将水排空，以防冻坏。网式过滤器可单独使用，也可与其他过滤器组合使用。

对带自清洗的网式过滤器，在过滤器过滤过程中，污物在细滤网上的沉积使细滤网的内外两侧产生一个压力差，当该压差达到预先设定的值时，在维持系统持续供水的同时，开始自动清洗过程：冲洗阀打开，压力通过水力活塞释放，水流出来。水动马达驱动室和集污管内的压力显著降低，压力的降低在集污管和水力驱动室外侧中产生一个吸力，通过吸嘴吸取细滤网内壁的污物，由网式过滤器水力马达流入水力马达室，由排污阀排出，形成一个吸污过程。当网式过滤器水流经水力马达时，带动吸污管进行旋转，由水力缸活塞带动吸污管作轴向运动，吸污器组件通过轴向运动与旋转运动的结合将整个滤网内表面完全清洗干净。在冲洗过程结束时冲洗阀关闭，水压的升高使水力活塞恢复至其初始状态，系统为下一个过滤工序做好准备（图 2-3）。

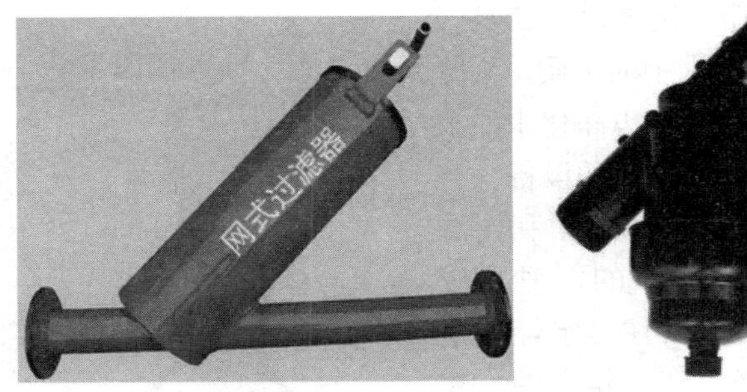

图 2-3　网式过滤器

3. 叠片式过滤器　叠片式过滤器和其他过滤器一样，也是由滤壳和滤芯组成；滤壳材料一般为塑料或者是不锈钢，滤芯由一组叠放在一起的带沟槽或棱的环状增强塑料滤盘构成，滤盘上有特制的沟槽或棱，相邻滤盘上的沟槽或棱构成一定尺寸的通道，粒径大于通道尺寸的悬浮物均被拦截下来，达到过滤效果。叠片式过滤器过滤效果高，运行稳定。叠片过滤器过滤时，水流流经叠片，相邻滤盘上的沟槽棱边形成的轮缘把水中固体物截留下来；反冲洗时水自环状滤盘内部流向外侧，将截留在滤盘上的污物冲洗下来，经排污口排出。

这种过滤器分手动或自动冲洗。当要手动冲洗时，可将滤芯拆下并松开压紧螺母，用水冲洗即可。自动冲洗时叠片必须能自行松散，因受水体中有机物和化学杂质的影响，有些叠片往往被黏在一起，不易彻底冲洗干净。

这种过滤器的特点，一是过滤精确，只有粒径小于要求的颗粒才能进入系统，二是适应性好，可以轻松处理各种类型的原水、地表水和河水/井水，甚至污水（排水）等。三是处理能力强，占地小。系统紧凑，占地极小。过滤器采用时间或压差方式进行控制，实现全自动运行。时间控制的设备在运行一定时间后开始反冲洗；压差控制方式利用进出口之间的压差作为控制信号，当过滤器拦截的悬浮物达到一定量时，压力损失会迅速增加，当进出水口之间的压差达到设定值时设备自动开始反冲洗。压差控制器可以同时具备压差、时间、手动 3 种控制功能进行反冲洗。四是使用寿命长，易于维护（图 2-4、图 2-5）。

图 2-4　叠片式过滤器

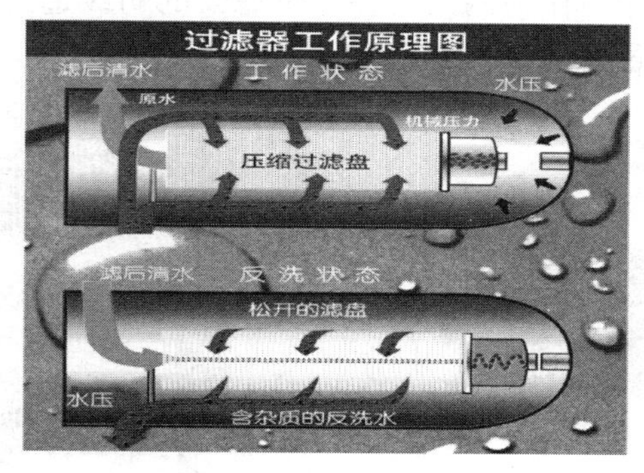

图 2-5　叠片式过滤器工作原理

4. 砂石式过滤器　砂石过滤器是通过均质等粒径石英砂形成砂床作为过滤载体进行立体深层过滤的过滤器，常用于一级过滤。其主要是采用砂石作为滤料过滤。砂石过滤器是介质过滤器之一，其砂床是三维过滤，具有较强的截获污物的能力，适合深井水过滤、农用水处理。在所有过滤器中，用砂石过滤器处理水中有机杂质和无机杂质最为有效，这种过滤器滤出和存留杂质的能力很强，并可不间断供水。只要水中有机物含量超过 10 毫克/升时，无论无机物含量有多少，均应选用砂石过滤器。

砂石过滤器正常工作时，水通过进水口达到介质层，这时大部分杂物被截留在介质上表面，细小的污物及其他浮动的有机物被截留在介质层内部。当杂质达到一定量的时候，过滤系统能通过检测进出口压差，当压差达到设定值时，控制系统会通过水路自动控制过滤单元的三通阀门，关闭进口通道同时打开排污通道，其他过滤单元的水会在水的压力作用下由通过该过滤单元的出水口进入，并持续冲刷该过滤单元的介质层，从而达到清洗介质的效果。也可采用定时控制的方式进行排污，当时间达到定时控制器设定的时间时，电控盒发出排污清洗信号进行清洗。

砂石过滤器适宜于处理有机物含量超过 10 毫克/升的河水、水库水、渠道水、湖水，通常作为初级过滤器使用。根据灌溉工程用量及过滤要求，可单独使用，也可多个组合或与网式过滤器、叠片过滤器组合使用，作为网式、叠片过滤器的初级过滤，提高网式、叠片过滤器的过滤效果（图 2-6）。

图 2-6　砂石式过滤器及内部构成

5. 砂石加网式（叠式）过滤器　灌溉过滤器系列首部过滤器是滴灌系统首部枢纽的重要组成部分。一般在系统首部安装两级过滤器，第一级过滤器滤去大部分大颗粒杂质以减轻第二级过滤器的负担，以免第二级过滤器冲洗过于频繁。只有在水源水质很好时（例如采用自来水）才考虑只用一级过滤器。不少系统还在支管或灌水轮灌单位的前面安装过滤器，以防万一首部过滤器因事故失效，泥沙进入管道系统，造成系统堵塞。

第一级过滤器：以井水为水源的滴灌系统，有机物含量低但因成井质量等方面问题，一般情况下水中含沙量较高宜采用旋流水沙分离器；对于以地表水为水源的滴灌系统，水中不仅含泥沙，而且一般含有机质悬浮颗粒较多，宜采用砂石过滤器；砂石过滤器体积大，但过滤效果好。

第二级过滤器：一般为控制首部的末一级过滤器，常用筛网过滤器或叠片过滤器，应安装在肥料罐（或化学药剂注人口）之后。管道系统内的过滤器一般用筛网过滤器、叠片过滤器，因为它们可以做得很小，便于在管道上安装。

（四）动力

1. 水泵 水泵是从水源抽水加压的重要设备。按工作原理可分为三类。一是叶片式泵，利用叶轮的旋转将机械能转换为液体动能和压能的一类泵。主要有离心泵、轴流泵、混流泵，潜水电泵等。二是容积式泵，利用工作室容积周期性变化而提升和（或）压送液体的一类泵。有活塞泵、柱塞泵、隔膜泵等。三是其他类型泵。如射流泵等。

做好喷灌水泵的选型是保证喷灌系统正常运行的基础。由于不同的灌溉系统对工作压力的要求不同，所以对水泵的要求也各不相同。常用的农用泵主要有离心泵、轴流泵、混流泵、长轴深井泵、井用潜水电泵、小型潜水电泵、大型潜水电泵等。离心泵是由于在叶轮的高速旋转所产生的离心力的作用下，将水提向高处的，故称离心泵。离心泵型号、品种规格及其变型产品在农用泵中是最多的。根据水流入叶轮的方式、叶轮多少、泵本身能否自吸以及配套动力大小和动力品种等，离心泵有单级单吸离心泵、单级双吸离心泵、多级离心泵、自吸离心泵、电动机泵和柴油机泵等。轴流泵与离心泵的工作原理不同，它主要是利用叶轮的高速旋转所产生的推力提水。轴流泵叶片旋转时对水所产生的升力，可把水从下方推到上方。轴流泵的叶片一般浸没在被吸水源的水池中。由于叶轮高速旋转，在叶片产生的升力作用下，连续不断地将水向上推压，使水沿出水管流出。叶轮不断的旋转，水也就被连续压送到高处。混流泵的叶轮形状介于离心泵叶轮和轴流泵叶轮之间，混流泵的工作原理既有离心力又有升力，靠两者的综合作用，水则以与轴组成一定角度流出叶轮，通过蜗壳室和管路把水提向高处。长轴深井泵是一种单吸多级立式长轴离心泵。井用潜水电泵是将水泵和电机做成一体一同置于井水中，在地面通过电缆使电机与电源接通，驱动水泵叶轮旋转。它结构简单、体积小、重量轻、安装维修方便、运行安全可靠、性能良好，是一种效益高、投资少的扬水机具。

水泵工作性能的主要技术数据包括流量、扬程、转速、效率和比转数等。水泵的流量是指单位时间内所排出的液体的数量，单位为米^3/时、米^3/秒、升/秒，或吨/时、吨/秒、千克/秒。水泵的扬程是指单位重量的液体通过泵所增加的能量，就是水泵能够扬水的高度，又叫总扬程或全扬程。单位为米液柱高度，习惯上省去“液柱”，以米表示。泵的总扬程由吸水扬程与出水扬程两部分组成。但由于水流经过管路时受到各种阻力而减少了泵的吸水扬程和出水扬程，因此总扬程＝实际扬程＋损失扬程。水泵铭牌上标明的扬程是上述水泵的总扬程。允许吸上真空高度是指真空表读数吸水扬程，也就是泵的吸水扬程（简称泵的吸程），包括实际吸水扬程与吸水损失扬程之和。安装水泵时，应使水泵的吸水扬程小于允许吸上真空高度值，否则安装过高，就吸不上水或生产气蚀现象。如生产气蚀，不仅水泵性能变坏，而且也可能使叶轮损坏。转速是指泵叶轮每分钟的转数，单位为转/分。功率是指机组在单位时间内做功的大小。水泵为了完成抽水工作，不仅必须配备动力机，而且还要配备管路及附件。

水泵的选型和配套包括水泵的选型、动力机的配套、传动装置的选择、管路及附件的选配等内容。影响水泵的选型的因素虽然很多，但主要是看流量和扬程是否能达到要求。因此选型的步骤一般首先是根据“需要”来确定所需的流量的扬程。灌溉用水泵的流量是由农田的需水量决定的，农田的需水量与灌区面积的大小、每亩地灌水量、农作物的种类及生长阶段、土壤性质、地下水深度、气温等因素都有密切关系。

灌溉所需的流量，可按下列公式计算：

灌溉所需的流量（米^3/时）=［每亩一次灌水量（米^3/亩）×灌溉面积（亩）］/每天（每昼夜）灌溉时数（小时/天）×轮灌天数×灌区水利用系数

水泵的扬程系指总扬程，即实际扬程加上损失扬程。实际扬程，可通过各种方法实地测量出来。损失扬程，可通过以下步骤确定：一是根据前述计算出的所需流量，查水泵性能表，选定所需水泵的口径，并根据水泵的口径选定水泵进、出管直径。二是当所需的流量和扬程确定之后，即可根据水泵性能表选定水泵的型号。在查水泵性能表时，先查找出与所需流量和扬程相接近的水泵，然后再确定型号。

2. 加压泵 河北省平原区灌溉水源多为地下水，由于超量开采，地下水较深，所配井泵仅能满足地面灌溉或管道输水灌溉所需要的扬程要求，采用喷灌、滴灌等加压灌溉时，井泵扬程不能满足工作压力要求。在设计灌溉系统时，为减少工程投资及充分利用原有井泵设施，一般采用再串联一台加压泵的方式。加压泵选型的合理与否对整个灌溉系统耗能大小、效率高低有主要影响。灌溉系统加压泵选配是否恰当，直接影响着喷洒质量及设备的运行安全。同时还涉及造价及运行管理费用的高低。在能源供应日越紧张的情况下，加压泵的合理选型，尤为重要。

加压泵选型的依据是流量、扬程。设计流量应根据灌溉的农田面积、灌水量、轮灌天数等确定，同时水泵的流量还应小于水源的持续供水量，以确保水泵连续运行。水泵的扬程指水系统的总扬程，即实际扬程（由选定的抽水站地质地况和水源状况决定，它等于进、出水池水位的高差）、水源水面动静水位之差、田间灌溉系统出水口压力和损失扬程（等于实际扬程的 0.10～0.20）之和。加压泵扬程等于水泵总扬程减去原有井泵扬程。田间灌溉系统出水口压力要求，滴灌系统一般要求在 1～5 千克/厘米^2 压力下工作，喷灌系统要把水喷洒到一定的距离，并成细小的水滴，要求水泵提供 10～20 千克/厘米^2 的工作压力。

（五）其他必需设备设施

1. 逆止阀 逆止阀（又名止回阀）是指依靠介质本身流动而自动开、闭阀瓣，用来防止介质倒流的阀门，又称逆止阀、单向阀、逆流阀、和背压阀。逆止阀主要可分为旋启式止回阀（依重心旋转）与升降式止回阀（沿轴线移动）。

旋启式止回阀在完全打开的状况下，流体压力几乎不受阻碍，因此通过阀门的压力降相对较小。升降式止回阀的阀瓣坐落于阀体密封面上。此阀门除了阀瓣可以自由地升降之外，其余部分如同截止阀一样，流体压力使阀瓣从阀座密封面上抬起，介质回流导致阀瓣回落到阀座上，并切断流动。流体通过升降式止回阀的通道也是狭窄的，因此通过升降式止回阀的压力降比旋启式止回阀大些，而且旋启式止回阀的流量受到的限制很少（图 2-7）。

图 2-7　逆止阀

2. 排气阀 因为水中通常都溶有一定的空气，而且空气的溶解度随着温度的升高而减少，这样水在循环的过程中气体逐渐从水中分离出来，并逐渐聚在一起形成大的气泡甚至气柱。排气阀装设于送配水管线中，用以排除管中集结之空气，以提高输水管线使用效率，在管内一旦有负压产生时，迅速吸入外界空气，以保护管线因负压所生产的毁损。当系统中有气体溢出时，气体会顺着管道向上爬，最终聚集在系统的最高点，而排气阀一般都安装在系统最高点，当气体进入排气阀阀腔聚集在排气阀的上部，随着阀内气体的增多，压力上升，当气体压力大于系统压力时，气体会使腔内水面下降，浮筒随水位一起下降，打开排气口；气体排尽后，水位上升，浮筒也随之上升，关闭排气口。同样的道理，当系统中产生负压，阀腔中水面下降，排气口打开，由于此时外界大气压力比系统压力大，所以大气会通过排气口进入系统，防止负压的危害。如拧紧排气阀阀体上的阀帽，排气阀停止排气，通常情况下，阀帽应该处于开启状态。

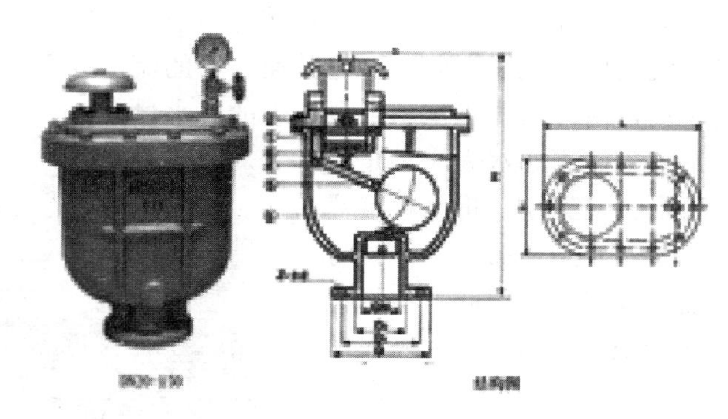

图 2-8　排气阀

3. 压力表　压力表是高效灌溉系统中必不可少的量测仪器，它可以反映系统是否按设计正常运行，特别是过滤器前后的压力表，它实际上是反映过滤器堵塞程度及何时需要清洗过滤器的指示器。

灌溉系统中常用的压力测量装置是弹簧管压力表。压力表内有一根圆形截面的弹簧管，管的一端固定在插座上并与外部接头相通，另一端封闭并与连杆和扇形齿轮连接，可以自由移动。当被测液体进入弹簧内，在压力作用下弹簧管的自由端产生位移，这个位移使指针偏转，指针在度盘上的指示读数就是被测液体的压力值（图 2-9）。

图 2-9　压力表

4. 流量计　高效灌溉系统中利用水表来计量一段时间内通过管道的水流总量或灌溉用水量。水表一般安装在首部枢纽中过滤器之后的干管上，也可将水表安装在相应的支管上。

常用的水表其工作原理是利用管径一定时的流速与流量成正比的关系，当水流进入水表后，由自测机构下部的翼轮盒下的进水孔沿切线方向流入，冲击翼轮旋转，翼轮转速与水流速度成正比，水流速度又与流量成正比，因此，翼轮转速与水的流量成正比，经过减速齿轮转动，由计数器指示出通过水表的总水量。

灌溉系统中使用的水表应满足过流能力大而水头损失小，量水精度高且量程范围大、使用寿命长、维修方便、价格便宜等特点。因此，在选用水表时，应首先了解水表的规格型号，水头损失曲线及主要技术参数等。然后，根据微灌系统设计流量大小，选择大于或接近额定流量的水表为宜，绝不能单纯以输水管管径大小来选定水表口径，否则，容易造成水表的水头损失过大（图 2-10）。

图 2-10　流量计

5. 泄压阀　在水泵输水管路系统中，当突然停泵时，泵出口止回阀迅速关闭，致使阀出口管路中循环流速突然下降，并产生回流冲击压力，速度突变会产生冲击压力波传递，传递速度很高，可以使阀出口段压力升高至额定压力的数倍，这就是管路中的水锤现象，它可以导致阀或管道破裂，产生事故。为了避免这类事故，人们研究了泄压阀。

泄压阀又名安全阀（safety valve）根据系统的工作压力能自动启闭，一般安装于封闭系统的设备或管路上保护系统安全。当设备或管道内压力超过泄压阀设定压力时，即自动开启泄压，保证设备和管道内介质压力在设定压力之下，保护设备和管道，防止发生意外。

泄压阀结构主要有两大类：弹簧式和杠杆式。弹簧式是指阀瓣与阀座的密封靠弹簧的作用力。杠杆式是靠杠杆和重锤的作用力。随着大容量的需要，又有一种脉冲式泄压阀，也称为先导式泄压阀，由主泄压阀和辅助阀组成。当管道内介质压力超过规定压力值时，辅助阀先开启，介质沿着导管进入主泄压阀，并将主泄压阀打开，使增高的介质压力降低（图 2-11、2-12）。

图 2-11　泄压阀

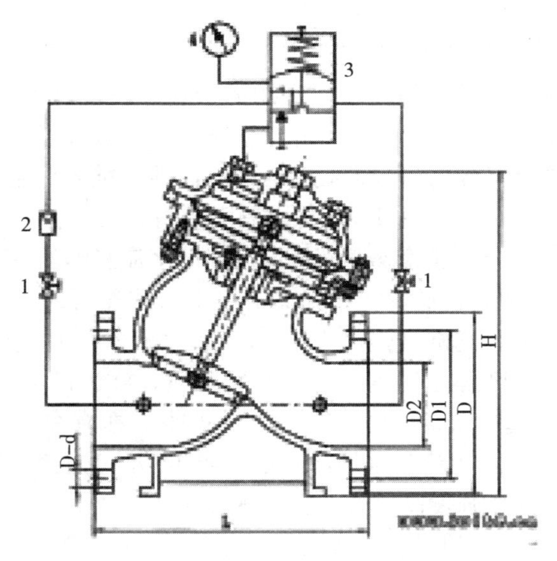

图 2-12　泄压阀原理示意图

（六）输水管道系统

输水管道系统是把经过水泵加压以后的水输送到田间，因此要求其要能承受一定的压力，通过一定的流量，常被分成干管和支管两级。为了连接和控制管道系统，要配备一定的弯头、三通、闸阀和堵头等。农田灌溉管道输水系统根据节水灌溉方式不同，对输水管道承压要求不同，喷灌对管道承压要求高，滴灌和微喷灌相对较低，但管道的承压能力要符合灌溉系统对压力的要求。

输水管道可使用的管材很多，各有利弊。随着塑料工业技术的不断发展和提升，塑料管材的质量、性能都得到了很大改善，价格降低，目前实际应用中，从水源到田间输水管道多是采用塑料管。一般地下输水干管、支管多采用 PVC 塑料管，地表田间支管和微喷带多采用 PE 管。

目前中国塑料管道生产能力达 300 万吨，主要有 PVC、PE 和 PP－R 管道三大类，其中 PVC 管道是市场份额最大的塑料管道，占塑料管道近 70％的份额。在塑料管道中，PVC 的份额为 70％，PE 占 25％，PP－R 占 4％，其他占 1％。

PVC 管是由聚氯乙烯树脂与稳定剂、润滑剂等配合后用热压法挤压成型，是最早得到开发应用的塑料管材。PVC 塑料管具有产品材质很轻，搬运、装卸、施工便利，可节省人工；耐化学药品性优良，具有优异的耐酸、耐碱、耐腐蚀性，抗老化能力好，经久耐用，寿命可达 50 年；PVC 管之壁面光滑，对流体之阻力小，其曼宁系数（综合反映管渠壁面粗糙情况对水流影响的一个系数）仅 0.009，较其他管材低，在相同之流量下，管径可缩小；具有较高的硬度、刚度，抗机械强度大，PVC 管之耐水压强度，耐外压强度，耐冲击强度等均甚良好；不影响水质，施工简易，PVC 管之接合施工迅速容易，故施工工程费低廉；具有良好的水密性，PVC 管的连接，不论是采用活套承口或 TS 承口连接，均具有良好的水密性，耐压强度高，且不会出现渗漏。

PE 是聚乙烯塑料，最基础的一种塑料，PE 管是由 PE 材料经特殊工艺生产而成，PE 管道系统具有连接可靠，低温抗冲击性好，冬季施工时，不会发生管子脆裂，抗应力开裂性好，耐化学腐蚀，土壤中存在的化学物质不会对管道造成任何降解作用，耐老化，使用寿命长，可挠性好，容易弯曲；水流阻力小，PE 管道具有光滑的内表面，与 PVC 管一样，其曼宁系数为 0.009，光滑的表现和非黏附特性保证 PE 管道具有较传统管材更高的输送能力，同时也降低了管路的压力损失和输水能耗。

不同的 PVC 塑料管或 PE 管其承压能力不同，要根据承压要求适当选择，满足系统要求。PVC 塑料管的承受的压力称为公称压力，用兆帕表示。公称压力规定有 0.63 兆帕、0.8 兆帕、1.0 兆帕、1.25 兆帕、1.6 兆帕五种。

一般采用微喷灌溉模式要求地下输水管道选用直径 110 毫米、工作压力 0.4 兆帕的 PVC 管。采用固定立杆模式喷灌一般要求地下输水主管道选用直径 110 毫米、工作压力 0.63 兆帕的 PVC 管，田间地下输水支管选用直径 75 毫米或 63 毫米工作压力 0.63 兆帕的 PVC 管。卷盘式喷灌机一般所需地下输水管道选用直径 110 毫米承压不低于 0.8 兆帕的 PVC 管。

管道安装是灌溉工程中的主要施工项目。受运输条件限制，管材的供货长度一般为 4 米或 6 米，现场安装工作量较大。管道安装用工一般占总用工量的一半以上。所以，了解灌溉系统管道安装的基本要求，掌握管道安装的施工方法，对于保证工程质量，按期完成施工任务非常必要。

管道敷设应在槽床标高和管道基础质量检查合格后进行。

管道的最大承受压力必须满足设计要求，不得采用无测压试验报告的产品。敷设管道前要对管材、管件、密封圈等重新进行一次外观检查，有质量问题的均不得采用。在昼夜温差变化较大的地区，刚性接口管道施工时，应采取防止因温差产生的应力而破坏管道及接口的措施。胶合承插接口不宜在低于 5℃的气温下施工，密封圈接口不宜在低于－10℃的气温下施工。

管材应平稳下沟，不得与沟壁或槽床激烈碰撞。一般情况下，将单根管道放入沟槽内黏接。当管径小于 32 毫米时，也可将 2 或 3 根管材在沟槽上接好，再平稳地放入沟槽内。在安装法兰接口的阀门和管件时，应采取防止造成外加拉应力的措施。口径大于 100 毫米的阀门下应设支墩。管道在敷设过程中可以适当弯曲，但曲率半径不得小于管径的 300 倍。在管道穿墙处，应设预留孔或安装套管，在套管范围内管道不得有接口，管道与套管之间应用油麻堵塞。管道穿越铁路、公路时，应设钢筋混凝土板或钢套管，套管的内径应根据喷灌管道的管径和套管长度确定，便于施工和维修。管道安装施工中断时，应采取管口封堵措施，防止杂物进入。施工结束后，敷设管道时所用的垫块应及时拆除。管道系统中设置的阀门井的井壁应勾缝，管道穿墙处应进行砖混封堵，防止地表水夹带泥土泄入。阀门井底用砾石回填，满足阀门井的泄水要求。

埋设 PVC 灌溉管道田间施工时的基本技术要领：一是开沟。按规划放线开挖，沟宽适宜，深要超过冻土层，掌握沟直底平，挖出土放一边，以利于接管操作。二是接管。有插接、对焊和对口套箍 3 种方法，常用插接法，沿沟顺输水方向依次插接管道和三通，即先干管后支管。将下接管的一端放入烧热的机油或食油中加热软化后取出，用预制的圆台形木模将软化管口撑大，迅速将上接管插接 10 厘米以上，自然冷却即可，接三通注意立管竖直。三是安装排水阀。可在铁三通横管钻孔，用螺栓塞堵闭，也可在末端三通模管外端安装阀门，排水阀装好后要与土隔离，以免日久锈死。四是接连结管。用软管、硬塑料或水泵胶管，把地下管道和水泵出口连接起来。五是试水回填。除末端放水口外，其余出水口全关闭。开泵输水持续一段时间，反复检查，发现漏水及时处理，最后填沟。开始填土时要先填管道两侧，填完后放水淹实。

（七）田间灌溉管网设置

1. 滴灌田间管网设置 管网布置应使管道总长度短，少穿越其他障碍物。输配水管道沿地势较高位置布置，支管垂直于作物种植行布置，滴灌管（带）顺作物种植行布置。

输水支管一般采用 PE 材料的塑料管，也可采用铝合金管。支管一般铺设于地面。

滴灌管（带）是利用塑料管道将水（液体肥料或农药等）通过直径约为 16 毫米的毛管上的孔口或滴头送到作物根部进行局部灌溉的塑料制品，通过低压管道系统与安装在毛管上的灌水器，将水和作物需要的养分一滴一滴，均匀而又缓慢地滴入作物根区土壤中。滴头（emitter）是通过流道或孔口将毛管中的压力水流变成滴状或细流状的装置，其流量一般不大于 8 升/小时。按滴头植入滴灌管中的方式可分为内镶式滴灌管和管间式滴灌管（侧翼迷宫式滴灌带）。按滴头出水方式分为压力补偿式滴灌管和非压力补偿式滴灌管。按消能方式不同，滴水器可分为：

Ⅰ长流道式消能滴水器：长流道式消能滴水器主要是靠水流与流道壁之间的摩擦耗能来调节滴水器出水量的大小，如微管、内螺纹及迷宫式管式滴头等，均属于长流道式消能滴水器。

Ⅱ孔口消能式滴水器：以孔口出流造成的局部水头损失来消能的滴水器，如孔口式滴头、多孔毛管等均属于孔口式滴水器。

Ⅲ涡流消能式滴水器：水流进入滴水器的流室的边缘，在涡流的中心产生一低压区，使中心的出水口处压力较低，因而滴水器的出流量较小。设计良好的涡流式滴水器的流量对工作压力变化的敏感程度较小。

Ⅳ压力补偿式滴水器：压力补偿式滴水器是借助水流压力使弹性体部件或流道改变形状，从而使过水断面面积发生变化，使滴头出流小而稳定。压力补偿式滴水器的显著优点是能自动调节出水量和自清洗，出水均匀度高，但制造较复杂。

Ⅴ滴灌管或滴灌带式滴水器：滴头与毛管制造成一整体，兼具配水和滴水功能的管（或带）称为滴灌管（或滴灌带）。

内镶式滴灌带也称内镶贴片式滴灌带，是每隔一定距离在塑料管内镶上一有弯弯小流道帖片，水由流道口流到土壤进行农作物的灌溉。具有以下特点：ⓐ内镶扁平滴头滴灌带是把扁平形状的滴头镶在管带内壁上的一体化滴灌带，广泛应用于温室大棚，大田经济作物的灌溉。ⓑ滴头与管带一体化，安装使用方便，成本低，投资少。ⓒ滴头有自过滤窗，抗堵塞性能好。ⓓ采用迷宫式流道，具有一定的压力补偿作用。ⓔ滴头间距可根据用户要求而定。

侧翼迷宫式滴灌带是在制造薄壁管的同时，在管的一侧或中间部位热合出迷宫形状流道的滴灌带。侧翼迷宫式滴灌带具有迷宫流道及滴孔一次真空整体热压成型，黏合性好，制造精度高，紊流态多口出水，抗堵塞能力强，迷宫流道设计，出水均匀，铺设长度可达 80 米，重量轻，安装管理方便，人工安装费用低。适用于温室、大棚、果园、棉花、中药材、西瓜及马铃薯等多种大田作物。

滴灌管采用新材料生产，具有高强度、耐磨、抗老化、寿命长。平地铺设可达 100 米以上。安装、使用、维护操作方便。适用于水资源和劳动力缺乏地区的大田作物、果园、树木绿化。也广泛用于温室、大棚、露天种植和绿化工程。

滴灌带主要性能参数为：ⓐ管径：Φ12 毫米、16 毫米、20 毫米；ⓑ壁厚：0.2～0.6 毫米；ⓒ工作压力：0.02～0.25 兆帕；ⓓ流量：2～3 升/小时。滴灌管主要性能参数为：ⓐ管径：12 毫米、16 毫米；ⓑ壁厚：0.3～1.2 毫米；ⓒ工作压力范围：0.05～0.25 兆帕；ⓓ滴头流量：1～4 升/小时。

压力补偿式滴灌管是应用特殊的设计原理，将注塑成型的滴头，焊接于管线内壁或安装在管上，毛管管端，组成具有压力补偿及稳流效果的滴灌灌水器，是一种新型滴灌产品。压力补偿式滴灌管当系统压力在 0.08～0.35 兆帕范围内变化时，滴头流量保持不变，极大地提高灌水均匀度，可以达到 98%以上，铺设长度增大，从而使输水管支管间距加大，节省管路投资；适合于各种地形及作物，特别是灌区内坡度起伏较大的情况，适合于要求滴灌管铺设长度较大的情况。优点是滴头内部结构采用弹性膜片调节压力，控制流量；注塑硅胶膜片有效延长使用寿命；特殊的内流场，有效提高自冲洗能力，抗堵塞能力强；机械强度好，耐腐蚀；在压力补偿范围内，确保流量均一、精确；可地上铺设，也可埋地使用，不受灌溉地形和坡度的影响；工作压力：0.05～0.45 兆帕，适用于山地、长距离条播作物和果园、葡萄园、林带绿化应用。

使用滴灌管（带）应注意：一是滴灌的管道和滴头容易堵塞，对水质要求较高，所以必须安装过滤器。二是滴灌不能调节田间小气候，不适宜结冻期灌溉，在蔬菜灌溉中不能利用滴灌系统追施粪肥。三是滴灌投资相对较高，选用时要考虑作物的经济效益。

2. 田间渗灌管带及铺设 渗灌毛管埋深通常要考虑以下几个

因素：一是田间耕作深度，避免因犁翻土壤造成损坏。对免耕作物，可依据土壤和作物根系发育深度等条件判别；二是土壤情况。在透水性较强的轻质土壤中，毛管埋深不宜太大，以防产生深层渗漏；对毛细吸水能力较强的壤质土，则可恰当增长埋深，减少无效的蒸发丧失。若耕层内含有透水较差的黏土夹层时，毛管应埋在夹层以上。另外，因为作物根系的生长发育，如果毛管埋深太大则不利于作物幼苗生长，但埋深太小又会影响作物生育后期对水分的需求。综合上述因素，毛管埋深通常在20～70厘米之间最为适宜，果树的最佳毛管埋深通常在40～50厘米，大田作物则为30～40厘米。

渗灌毛管间距主要取决于当地气候条件、土壤质地和作物品种，通常在0.25～5.0米之间。对于种植在沙性土壤上或干旱地区的作物，较小的毛管间距有助于田间土壤水分的均匀散布，但间距太小会使投资加大。在多雨的湿润地区，能够使用较大的间距，但这决定于作物类型、土壤条件和可接受的风险程度。通常较小的间距多用于平播密植类作物，如草皮、小麦等，而较大间距常用于蔬菜、果树、棉花、玉米等行播作物。对于大植株等行距作物，毛管埋置在两行作物中间或随行安排；对宽窄行种植的作物，毛管应置于窄行间；对于植株排列不规矩的果树采取随行布设情势较为适宜。

3. 微喷田间支管和微喷带铺设　田间支管采用90毫米PE软管。为了便于田间支管的收放，每6米支管最好加一个快速拆装式接头，便于拆接和运输。

微喷带是目前应用非常广泛的一种灌溉设备。其原理是在末级管道上直接开0.5～1毫米的微孔出水，在一定的压力下（3～10米水压），水从孔口喷出，高度几十厘米至1米。将每组单个出水孔或双出水孔的喷水带铺设在地膜下，水流在地膜的遮挡下就能形成滴灌效果。喷水带规格有φ25、φ32、φ40、φ50 4种，单位长度流量为每米50～150升/小时。喷水带简单、方便、实用。只要将喷水带按一定的距离铺设到田间就可以直接灌水，收放和保养方便。对灌溉水的要求显著低于滴灌，抗堵塞能力强，一般只需做简单过滤即可使用。工作压力低，能耗少。

冬小麦和夏玉米应用微喷灌水肥一体化技术，在选择微喷带时，为了方便拆接，田间微喷带要选用带快速接头、直径 40 毫米、壁厚 0.2～0.4 毫米、孔径 0.7 毫米、斜五孔，工作压力 0.05～0.1 兆帕的微喷带。

铺设田间输水支管时，根据田间布局设计，将输水支管通过控制阀门连接到地下输水主管道的出水口上，再将微喷带通过阀门连接到输水支管上。田间输水支管间距根据地块形状和铺设微喷带的长度而定。铺设田间微喷带时，要依据作物种植模式以地边为起点向内一定距离铺设第一条微喷带，微喷带铺设长度控制在 50～60 米，末端余量 1 米以上。微喷带放置方向与种植作物种植方向一致，每间隔 1.8～2.4 米布置 1 条。微喷带喷口向上，尽可能平整顺直，尾部封堵。一般每条微喷带上都安装一个控制阀，但为了减少开启每条微喷带阀门的次数，可采用大阀门控制微喷灌（表 2-1）。

表 2-1　喷水带灌溉系统的田间布置模式

作　　物	内　　容	基本数据
小　　麦	每带覆盖的行数	18～20 行
	带间距（米）	1.8～2.4
	带长度（米）	50
	首年投入（元/亩）	350
玉　　米	带覆盖的行数	4～6 行
	带间距（米）	1.8～2.4
	带长度（米）	50

4. 喷灌田间管道及喷头布设　喷灌田间工程包括：固定式喷灌的管道布置及埋藏、抽水点（或给水栓）等的规划施工。田间管道系统的布置，应作如下考虑：①干管应沿主坡方向，在地形较平

坦的地区，支管应与干管垂直，并尽量沿等高线方向布置。②支管应按已确定的喷头组合形式布置，并尽量与作物耕作方向一致，可减少竖管对机耕作业的影响。③支管要与主风方向相垂直，并适当缩短支管上的喷头间距。④支管不可太长。支管上首末喷头工作压力相差不超过20%，相应工作流量相差不超过10%。⑤水源应布置在整个喷灌区域的中心，以减少管道输水的水力损失。

5. 卷盘式喷灌田间设置 卷盘式（绞盘式）喷灌机是一种将牵引PE管缠绕在绞盘上，利用喷灌压力水驱动水涡轮旋转，经变速装置驱动绞盘旋转，并牵引喷头车自动移动和喷洒的灌溉机械，它具有移动方便、操作简单、省工省时、灌溉精度高、节水效果好、适应性强等优点。它主要由机件包括底盘、机架、卷盘、旋转台、特种PE管、自动调速装置、水涡轮驱动装置、多功能变速箱、喷水行车头、导向装置等组成。

为合理利用设备，对控制范围内的耕地重新进行了规划和种植结构调整，把项目区的种植方式、作物品种、生产环节统一起来。为尽量减少矛盾，便于操作和灌溉，按照喷灌机射程，垂直作物种植方向在田间设置作业道，同时要在田间要留有机耕道。将装配小型卷扬机的拖拉机停放在工作道的末端，与喷灌机相对应，然后拉出钢丝绳至卷盘端，挂在PE管牵引至地头对面预定地点，然后装上喷头车，开始作业，这种牵引方式避免了拖拉机轧苗轧地。

三、施肥系统及设备

要实现水肥一体化，仅有灌溉设施还不行，还需要将作物所需的各种肥料加入到灌溉输水管道中，将肥料输送到作物根区土壤中，供作物吸收利用。将放置、溶解、注入肥料的一系列设施，称为施肥肥系统。一般包括盛放肥水溶液的容器、加快肥料溶解的搅拌设备、辅助肥料溶液注入输水管道的注肥设备等。常用的施肥设备主要有施肥罐、文丘里施肥器、注肥泵等。

（一）压差式

施肥罐是田间应用较广泛的压差式施肥设备，也称为压差式施肥罐。由两根细管（旁通管）与主管道相连接，在主管道上两条细管接点之间设置一个节制阀（球阀或闸阀）以产生一个较小的压力差（1～2 米水压），使一部分水流流入施肥罐，进水管直达罐底，水溶解罐中肥料后，肥料溶液由另一根细管进入主管道，将肥料带到作物根区（图 2-13）。

采用压差式施肥罐施肥，开始时流出的肥料浓度高，随着施肥进行，罐中肥料越来越少，浓度越来越稀。罐内养分浓度的变化存在一定的规律，即在相当于 4 倍罐容积的水流过罐体后，90% 的肥料已进入灌溉系统（但肥料应在一开始就完全溶解），流入罐内的水量可用罐入口处的流量表来测量。灌溉施肥的时间取决于肥料罐的容积及其流出速率。因为施肥罐的容积是固定的，当需要加快施肥速度时，必须使旁通管的流量增大。此时要把节制阀关得更紧一些。在田间情况下很多时候用固体肥料（肥料量不超过罐体的 1/3），此时肥料被缓慢溶解，但不会影响施肥的速度。在流量压力肥料用量相同的情况下，不管是直接用固体肥料，还是将其溶解后放入施肥罐，施肥的时间基本一致。由于施肥的快慢与经过施肥罐的流量有关，当需要快速施肥时，可以增大施肥罐两端的压差；反之，减小压差。

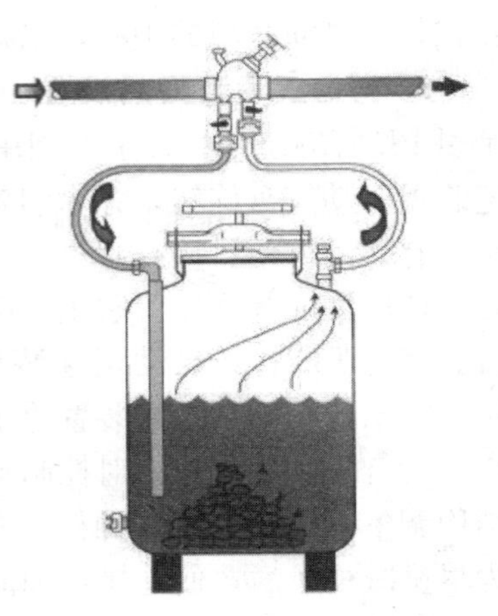

图 2-13 旁通施肥罐示意图

（二）吸入式

1. 文丘里施肥器 文丘里施肥器的原理：水流通过一个由大渐小然后由小渐大的管道时（文丘里管喉部），水流经狭窄部分时流速加大，压力下降，使前后形成压力差，当喉部有一更小管径的入口时，形成负压，将肥料溶液从一敞口肥料罐通过小管径细管吸取上来。文丘里施肥器可以做到按比例施肥，在灌溉过程中可以保持恒定的养分浓度。

文丘里施肥器用抗腐蚀材料制作，如铜、塑料和不锈钢。现绝大部分为塑料制造。文丘里施肥器的注入速度取决于产生负压的大小（即所损耗的压力）。损耗的压力受施肥器类型和操作条件的影响，损耗量为原始压力的10%～75%。选购时要尽量购买压力损耗小的施肥器。由于制造工艺的差异，同样产品不同厂家的压力损耗值相差很大。由于文丘里施肥器会造成较大的压力损耗，通常安装时加装一个小型增压泵。一般厂家均会告知产品的压力损耗，设计时根据相关参数配制加压泵或不加泵（图2-14）。

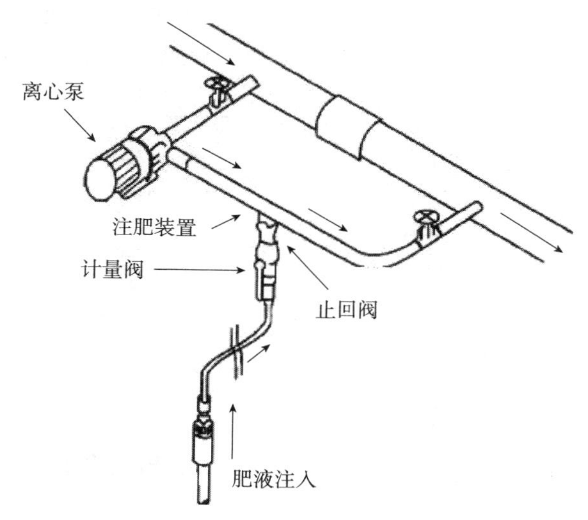

图2-14　配置增压泵的文丘里施肥器

文丘里施肥器具有显著优点，不需要外部能源，从敞口肥料罐吸取肥料的花费少，吸肥量范围大，操作简单，磨损率低，安装简易，方便移动，适于自动化，养分浓度均匀且抗腐蚀性强。不足之处为压力损失大，吸肥量受压力波动的影响。

虽然文丘里施肥器可以按比例施肥，在整个施肥过程中保持恒定浓度供应，但在制定施肥计划时仍然按施肥数量计算。比如一个轮灌区需要多少肥料要事先计算好。如用液体肥料，则将所需体积的液体肥料加到贮肥罐（或桶）中。如用固体肥料，则先将肥料溶解配成母液，再加入贮肥罐。或直接在贮肥罐中配制母液。当一个轮灌区施完肥后，再安排下一个轮灌区。

2. 泵吸式施肥 泵吸施肥法是利用离心泵将肥料溶液吸入管道系统，适合于任何面积的施肥。为防止肥料溶液倒流入水池而污染水源，可在吸水管后面安装逆止阀。通常在吸肥管的入口包上100～120目滤网（不锈钢或尼龙），防止杂质进入管道。该法的优点是不需外加动力，结构简单，操作方便，可用敞口容器盛肥料溶液。施肥时通过调节肥液管上阀门，可以控制施肥速度。缺点是要求水源水位不能低于泵入口10米。施肥时要有人照看，当肥液快完时立即关闭吸肥管上的阀门，否则会吸入空气，影响泵的运行（图2-15）。

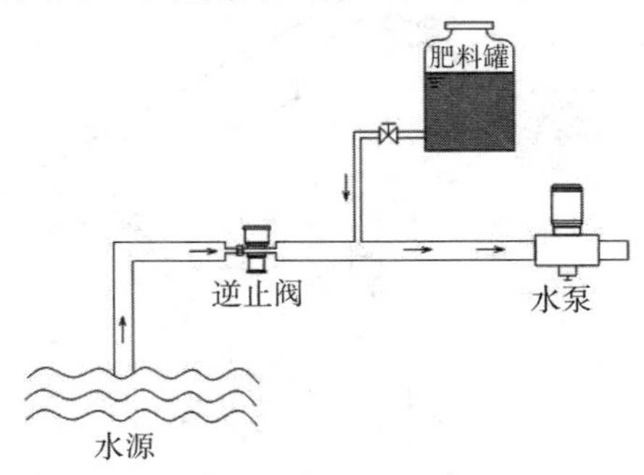

图2-15 泵吸施肥法示意图

该方法施肥操作简单，速度快，设备简易。当水压恒定时，可做到按比例施肥。

（三）自压式

在应用重力滴灌或微喷灌的场合，可以采用重力自压式施肥法。在南方丘陵山地果园或茶园，通常引用高处的山泉水或将山脚水源泵至高处的蓄水池。通常在水池旁边高于水池液面处建立一个敞口式混肥池，池大小在0.5～2.0米^3，可以是方形或圆形，方便搅拌溶解肥料即可。池底安装肥液流出的管道，出口处安装PVC球阀，此管道与蓄水池出水管连接。池内用20～30厘米长大管径管（如75毫米或90毫米PVC管），管入口用100～120目尼龙网包扎。施肥时先计算好每轮灌区需要的肥料总量，倒入混肥池，加水溶解，或溶解好直接倒入。打开主管道的阀门，开始灌溉。然后打开混肥池的管道，肥液即被主管道的水流稀释带入灌溉系统。通过调节球阀的开关位置，可以控制施肥速度。当蓄水池的液位变化不大时（南方许多情况下一边滴灌一般抽水至水池），施肥的速度可以相当稳定，保持一恒定养分浓度。施肥结束时，需继续灌溉一段时间，冲洗管道。通常混肥池用水泥建造坚固耐用，造价低。也可直接用塑料桶作混肥池用。有些用户直接将肥料倒入蓄水池，灌溉时将整池水放干净。由于蓄水池通常体积很大，要彻底放干水很不容易，会残留一些肥液在池中。加上池壁清洗困难，也有养分附着。当重新蓄水时，极易滋生藻类青苔等低等植物，堵塞过滤设备。应用重力自压式灌溉施肥，一定要将混肥池和蓄水池分开，二者不可共用（图 2-16）。

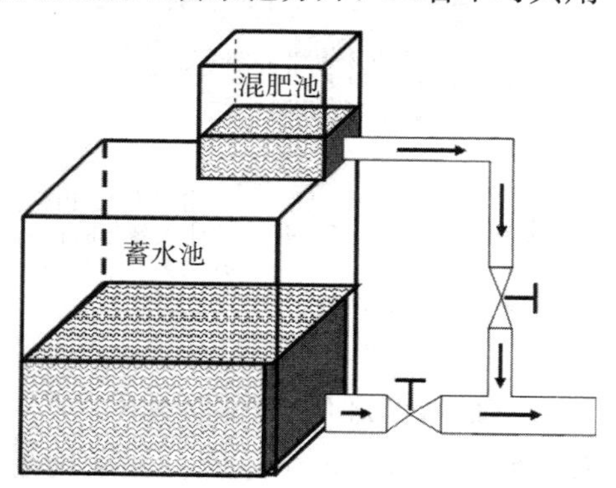

图 2-16　自压灌溉施肥示意图

利用自重力施肥由于水压很小（通常在 3 米以内），用常规的过滤方式（如叠片过滤器或筛网过滤器）由于过滤器的堵水作用，往往使灌溉施肥过程无法进行。

（四）注入式

1. 比例施肥泵　运行原理：比例施肥泵直接安装在供水管路上，依靠经过的水流作为运行动力。水驱动比例施肥泵运行，按照需要的比例将浓缩液从容器中直接吸入并注入到水中，在比例施肥泵内，浓缩液与水充分混合，水压将稀释混合液输送到下游管网，不管供水管路上的水量和压力发生什么变化，所注入浓缩液的剂量与进入比例施肥泵的水量始终成比例。比例施肥泵的优点是按比例施肥，计量精确，浓度均匀，不受水压变化影响。缺点是价格昂贵，维护费用高。

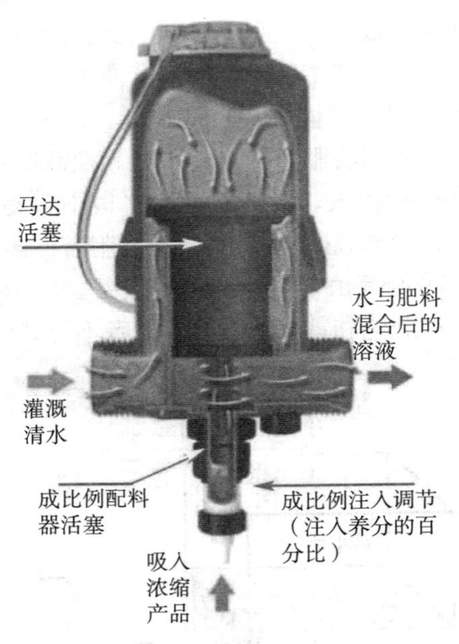

图 2-17　比例施肥泵示意图

2. 泵注肥法　在有压力管道中施肥（如采用潜水泵无法用泵吸施肥，或用自来水等压力水源）要采用泵注入法。打农药常用的柱塞泵或一般水泵均可使用。注入口可以在管道上任何位置。要求注入肥料溶液的压力要大于管道内水流压力。该法注肥速度容易调节，方法简单，操作方便。泵注肥法采用敞口式施肥罐，造价极其低廉，具有施肥浓度恒定，施肥速度快，施肥量易控制、应用广泛、适用于大田，温室大棚等优点。

（五）施肥机

为了改进加肥系统，提高加肥工作效率，人们开发了一体化的施肥机。将施肥桶（池）与搅拌泵、注肥泵等组装在一起，同时实现肥料溶解、搅拌、盛放、注肥等功能，成为可移动的施肥设备。有的施肥机进一步改进，利用先进的智能自动化控制技术，对施肥浓度、施肥数量、施肥时间智能控制，极大地减轻了施肥操作强度，节省了用工。

第三节 水溶性肥料

一、肥料类型

肥料是指用于提供、保持或改善植物营养和土壤物理、化学性能，以及生物活性，能提高农产品产量，改善农产品品质，增强植物抗逆性的有机、无机、微生物及其混合物料。根据原料的不同，肥料分为无机肥料、有机肥料、生物肥料。无机肥料又叫做化学肥料。从狭义来说，化学肥料是指用化学方法生产的肥料；从广义来说，化学肥料是指工业生产的一切无机肥及缓效肥。有机肥料是农村利用各种来源于动植物残体或人畜排泄物等有机物料，就地积制或直接耕埋施用的一类自然肥料，习惯上也称作农家肥料。生物肥料是以有机溶液或草木灰等有机物为载体接种有益微生物而形成的一类肥料，其主要功能成分为微生物菌，它本身不能直接作为肥料提供养分。根据不同的分类形式，可以有多种肥料分类方法。如根据肥料含养分品种多少分成单质肥料和复合肥料两种；根据肥料存在状态分为液体肥、固体肥等；根据肥料水溶性质分为难溶性肥料、微溶性肥料和可溶性肥料。

（一）无机肥料

按养分种类可分为氮肥、磷肥、钾肥、复合（混）肥、中微量元素肥料等。

1. 氮肥 提供植物氮营养，具有氮标明量的单质肥料。常用的氮肥品种大至分为铵态、硝态、铵态硝态和酰胺态氮肥 4 种类型。近 20 年来又研制出长效氮肥（或缓效氮肥）新品种。长效氮肥包括全成有机氮肥和包膜氮肥两类。各类氮肥主要品种如下：①铵态氮肥：有硫酸铵（简称硫铵，含氮 20.5%～21%）、氯化铵

（含氮 25%）、碳酸氢铵（简碳铵，含氮 17%）、氨水和液体氨。铵态氮极易溶于水，肥效快，作物能直接吸收利用；在碱性环境中，铵易挥发损失；在通气良好的土壤中，铵态氮可经硝化作用转化为硝态氮，易造成氮素的淋失和流失。②硝态氮肥：有硝酸钠、硝酸钙。硝态氮易溶于水，溶解度大，为速效氮肥；吸湿性强，易结块受热，易分解，放出氧气，易燃易爆硝酸根可通过反硝化作用还原为多种气体，引起氮素气态流失。③铵态硝态氮肥：有硝酸铵（硝铵，含氮 34%）、硝酸铵钙和硫硝酸铵。④酰胺态氮肥：有尿素、氰氨化钙（石灰氮）。尿素含氮量为 42%～46%，为白色晶体或颗粒，易溶于水，水溶液呈中性。

2. 磷肥 提供植物磷营养，具有磷标明量的单质肥料。根据溶解度的大小和作物吸收的难易，通常将磷肥划分为水溶性磷肥、枸溶性磷肥、难溶性磷肥、混溶性磷肥四大类。水溶性磷肥主要有普通过磷酸钙（简称普钙，含五氧化二磷 16%～18%）、重过磷酸钙（简称重钙，含五氧化二磷 40%～50%）和磷酸铵（磷酸一铵、磷酸二铵）。混溶性磷肥主要有硝酸磷肥，也是一种氮磷二元复合肥料。枸溶性磷肥包括钙镁磷肥（含五氧化二磷 16%～20%）、磷酸氢钙、沉淀磷肥和钢渣磷肥（含五氧化二磷 15%）等。难溶性磷肥如磷矿粉（含五氧化二磷 10%～35%）、骨粉和磷质海鸟粪等，只溶于强酸，不溶于水。水溶性磷肥适合于各种土壤、各种作物，但最好用于中性和石灰性土壤。混溶性磷肥最适宜在旱地施用。枸溶性磷肥不溶于水，但在土壤中能被弱酸溶解，进而被作物吸收利用。而在石灰性碱性土壤中，与土壤中的钙结合，向难溶性磷酸方向转化，降低磷的有效性，因此，适用于在酸性土壤中施用。难溶性磷肥施入土壤后，主要靠土壤的酸使它慢慢溶解，变成作物能利用的形态，肥效很慢，但后效很长。适用于酸性土壤，用作基肥，也可与有机肥料堆腐或与化学酸性、生理酸性肥料配合施用，效果较好。

3. 钾肥 提供植物钾营养，具有钾标明量的单质肥料或以钾为主要养分的肥料。生产上常用的钾肥有硫酸钾、氯化钾、硝酸钾、磷酸二氢钾和草木灰等。

4. 复合肥　在一种化学肥料中，同时含有 N、P、K 等主要营养元素中的两种或两种以上成分的肥料，称为复合肥料。含两种主要营养元素的叫二元复合肥料［如磷酸一铵（含氮 11%，含五氧化二磷 44%）、磷酸二铵（含氮 18%，含五氧化二磷 46%）、硝酸钾、磷酸二氢钾（含五氧化二磷 52%，含氧化钾 34%）等］，含 3 种主要营养元素的叫三元复合肥料，含 3 种以上营养元素的叫多元复合肥料。

5. 掺混肥　BB 肥名称来源于英文 Bulk Blending Fertilizer，又称掺混肥，由两种以上化肥不经任何粉碎造粒等加工过程直接干混而成，含有两种以上常量养分，氮、磷、钾三元复混肥总养分含量不低于 25.0%。

6. 控释肥料　是施入土壤中养分释放速度较常规化肥大大减慢肥效延长的一类肥料。“控释”是指以各种调控机制使养分释放按照设定的释放模式（释放时间和释放率）与作物吸收养分和规律相一致。

7. 缓释肥料　养分所呈的化合物或物理状态，能在一段时间内缓慢释放供植物持续吸收利用的肥料。缓释是指化学物质养分释放速率远小于速效性肥料，施入土壤后转变为植物有效态养分的释放速率。

8. 中微量元素肥料　含有植物营养必需的中、微量元素如硫、镁、钙、锌、硼、铜、锰、钼、铁等，常用的有硝酸钙、硫酸镁、硫酸铜、硫酸亚铁、硫酸锌、硼砂、硫酸锰钼酸铵等。

（二）有机肥料

指由天然有机物制成，可被土壤中的微生物分解并缓慢释放养分，能直接供给作物生长发育所必需的营养元素并富含有机物质的肥料。常用品种有绿肥、人粪尿、厩肥、鸡粪、堆肥、沤肥、沼气肥和废弃物肥料，此外还有泥肥、熏土、坑土、糟渣等。

（三）微生物肥料

是通过微生物生命活动，使农作物得到特定的肥料效应的制品，也称为菌肥，如传统的固氮、解磷、解钾细菌。目前，微生物肥料主要有以下三类：农用微生物菌剂，执行标准 GB 20287—2006；复合微生物肥料，执行标准 NY/T 798—2015；生物有机肥，执行标准 NY 884—2012。不同品种微生物肥料具有的功能不同，微生物肥料的作用主要体现在 6 个方面：提供或活化养分功能，产生促进作物生长活性物质能力，促进有机物料腐熟功能，改善农产品品质功能，增强作物抗逆性功能，改良和修复土壤功能。

二、水溶性肥料的种类和性质

（一）肥料的水溶能力及影响因素

肥料的水溶性可以用肥料在水中的溶解度定量表示。溶解度是衡量物质在某一溶剂里溶解性大小的尺度，是物质溶解性的定量表示方法，即在一定温度下，某物质在 100 克溶剂里达到饱和状态时所溶解的克数，叫做这种物质在这种溶剂里的溶解度。肥料分子和水分子的极性大小是决定肥料溶解度大小的主要因素，肥料分子与水分子极性相似的分子间有更强的作用力，因而极性相似的肥料分子和水分子之间的作用力往往大于肥料分子之间及水分子之间的作用，这使肥料易于溶解。极性大小可用介电常数来衡量。介电常数越大的肥料极性越强。与水的介电常数越接近的肥料，溶解度越大。除此之外，肥料在水中的溶解度还受温度、水 pH 及水中其他物质组分含量等因素影响。一般情况下温度越高，溶解度越大。不同肥料受 pH 的影响不同，需要具体肥料品种具体分析。

不同肥料溶解速度不同。溶解速度是指在某一溶剂中单位时间内溶解溶质的量。溶解速度的快慢，取决于溶剂与溶质之间的吸引力胜过固体溶质中结合力的程度及溶质的扩散速度。肥料的溶解过程包括两个连续的阶段：先是溶质分子从固体表面释放进入溶液中，再是在扩散或对流的作用下将溶解的分子从固液界面转送到溶液中。有些肥料虽然有较大的溶解度，但要达到溶解平衡却需要较长时间，即溶解速度较小，这就需要设法增加其溶解速度。肥料的溶解速度，首先决定于肥料的性质，同时受温度、搅拌速度的影响。

（二）常用肥料的水溶特性

1. 氮肥

Ⅰ. 尿素。分子式为 $CO(NH_2)_2$，含氮量46%，是固态氮肥中含氮量最高的一种氮肥。尿素易溶于水，20℃时，100千克水中可溶解105千克尿素。温度低时尿素溶解速度较慢。尿素施入土壤后，以分子态溶于土壤溶液中，并能被土壤胶体吸附，吸附的机理是尿素与黏土矿物或腐殖质以氢键相结合。尿素在土壤中经土壤微生物分泌的脲酶作用，水解成碳酸铵或碳酸氢铵。在土壤呈中性，水分适当时，温度越高，水解越快，在10℃时，需7～10天，20℃时需4～5天，30℃时，只需2天就能完全转化为碳酸铵，碳酸铵很不稳定，所以施用尿素也应深施盖土，防止氮素损失。尿素是中性肥料，长期施用对土壤没有破坏作用。

Ⅱ. 硫酸铵。简称硫铵，含氮量为20%～21%，化学分子式是 $(NH_4)SO_4$。硫酸铵产品执行的标准是GB535。硫酸铵纯品白色，吸湿性小，但受潮容易结块，故应当在贮存和运输过程中保持干燥。易溶于水，肥效快，是一种生理酸性肥料。硫酸铵由于含有硫元素，而作物缺硫是近年来我国土壤的普遍现象，因此，硫酸铵的施用效果非常明显。硫酸铵可作基肥、追肥以及种肥。

Ⅲ. 氯化铵。简称氯铵，含氮量为24%～25%，化学分子式是 NH_4Cl。氯化铵产品执行的标准是GB2946。氯化铵纯品白色略带黄色，外观似食盐。其吸湿性比硫酸铵略大，较不容易结块。易溶于水，肥效快，是一种生理酸性肥料。氯化铵在忌氯作物上不要施用，可以作基肥、追肥，不宜用作种肥。

Ⅳ. 碳酸氢铵。简称碳铵，含氮量17%左右，化学分子式是 NH_4HCO_3。农用碳酸氢铵产品的执行标准是GB3559。纯品白色，易潮解，易结块。温度在20℃下性质比较稳定，温度超高或产品中水分超标，碳酸氢铵容易分解为氨气和二氧化碳。碳酸氢铵较易溶于水，肥效快，是一种生理中性肥料，适用于各类作物和各种土壤。可以用作基肥、追肥，但不能用作种肥及叶面施肥。作基肥及追肥时不可在刚下雨后进行，同时切记表面撒施。

Ⅴ. 硝酸铵。简称硝铵，含氮量34%～35%，化学分子式是NH_4NO_3。农用硝酸铵产品的执行标准是GB2945。纯品白色有颗粒和粉末状。粉末状硝酸铵吸湿性很强，容易结块，贮运时应严格防潮。硝酸铵易溶于水、肥效快，是优质水溶肥料，特别适合在北方旱地作追肥施用。硝酸铵遇热不稳定，高温容易分解成气体，使体积突然增大，引起爆炸。可做追肥，不宜为基肥、种肥。

Ⅵ. 硝酸钙。含氮量15%～18%，化学分子式是$Ca(NO_3)_2$，通常有4个结晶水而形成$Ca(NO_3)_2 \cdot 4H_2O$。外观一般为白色颗粒。吸湿性很强，容易结块。肥效快，一般宜做追肥。虽然硝酸钙的氮量偏低，但是硝酸钙由于有超过20%的钙，加之水溶性极好，因此是植物良好的钙源和氮源，在滴灌、喷灌等设施农业中被广泛应用。

2. 磷肥

Ⅰ. 过磷酸钙。含磷量（P_2O_5）12%～20%。也称普通磷酸钙（简称普钙）。过磷酸钙一般为深灰色或灰白色粉末，易吸潮、结块，含有游离酸，有腐蚀性。含不溶物质多，溶解度小，不适宜做水溶肥料。

Ⅱ. 重过磷酸钙。含磷量（P_2O_5）42%～50%。也称三料磷肥，简称重钙。一般为浅灰色颗粒或粉末，性质与普钙类似。易吸潮、结块，有腐蚀性。重过磷酸钙有效成分易溶于水，但含不溶物质多，不适宜做水溶肥料。

Ⅲ. 磷酸一铵。磷酸一铵是氮、磷二元复合肥料。其含磷量为50%～52%、含氮量为10%～12%。外观为灰白色或淡黄颗粒或粉末，不易吸潮、结块，易溶于水，其水溶液的pH为4～4.4，性质稳定，氨不易挥发。基本适合所有的土壤和作物，但不能和碱性肥料直接混合使用，否则铵容易流失、磷容易被固定。工业磷酸一铵易溶于水，溶解速度快，溶解度大，是水溶性肥料的良好原料。农用磷酸一铵也可以做水溶肥，用做水肥一体化肥料时注意不溶杂质的过滤排除。

Ⅳ. 磷酸二铵。磷酸二铵是氮、磷二元复合肥料。其含磷量为

46%～48%、含氮量为16%～18%。外观为灰白色或淡黄颗粒或粉末，不易吸潮、结块，易溶于水，其水溶液的pH为7.8～8，相对于磷酸一铵而言性质不稳定，在湿热条件下，氨易挥发。基本适合所有的土壤和作物，但不能和碱性肥料直接混合使用，否则铵容易流失、磷容易被固定。磷酸二铵溶于水，溶解度比磷酸一铵小，溶解速度比磷酸一铵慢。

Ⅴ.磷酸二氢钾。磷酸二氢钾是磷、钾二元复合肥料，化学分子式是KH_2PO_4。含五氧化二磷和氧化钾分别为52%和35%。纯净的磷酸二氢钾为灰白色粉末，吸湿性小，物理性状好，易溶于水，20℃时溶解度为23%，农业用磷酸二氢钾允许带微色。磷酸二氢钾是水溶性肥料的理想原料。

Ⅵ.聚磷酸铵，又称多聚磷酸铵或缩聚磷酸铵，简称APP。聚磷酸铵是一种含氮、磷的聚磷酸盐，按其聚合度大小，可分为低聚、中聚、高聚3种。其聚合度越高，水溶性越小。按其结构可分为结晶形和无定形。结晶态聚磷酸铵为长链状水不溶性聚磷酸盐。聚磷酸铵分子通式为$(NH_4)_{n+2}P_nO_{3n+1}$。当n为10～20时，为水溶性，当n大于20时，为难溶性。一般认为作为肥料用聚磷酸铵应是短链全水溶的，包含磷酸铵、三聚磷酸铵和四聚磷酸铵等多种聚磷酸铵。有资料介绍农用聚磷酸铵通常聚合度为5～18，且溶解性好，是液体肥料的主要品种。近年来聚磷酸铵已在发达国家得到广泛利用。20世纪90年代，美国每年消耗的液体肥料占化肥消费总量的38%以上。我国农用聚磷酸铵溶液刚处于起步阶段。生产方法为热法或湿法聚磷酸在高温下与氨气反应，生成聚磷酸铵溶液。热法聚磷酸生产的配方为11-37-0，湿法聚磷酸生产的配方为10-34-0。聚磷酸铵养分含量高，溶解性好，不易与土壤溶液中的钙、镁、铁、铝等离子反应而使磷酸根失效。由于短链聚磷酸铵溶解度高，比一般磷肥可提高液体肥料中磷的含量，可配置磷含量较高的液体肥料，pH近中性，作物使用安全系数高，结晶温度较低，生产使用方便。聚磷酸铵对金属离子有螯合作用，可利用其螯合作用在液体肥料中添加微量元素。利用聚磷酸铵原料作为无机螯合剂，较有机螯合剂便宜，同时又能提供氮磷养分。另外聚磷酸盐不被植物直接吸收，而是在土壤中逐步水解成正磷酸被植物利用，因而是一种缓溶性长效磷肥。聚磷酸铵在水溶液中会逐渐发生水解，水解时所有的P-O-P键均能断裂，随着水解的进行，其聚合度逐渐减小，直至最后全部成为正磷酸铵。土壤温度、水分、pH和其他因素都会影响水解的速率。温度升高，水解速率加快，由冰点至沸点，水解加快105～106倍。所以为防止聚磷酸铵液肥腐败，应在低温下储存。pH由碱性至酸性，水解加快103～104倍。酸起到催化作用，当pH增至9左右，一般水解停止。由于聚磷酸铵存在水解过程，液体肥料pH近中性。一般水解的速率较快，可以在几个小时到几天内完成。通常作物只吸收正磷酸盐形态的磷，故聚磷酸盐水解速率的快慢决定了磷肥效的快慢。由于聚磷酸中有一部分为正磷酸，因此聚磷酸铵是一种速效长效结合的磷肥。国外已做了大量聚磷酸铵与磷酸一铵或二铵的对比试验，大部分情况下聚磷酸铵的肥效要优于磷酸一铵或二铵。聚磷酸铵单独用成为氮磷二元复合肥料，但聚磷酸铵也可以与其他肥料配成三元或多元复混肥。聚磷酸铵完全溶解，相容性好，是液体肥料的重要基础原料，与氯化钾、硝酸钾、氮溶液、中微量元素等肥料一起可以组成多种清液或悬浮肥料配方。

3. 钾肥

Ⅰ. 氯化钾。含氧化钾60%左右，化学分子式是KCl。氯化钾产品执行的标准是GB6549。氯化钾肥料中还含有氯化钠（NaCl）约1.8%，氯化镁（$MgCl_2$）0.8%。氯化钾一般呈白色或浅黄色结晶，有时含有少量铁盐而呈红色。氯化钾物理性状良好，吸湿性小，易溶于水，溶解速度非常快，属于生理酸性肥料。市场上白色颗粒氯化钾是很好的水溶性肥料，红色颗粒溶解性差。

Ⅱ. 硫酸钾。含氧化钾40%～50%，化学分子式K_2SO_4。硫酸钾一般呈白色至淡黄色粉末，是化学中性、生理酸性的肥料，它易溶于水，溶解速度慢，不易吸湿结块。硫酸钾不含氯根，对一些忌氯作物可取得较好的效果，又可施用在油菜、大蒜等喜硫作物上。

Ⅲ. *硝酸钾*。硝酸钾是一种含钾为主的氮、钾二元复合肥料。含氧化钾约46%，含氮13%左右，副成分极少。硝酸钾溶于水，微吸湿。市场上的硝酸钾多是由硝酸钠和氯化钾一起溶解并重新结晶而成，也有少量硝酸钾来源于天然矿物直接开采。硝酸钾含钾高、含氮低，适合于烟草、甜菜、马铃薯、甘薯等不宜使用氯化钾的喜钾忌氯作物。硝酸钾可以用作基肥、追肥或根外追肥，都有良好效果。

4. 中微量肥料

Ⅰ. *硝酸钙*。含钙量20%左右，化学分子式是 $Ca(NO_3)_2$，通常有4个结晶水而形成 $Ca(NO_3)_2 \cdot 4H_2O$。外观一般为白色颗粒。吸湿性很强，容易结块。肥效快，一般宜做追肥。虽然硝酸钙的氮量偏低，但是硝酸钙由于有超过20%的钙，加之水溶性极好，因此是植物良好的钙源和氮源，在滴灌、喷灌等设施农业中被广泛应用。

Ⅱ. *硫酸镁*。化学分子式是 $MgSO_4 \cdot 7H_2O$，外观为白色结晶，含镁（Mg）9.86%，含硫（S）13%，易溶于水。稍有吸湿性，吸湿后会结块。水溶液为中性，属生理酸性肥料。硫酸镁一种双养分优质肥料，硫、镁均为作物中的中量元素，不仅可以增加作物产量，而且可以改善作物品质。可直接做基肥、追肥和叶面肥使用。

Ⅲ. *硼酸*。含硼（B）17.5%，化学分子式为 H_3BO_3。外观为白色结晶，冷水中溶解度较低，热水中较易溶解，水溶液呈微酸性。可作为基肥、追肥或叶面追肥使用。

Ⅳ. *硼砂*。或称四硼酸钠，是常用的硼肥。含硼（B）11.3%，化学分子式为 $Na_2B_4O_7 \cdot 10H_2O$。微溶于冷水易溶于热水，水溶液呈偏碱性。这种硼砂又称为速效硼砂。

Ⅴ. *硫酸锌*。一般指七水硫酸锌，俗称皓矾，是目前最常用的锌肥品种。含锌量为20%～23%。化学分子式为 $ZnSO_4 \cdot 7H_2O$。为无色斜方晶体，易溶于水。

Ⅵ. *硫酸亚铁*。硫酸亚铁又称黑矾、绿矾，含铁（Fe）19%～

20%，含硫（S）11.5%，化学分子式为 $FeSO_4 \cdot 7H_2O$。外观为浅绿色或蓝绿色结晶，易溶于水，有一定的吸湿性。

Ⅶ. 硫酸锰。硫酸锰一般可分为一水硫酸锰和四水硫酸锰，化学分子式是 $MnSO_4 \cdot H_2O$ 或 $MnSO_4 \cdot 4H_2O$。一水硫酸锰含锰（Mn）32.51%、四水硫酸锰含锰 24.63%。外观为粉红色结晶，易溶于水，速效，使用最广泛，适于喷施、浸种和拌种。

Ⅷ. 硫酸铜。一般指五水硫酸铜，又称胆矾、铜矾或蓝矾。含铜（Cu）25%～35%。化学分子式为 $CuSO_4 \cdot 5H_2O$。不含结晶水的硫酸铜为白色粉末，易溶于水，水溶液呈蓝色，呈弱酸性。

Ⅵ. 钼酸铵。一般指四水硫酸锌。含钼量为 50%～54%、含氮量为 6%，是目前最常用的钼肥品种。化学分子式为 $(NH_4)\ MoO_4 \cdot 4H_2O$。钼酸铵为黄白色结晶，易溶于水。可作基肥、根外追肥（表 2-2）。

表 2-2 几种常用固体化肥的性质

名称	分子式	养分含量	溶解度（克/升）		EC（毫西/厘米）	pH	养分浓度（毫克/升）
			10℃	20℃			
尿素	$CO\ (NH_2)_2$	46	850	1 060	2.7	7	N-280
硝酸铵	NH_4NO_3	34	1 580	1 950	0.7	5.5	N-280
硫酸铵	$(NH_4)_2SO_4$	21	730	750	1.4	4.5	N-280
硝酸钙	$CA\ (NO_3)_2$	15	1 240	1 294	2	6.9	N-280
硝酸钾	KNO_3	13+	46	210	320	0.7	N-140+K-390
硫酸钾	K_2SO_4	50	90	110	0.2	7	K-780
氯化钾	KCL	60	310	340	0.7	7	K-390
磷酸二氢钾	KH_2PO_4	$P_2O_5$52+K_2O34	178	225	0.7	4.6	P-310+K-390
磷酸一铵	$NH_4H_2PO_4$	N11+$P_2O_5$52	295	374	0.4	4.7	N-140 +P-310
硫酸镁	$MgSO_4$	MgO16	308	356	2.2	6.7	Mg-240

5. 水溶肥料　水溶肥料（Water Soluble Fertilizer），是将工业级的磷酸二铵、尿素、氯化钾等比较易溶于水的肥料，按一定配比进行科学配比，并添加硼、铁、锌、铜、钼和螯合态微量元素，经过新的生产工艺组合而成的一种可以完全溶于水的化肥。水溶性肥料的特点，一是具有易于控制植物能获取养分的准确数量，二是全水溶性肥料 pH 为中性，能与农药混用，三是施用方法灵活多样，特别适合喷灌、滴灌用肥，也可以进行叶面喷施，四是营养全面，含有作物生长所需要的全部营养元素，如 N、P、K、Ca、Mg、S 以及微量元素等。水溶性肥料具有“配方科学、肥料利用率高，易溶解、吸收快、见效快，施用简便，节水，节肥，省劳动力，水、肥分配均匀，作物长势健壮一致，低盐度、无杂质，施用安全”等优点，应用于喷滴灌等设施农业，可以实现水肥一体化，达到省水省肥省工的效果。一般水溶肥料分为以下几种类型：

Ⅰ. *大量元素水溶肥料*。是一类以大量元素为主，辅以微量元素的水溶性肥料。仅从养分指标上看，这类肥料与我国的复混肥料标准类似，但是对于水溶性的界定要求不同。大量元素水溶肥料执行的产品标准是 NY1107。

Ⅱ. *中量元素水溶肥料*。是指以钙、镁、硫为主要养分指标的水溶性肥料。我国长期大量施用氮、磷、钾化肥，而且追求高产出，同时秸秆还田比例不高，造成了土壤中养分恶化，特别是土壤中中微量元素及有机质含量减少。微量元素肥料可以通过叶面施肥予以较好的解决，但是中量元素仅靠根外追肥难以保证作物需要。在这种形式下，近年来，中量元素肥料越来越受用户追捧，而且中量元素肥料的效果非常明显。中量元素水溶肥料执行的产品标准是 NY2266。

Ⅲ. *微量元素水溶肥料*。是指含有铜、铁、锰、锌、硼、钼中一种几种成分的水溶性肥料。同中量元素一样，我国土壤中的微量元素养分含量呈降低或不平衡趋势。好在作物对于微量元素的需要有限，通过叶面施肥能够矫正作物缺乏微量元素的现状。微量元素水溶肥料执行的产品标准是 NY1428。

Ⅳ. 含氨基酸水溶肥料。氨基酸是构成蛋白质的基本单位，作物可以通过利用叶面吸收利用。氨基酸同时是微量元素良好的螯合剂，对于提高作物对微量元素的吸收和利用非常有利。因此，目前所说的含氨基酸水溶肥料一般是指以氨基酸为主要成分，配合一定量微量元素的水溶性肥料。含氨基酸水溶肥料执行的产品标准是GB/T17419。

Ⅴ. 含腐殖酸水溶肥料。腐殖酸是一种复杂的有机高分子化合物，具有一定的生物活性。腐殖酸对植物生长有明显的促进作用，表现在用适合浓度的腐殖酸液处理后，使种子萌发率提高，萌发整齐，幼苗粗壮，种子的活力指数大大提高，使作物生长有个良好的开端，还表现在使苗期作物抗逆性提高，增加果实产量，提高果实品质。含腐殖酸水溶肥料执行的产品标准是 NY1106。

Ⅵ. 含海藻酸水溶肥料。海藻酸含有大量的非含氮有机物、陆生植物无法比拟的钾、钙、镁、铁、锌、碘等多种矿物质元素和丰富的维生素。其核心物质是纯天然海藻提取物，特别是含有海藻中所特有的海藻多糖、多种天然植物生长调节剂，具有很高的生物活性。海藻酸能促进植物细胞分裂，延迟细胞衰老，有效的提高光合作用的效率，提高产量，改善品质，延长贮藏保鲜期，增强作物抗旱、抗寒、抗病虫等多种抗逆机能。

Ⅶ. 有机水溶肥料。随着肥料科学的发展，不断发现一些有机物质对于作物生长有非常好的作用，如壳聚糖、木醋液、生化黄腐酸，以及其他一些水溶有机物。这些物质有些明确的含有几种物质，有些是一些有机物的混合物，难以说明的种类，如木醋液、生化黄腐酸等。但实践证明，它们对于农作物具有一定的效果。

6. 液体肥料 液体肥料（Fluid Fertilizer），是以一种或一种以上作物所需的营养元素的液体产品，一般均以 N、P、K 三大营养元素或者其中一种为主，还常常包括多种中、微量营养元素，也可以加入溶于水的有机物质（如腐殖酸、氨基酸、海藻酸、植物生长调节剂等）。

液体肥料品种很多，大致可分为液体氮肥和液体复混肥两大类。液体氮肥有铵态、硝态和酰胺态的氮，如液氨、氨水、硝酸铵、尿素等。液体复混肥含有 N、P、K 中两种或者 3 种营养元素，如磷酸铵、尿素磷酸铵、硝酸磷酸铵、磷酸铵钾等，它们均可添加中量营养元素（Ca、Mg、S）和微量元素（Zn、B、Ca、Fe、Mn、Mo）以及除草剂、杀虫剂、植物激素等，综合效果明显，对作物增产效果显著。

我国液体肥料的研究和开发还处于初步发展阶段，液体在国内的应用份额也比较小，大量元素水溶肥仍以固态为主。按照不同的剂型，液体肥料可分为清液肥料和悬浮肥料。清液肥料是指把作物生长所需的养分全部溶解在水中，形成澄清无沉积的液体。清液肥料澄清透明，不含杂质，一般以水为溶剂，适宜用于自动化灌溉系统。虽然清液肥料所有的养分都溶解在液相中，形成均匀一致的液体，但由于受剂型的限制，清液肥料的养分较低，必然增加了单位养分的运输成本，最终会增加种植者的生产成本。因此清液肥料只适合就近运输，这是限制清液肥发展的主要因素。悬浮肥料中的养分没有全部溶解于液相中，而是通过添加悬浮剂、分散剂和增稠剂等助剂，使植物所需的养分悬浮在液体中。悬浮肥料主要是借助悬浮剂（常见的有凹凸棒土、膨润土、高岭土等）的作用，使养分粒子悬浮在一个胶体体系中。其养分原料有水溶的，也有完全不水溶的（如氧化铁、氧化镁、氧化镁等）。由于悬浮肥料中的养分粒子大多数是以悬浮态存在的，所以悬浮肥料中的养分含量很高，有的悬浮肥料的养分含量高达 50%。悬浮肥可用于喷灌系统，或在整地时做基肥使用。如果用水溶性悬浮剂（一些高分子聚合物）和水溶性肥料原料，则悬浮肥料可以用于滴灌系统。由于悬浮肥料具有高浓缩、养分种类多、溶解性好、易加工等优点，在灌溉施肥技术发达的国家（如美国），悬浮肥料的应用非常普及。虽然悬浮液体肥料具有很多优点，但在我国的应用却很少（主要为少量的进口产品）。在研究悬浮液体肥料时，主要面临如下问题：悬浮液体的全水溶性，有机无机肥料的配比，剂型稳定性（易分层和离析），气胀，高浓缩性等。这些问题很难同时解决，是限制悬浮液体肥料发展的主要因素。

液体肥料由于其速溶、均匀的优点，是灌溉设备施肥的首选肥料。由于其即用性，无需搅拌溶解，非常适合自动化施肥。在灌溉技术及自动化施肥普及的国家，液体肥料得到广泛的应用。美国液体肥料占全部肥料的38%，以色列的田间几乎全部用液体肥。澳大利亚、法国、德国、西班牙、罗马尼亚等都是大量应用液体肥料的国家。我国液体肥料的研发、生产、施用还处于起步阶段。随着水肥一体化技术的推广，特别是灌溉设施的普及，液体肥料会有一个巨大的市场需求。尿素硝酸铵溶液是我国近年开始推广的主要液体肥料。

尿素硝酸铵溶液（UAN）由尿素、硝酸铵和水配制而成，工业化生产始于20世纪70年代的美国，目前在美国已得到广泛使用。UAN含有铵态氮、硝态氮、酰胺态氮3种形态的氮素，集速效与缓效于一体，其利用率是硫酸铵氮肥的两倍，适合做追肥施用，不过最佳的施用原则应该是少量多次。UAN适合各种作物，一般做追肥使用，稀释倍数在50～100倍。在欧美、中东一些液体肥料发展迅速的国家，已形成从工厂到配肥站再到田间的液体肥料配送销售模式，且拥有专业的配套设备和设施。例如，美国拥有3 000多家液体肥料工厂，年消耗液体肥料1 600多万吨，其中很大比重是UAN，占肥料总量的55%。

7. 沼液 沼气能源利用，如今在我国农村已经相当广泛，特别是大中型沼气工程建设在近几年来得到了迅猛的发展，满足了农村炊事用能和部分电力的需求。在沼气工程提供新能源的同时，也产生了大量的沼气发酵副产物，那就是沼渣和沼液。沼渣、沼液没有得到科学合理的利用，被随意排到环境中造成二次污染，已成为当前重要的农村环境污染新来源。多年来的研究和实践表明，制造沼气产生的沼液含有较丰富的养分，对提高农作物产量和品质具有良好作用。沼渣可以直接用作肥料还田，而沼液就需要进一步处理才能够灌溉农田。由于沼气发酵残留物还含有部分沼渣与渣液混在一起，常规过滤器很容易堵塞而且不易清洗，因此沼液用于滴灌和喷灌，需要对沼液进行处理，以去除其中的固形物，防止滴孔、喷孔堵塞。方法是修建沼液池，沉淀过滤槽。通过过滤沉淀，固形物被拦截，沼液颜色变浅就用于滴灌和喷灌了。

沼液过滤技术是关键所在，北京市农林科学院植物营养与资源研究所经过多年研究，解决了沼液过滤易堵塞难题，为科学化处理、资源化利用沼液提供了技术依据。沼液应用处理系统包括 3 部分：沼液粗过滤和曝气系统（A）；沼液细过滤、反冲洗和主体控制系统（B）；田间沼液滴灌系统（C）。沼液在 A 区进行 2 级过滤达到 60 目水平，进入 B 区进行下一级过滤。在 A 区过滤网周围安装高压曝气系统，定时对过滤网进行曝气，防止过滤网堵塞。沼液过滤完后输送至 B 区，利用叠片式过滤器进行 120 目的三级过滤，并通过气、水联合定时对过滤器进行反冲洗，以实现沼液的无堵塞过滤。未通过三级过滤的沼渣被反冲洗至 A 区进行重新过滤；通过的沼液根据作物养分与水分的需求进行科学配比后输送至 C 田间与滴灌系统对接。

三、合理选择水溶性肥料

（一）水溶性肥料的差别

市面上的全水溶性肥料价格差距较大，同是全水溶性肥料，价格差别很大，这主要与生产中使用的原料及其级别有关。一是钾养分的来源不同。目前市面上全水溶性肥料钾来源主要有 4 种：氯化钾型、硫酸钾型、硝酸钾与磷酸二氢钾型。一般来说，用氯化钾型的肥料价位最低，其次是硫酸钾型，最好的是硝酸钾与磷酸二氢钾型的。因为硫酸钾型及氯化钾型肥料含大量的硫酸根离子及氯离子，长期施用很容易导致作物缺乏中量元素钙，因此很容易导致果实裂果、生长点发育不良、黄叶、乃至果实脐腐等病害发生。而用硝酸钾与磷酸二氢钾型的水溶肥料，这两种类型中的任一元素都能被作物吸收利用，不会出现盐分积累症状，相应的价位也最高。二是使用原料的级别不同。高品质的水溶肥料一般都采用工业级的原料进行生产。工业级原料比农业级原料价格每吨高几千元，并且在肥料养分含量、水溶性、吸收效率、重金属含量、产品稳定性等方面明显优于农业级原料。很多不好的水溶肥料采用农业级别的原料进行生产，价格低廉，品质很难保障，更有不法厂家利用全水溶做文章，装上纯硫酸镁、氯化钾或者硝酸钾等原料牟取暴利。三是水溶肥料里，磷的来源非常重要，且也关系到肥料的价格，四是在配方基础上，根据每个生产厂家的技术优势不同，好的水溶肥会增加一些助剂组合把水溶肥料制剂化，目的是进一步提高肥料利用率，提高作物产量和品质。

（二）水溶肥沉淀机理

1. 肥料自身的溶解度有限 如果盲目加大在产品中的比重，就会产生沉淀。如复硝酚钠、萘乙酸钠在酸性环境中分别转化为酚类和萘乙酸，此类物质在水中溶解度小，在一定范围内可以在水溶液中稳定溶解，超过一定量就会产生沉淀；又如硼砂、硼酸，这两种物质在水中的溶解度也是极其有限的，常温下，硼酸、硼砂在水中的溶解度是每吨水溶解 30～50 千克，多了就会产生沉淀。如果是几种肥料同时溶于水，同样有一个量的要求，如硫酸锌易溶于水，硫酸钾水溶性一般，同时溶解时就会产生硫酸钾结晶沉淀。此种沉淀，一般通过加水即可再溶解。

2. 反应产生沉淀 物料之间发生化学反应产生沉淀，有些物料不经调节是不能混合的，混合后溶于水就会产生沉淀。如 DA-6 和复硝酚钠、DA-6 和萘乙酸钠，超过一定量时就会产生絮状沉淀或浮油：又如锌、铜、铁、锰离子，遇到磷酸根、硼砂就会沉淀。这种沉淀是不溶于水的，钼酸铵（钠）遇到磷酸盐也会产生沉淀。这些物质是不能混在一起的，它们混在一起不仅产生沉淀，而且会造成肥料失效。

3. 盐析沉淀 有些肥料可以按一定比例混合溶解，但超过一定量会产生盐析，即某种肥料会沉淀出来。例如，氨基酸和硫酸锌均能很好的溶于水，但同时溶解（超过一定比例）时，硫酸锌就会将氨基酸沉淀出来。能产生盐析的主要有锌、铜、铁、锰对氨基酸、腐殖酸有盐析作用。

4. 溶液的酸碱度　有些物质易溶于酸性水溶液中，如金属的盐类等，有些物质易溶于碱性水溶液，如腐殖酸类等。

5. 有效成分溶解度低　即使溶于有机溶剂后，在与水和肥料混合的过程中，因为水与有机溶剂互溶的作用，容易造成有效成分析出。

6. 剂型配方不稳定　悬浊液如悬浮剂、水乳剂等容易出现分层沉淀，主要原因有：乳化剂或助溶剂选择不合适；研磨剪切力度不够，固体颗粒不够细；黄原胶等增稠剂加入量太少。

7. 促进溶解、防止沉淀的方法　选择合适的物料，防止互相反应产生沉淀；合理配比，防止盐析现象和过饱和现象产生沉淀；合理调整溶液的 pH，防止酸盐沉淀；加入配位剂保护反应离子，防止沉淀；加入助溶剂，增加难溶物质的溶解性，防止沉淀；在生产前要做好有效成分的各项溶解试验，避免沉淀产生；改进生产工艺，对于溶解速度较慢的原料，可以通过加温加快其溶解速度；对特殊剂型而言，选择合适的助剂及搅拌条件。

（三）水溶性肥料选用注意事项

水肥一体化系统使用的磷肥必须完全溶于水。不适合水肥一体化施用的磷肥有农业级磷酸一铵、农业级磷酸二铵、过磷酸钙等。使用的磷肥一定要考虑相容性，磷与很多其他物质发生反应，生成沉淀物，例如：磷和钙会生成磷酸钙的沉淀，磷和镁会生成磷酸镁的沉淀，磷和铁会生成磷酸铁的沉淀，如果有沉淀物产生会堵塞过滤系统和滴头，导致微灌系统运行失败。农业级硫酸钾由于溶解度差，如果灌溉水中的钙镁离子高，硫酸钾所含有的硫酸根离子易与水中的钙离子发生反应生成硫酸钙（石膏）的沉淀，因此农业级硫酸钾不适合用于水肥一体化系统。肥料中的硫元素易与其他物质反应；特别是硫酸铵与硝酸钾、氯化钾会形成硫酸钾的沉淀。微量元素肥料铁、锌、锰、铜最好以螯合态的形式存在，可以避免阳离子与水和土壤中的组分发生反应。要控制好肥料的 pH，避免土壤酸化（用配方调整），选择电导率（EC）低的肥料，以防止因盐分指数过高，使土壤形成盐渍化。

(四) 选择原则

作物需肥是多样化的，而有些肥料混合在一起可能会起化学反应生成沉淀，沉淀颗粒又可能堵塞管道，那水肥一体化中使用的肥料如何做到既满足植物需求，又不堵塞管道呢？在应用水肥一体化技术时，肥料的选择是非常关键的。一般建议农户选用溶解快、杂质少、养分含量高的水溶性复合肥，以免堵塞过滤器、滴头和喷头等灌溉施肥设备。针对不同的作物可选择不同的专用水溶性复合肥，最好不要私自配肥，因为大部分农民不知道如何把握肥料的比例，也不知道哪些肥料混合在一起容易产生沉淀。如果肥料之间的配制不合理，不仅会造成肥料的浪费，而且还容易堵塞过滤器和滴头。用于水肥一体化的肥料不仅要满足作物需求，还要适应施用设施要求。一般要满足以下原则：

(1) 养分含量高。如果肥料中的养分含量较低，为了保证作物养分需求，只能增加肥料用量，如此一来，溶液中的离子浓度过高，容易造成堵塞。

(2) 溶解度要高。一般要求肥料在常温下能够完全溶解于水。

(3) 相容性要好。因为水肥一体化施肥，肥料中养分需溶解在水中，通过微灌系统进入作物根部，如果不同肥料中养分相容性不好，就会产生沉淀物，从而堵塞管道和出水口，进而影响设备的使用年限（表 2-3）。

表 2-3 常用肥料的相容性

硝酸铵						
NH_4NO_3	尿素					
√	$CO(NH_2)_2$	硫酸铵				
√	√	$(NH_4)_2SO_4$	磷酸一铵			
√	√	√	$NH_4H_2PO_4$	氯化钾		
√	√	X	√	KCl	硝酸钾	
√	√	√	√	√	KNO_3	硝酸钙
√	√	X	X	√	√	$Ca(NO_3)_2$

根据上表，配制水溶性肥料时要注意两点。一是磷酸根的肥料与含钙、镁、铁、锌等金属离子的肥料混合后会产生沉淀，因此，硝酸钙、硫酸镁、硫酸亚铁、硫酸锌、硫酸锰等不能与磷酸二氢钾、磷酸一铵混合使用。二是含钙离子的肥料与含硫酸根离子的肥料混合后会产生沉淀，因此，硝酸钙与硫酸镁、硫酸钾、硫酸铵混合时会生成溶解度很低的硫酸钙，不适宜混合使用。

（4）要根据作物类型和土壤养分供求状况，采用测土配方施肥技术合理确定肥料品种和配比。

（5）微量元素及含氯肥料的选择。微量元素肥料一般通过基肥或者叶面喷施应用，如果借助水肥一体化技术应用，应选用螯合态微肥。螯合态微肥与大量元素肥料混合不会产生沉淀。

（6）氯化钾具有溶解速度快、养分含量高、价格低的优点，对于非忌氯作物或土壤存在淋洗渗漏条件时，氯化钾是用于水肥一体化灌溉的最好钾肥，但对某些氯敏感作物和盐渍化土壤要控制使用，以防发生氯害和加重盐化，一般根据作物耐氯程度，将硫酸钾和氯化钾配合使用。

（7）受灌溉水质影响较小。由于灌溉水中通常含有多种离子，如硫酸根离子、镁离子、钙离子等，当灌溉水 pH 达到一定值时，水中的阴阳离子会发生反应，生成沉淀。所以，在选择肥料时应考虑灌溉水质、pH、电导率等因素。

（8）对灌溉设备的腐蚀性小。水肥一体化的肥料要通过灌溉设备来使用，而有些肥料与灌溉设备接触时，易腐蚀灌溉设备。如用铁制的施肥罐时，磷酸会溶解金属铁，铁离子与磷酸根生成磷酸铁沉淀物。镀锌铁设备不宜选硫酸铵、硝酸铵、磷酸及硝酸钙，青铜或黄铜设备不宜选磷酸二铵、硫酸铵、硝酸铵等，不锈钢或铝质设备适宜大部分肥料。

（五）常用水溶性肥料

生产上常用的氮肥主要有尿素、硝酸钾、碳酸氢铵、硫酸铵等；常用的磷肥品种有磷酸二氢钾、磷酸二铵、磷酸一铵；常用钾肥品种主要有氯化钾、硝酸钾、硫酸钾；常用复合肥品种主要是水溶性复合肥；常用中量元素肥料品种主要有硫酸镁、硝酸钙。

四、合理施用水溶肥料

通常来讲，水溶性复混肥配方更合理，养分更多元，对作物更有针对性。但生产中使用不合理，也会造成肥料的浪费甚至起负面作用。华南农业大学资源环境学院张承林博士长期从事作物营养与施肥、水肥一体化技术和水溶性肥料的研究、示范和推广工作，他对水溶肥料的合理施用提出了一些意见。

一是少量多次施用。这是水溶肥料最重要的施肥原则，符合植物根系不间断吸收养分的特点，减少一次性大量施肥造成的淋溶损失。少量多次施用是水溶肥料利用率高的最重要原因。一般每次每亩用量在 3～6 千克。

二是注意养分平衡。水溶肥料通常浇施、淋施或通过灌溉设备施用。特别在滴灌施肥条件下，根系生长密集、量大，这时对土壤的养分供应依赖性减小，更多依赖于通过滴灌提供的养分。对养分的合理比例和浓度有更高要求。如果配方不平衡，会影响作物生长。

三是安全施用。防止肥料烧伤叶片和根系，特别是喷灌和微喷灌施肥，容易出现烧叶现象。通常控制肥料溶液的 EC 值在1～3 毫西/厘米，或每方水溶解 1～3 千克，相当于稀释 350～1 000 倍，或喷施肥料后喷一次清水。淋施浇施时同样要防止浓度过大烧根烧苗。生产中最保险的办法就是用少量肥做试验，发现对叶片有伤害时降低浓度应用。对一些大的种植户购买手持电导率仪来监测肥料浓度是一种可行的办法。特别对水源盐分浓度高的地区更加实用。

四是滴灌施肥时，先滴清水，等管道充满水后开始施肥。施肥结束后立刻滴清水 20～30 分钟，将管道中残留的肥液全部排出（可用电导率仪监测是否彻底排出）。如不洗管，可能会在滴头处生长青苔、藻类等低等植物或微生物，堵塞滴头。

五是注意施肥的均匀性。滴灌施肥原则上施肥越慢越好。特别是对在土壤中移动性差的元素（如磷），延长施肥时间，可以极大地提高难移动养分的利用率。在旱季滴灌施肥，建议施肥时间 2～3 小时完成。在土壤不缺水的情况下，在保证均匀度的前提下，越快越好。

六是避免过量灌溉。一般使根层深度保持湿润即可，根层深度依不同作物差异很大，可以用铲随时挖开土壤了解根层的具体深度。过量灌溉不但浪费水，严重的是养分淋洗到根层以下，浪费肥料，作物减产。特别是尿素、硝态氮肥（如硝酸钾、硝酸铵钙、硝基磷肥及含有硝态氮的水溶性肥），极容易随水流失。

七是考虑肥料的溶解性和相溶性的同时，也要考虑灌溉水的情况。灌溉水质要了解灌溉水的硬度和酸碱度，避免产生沉淀，降低肥效。特别是对于盐碱土壤地区，磷酸钙盐沉淀非常普遍，是堵塞滴头的原因之一。磷酸盐沉淀也是降低磷肥效果的重要原因。如果灌溉水的硬度较大，在选用肥料时一定要选用酸性肥料。施用时要定期在灌溉系统注入酸溶液以溶解沉淀防止滴头堵塞。同时要注意控制好灌溉水的电导率防止作物受盐渍化危害。

八是水肥一体化中的肥料应用尽量选用配方肥。没有配方肥的情况下，如条件有限，可以选择分别注肥法，将容易彼此产生拮抗的肥料分别施用。磷肥由于它的特性，在施用磷肥的时候，磷肥主要用作基肥，少量做追肥。由于螯合态微量元素的价格较高，因此微量元素也可以叶面喷施。通常水溶肥料只做追肥。在推荐施肥时，应基肥与追肥结合，有机肥与无机肥结合，水溶肥与常规肥结合。不要强调水溶肥代替其他肥，要配合使用，降低成本，发挥各种肥料的优势。

九是施用水溶肥时需注意：肥料要现配现用，特别是在水质不好的情况下，防止肥料成分与水中物质产生反应。

十是挑选恰当的施肥时间施肥。在晴天温度高的情况下，施肥应该选在早上 10：00 之前，下午 4：00 以后，避免在阳光强射下施肥；要避免雨天施肥，尤其是叶面喷施，避免肥料流失。

十一是在与农药混配灌根或叶面喷施时，要避免酸性肥与碱性农药混配，碱性肥与酸性农药混配。

第四节　水肥一体化设计建设

一、滴灌水肥一体化系统设计建设

（一）资料的收集

在系统设计时，必须掌握以下资料：

（1）地形资料：根据实际情况测绘大比例尺地形图，其中包括平面布置、道路、水源位置、高差等。

（2）土壤资料：主要是土壤理化性质、地下水埋藏深度和土层厚度等。土壤理化性质主要包括土壤类别、干容重、含盐情况、土壤田间持水率等。

（3）气象资料：区域年均降雨量及季节分布、平均气温、极端气温（包括最高、最低气温）、最大冻土层深度、无霜期、蒸腾蒸发资料等。

（4）水源资料：水源属性（个人或集体）、种类、水源位置、水质、含沙情况、水位、供水能力、利用和配套情况等。若水源为机井时，还应调查机井的静水位和动水位，当地下水水位较浅时，一定要调查清楚地下水位及其周年变化规律。若水源为渠水时，应调查清楚水源的含泥沙种类、含沙量、水位、供水时间、可能的配水时间等。同时，还应特别注意水源的保证率问题。

（5）作物种植资料：其中包括作物的种类、种植密度（其中最主要的是行距和株距）等。

（6）环境资料：包括周围的地形、交通和供电等。

（二）滴灌灌溉制度的拟定

1. 灌水定额　是指作为滴灌系统设计的单位面积上的一次灌水量，如果用灌水深度表示，可用式（2-1）计算，即：

$$M_{滴}=\alpha\ (\theta_{max}-\theta_{min})\ pH\times100\% \tag{2-1}$$

式中：$M_{滴}$——设计灌水定额（毫米）；

α——允许消耗的水量占土壤田间持水量的比例（%），对于需水敏感的作物，α 为20%～30%，对于耐旱作物或处于控水生育阶段，α 为 30%～40%；

θ_{max}——田间持水量（体积百分率%）；

θ_{min}——萎蔫系数（体积百分率%）；

p——土壤湿润比，70%～90%；

H——计划湿润层深度（米）。

不同土壤水分特征，参见表 2-4。

表 2-4　不同土壤水分特征

土壤类型	含水量（体积百分比，%）			持水量（体积百分比，%）
	θ_{max}	θ_{min}	有效含水量	
黏土	43	30	13	15.6
黏壤土	31	22	9	10.8
壤土	17	7	10	15
沙壤土	12	4	8	12
沙土	4	1	3	4.8

2. 设计灌水周期　滴灌设计灌水周期是指按一定的灌水定额灌水后，在作物适宜土壤含水率的条件下，保障作物正常生长的可能延续时间 T，用式（2-2）计算，即

$$T = M_{滴}/e \tag{2-2}$$

式中：T——灌水周期（日）；

e——作物需水旺盛期日平均耗水量（毫米/日）。

国内各地在进行滴灌设计时，大田作物灌水周期一般选用 5～8 天。

3. 一次灌水延续时间　一次灌水延续时间是指把设计灌水定额水量，在不产生径流的条件下，均匀分布于田间所用的灌水时间，用式（2-3）计算，即

$$t = M_{滴} S_e S_1 / q_{滴} \tag{2-3}$$

式中：t——一次灌水延续时间（小时）；

S_e——滴头间距（米）；

S_1——毛管间距（米）；

$q_{滴}$——滴头流量（升/小时）。

4. 轮灌区数目的确定 对于固定式滴灌系统，轮灌区数目可按式（5-4）计算：

$$N \geqslant 24kT/t \tag{2-4}$$

式中：N——轮灌区数目；

k——水泵每天开启的时间比例，一般选用0.5～0.8；

T——灌水周期（日）；

t——每组毛管开启的时间（小时）。

5. 一条毛管的控制灌溉面积 对于固定式滴灌系统，毛管固定在一个位置上灌水，控制面积为

$$f = S_1 L \tag{2-5}$$

式中：f——每条毛管控制的灌溉面积（米^2）；

L——毛管长度（米），移动式滴灌系统中为出流毛管长度。

（三）滴灌系统控制灌溉面积大小的计算

在灌溉水源能够得到充分保证的条件下，滴灌面积的大小取决于管道的输水能力。对于水源流量不能满足整个区域需要时，滴灌面积为

$$A = mfN \tag{2-6}$$

$$m = Q/Q_{毛} \tag{2-7}$$

式中：A——滴灌系统控制灌溉面积（米^2）；

f——每条毛管的控制灌溉面积（米^2）；

m——同时工作的毛管条数；

Q——水源流量（升/小时）；

N——轮灌组数量；

$Q_{毛}$——每条毛管的输水流量（升/小时）。

1. 管网水力计算 滴灌系统各级管道布置好以后，即可从最末端或最不利毛管位置开始，逐级推算各级管道的水头损失（包括沿程水头损失和局部水头损失）。在设计中，同一条支管上的第一

条毛管最前端出水孔处水头与最末一条毛管最末端出水孔处水头之间的差值，不超过滴头设计工作压力的 20%，流量差值不超过 10%；对于采用压力补偿式滴水器时，仅要求区域内滴头流量差值不超过 10%，并据此确定支、毛管的最大设计长度；在滴灌中，由于管网中水流压力通常小于 0.3 兆帕，所以多选用 PE 塑料管道。

管道中水流在运动过程中的压力损失。通常包括沿程阻力损失和局部阻力损失。工程设计中塑料管道的沿程阻力损失常选用式（2-8）、（2-9）计算，局部阻力损失常用式（5-10）计算。

2. 沿程阻力损失　当管道有多个出水口时，管道的沿程阻力应考虑多口出流对沿程阻力的折减问题，多口出流折减系数 k 如表 2-5 所示，对应计算公式为

$$H_f = 0.948 \times 10^5 LQ^{1.77}/D^{4.77} \tag{2-8}$$

式中：H_f——沿程阻力损失；

Q——管道流量（米³/小时）；

D——管道内径（毫米）；

L——管道长度（米）。

当管道有多个出水口时，管道的沿程阻力应考虑多口出流对沿程阻力的折减问题，多口出流折减系数 k 如表所示，对应计算公式为

$$H_f = 0.948 \times 10^5 kLQ^{1.77}/D^{4.77} \tag{2-9}$$

式中：k——多口出流折减系数。

表 2-5　多口出流折减系数

出水口数目	折减系数 k	出水口数目	折减系数 k	出水口数目	折减系数 k
1	1	8	0.415	20	0.376
2	0.639	10	0.402	25	0.371
3	0.535	12	0.394	30	0.368
4	0.486	14	0.387	40	0.364

（续）

出水口数目	折减系数 k	出水口数目	折减系数 k	出水口数目	折减系数 k
5	0.457	16	0.382	50	0.361
6	0.435	18	0.379	100	0.356

3. 局部阻力损失

$$h_j=\sum\left[\xi_i v^2\ (2g^{-1})\right] \tag{2-10}$$

式中：h_j——局部阻力损失（米）；

ξ_i——管网局部某处阻力系数；

v——管道内水流速度（米/秒）；

g——重力加速度（米/秒^2）。

工程设计中为了计算方便，局部阻力损失也常按沿程阻力损失 h_f 的10%估算。

（四）管道系统设计

管道系统设计包括各级管道的管材与管径的选择、各级固定管道的纵剖面设计、管道系统的结构设计。

1. 管材的选择 可用于灌溉的管道种类很多，应该根据滴灌区的具体情况，如地质、地形、气候、运输、供应以及使用环境和工作压力等条件，结合各种管材的特性及适用条件进行选择。一般情况下，对于地理固定管道，可选用钢筋混凝土管、钢丝网水泥管、石棉水泥管、铸铁管和硬塑料管。随着材料工业的发展，地埋管道多选用塑料管。选用塑料管时一定要注意，不同材质的塑料管在几何尺寸相同的情况下可承受的工作压力相差甚远，特别是在使用低密度聚乙烯管（PE管）时，一定要注意管壁的厚度是否达到了能承受系统所要求压力的厚度。用于滴灌地埋管道的塑料管，最好选用硬聚氯乙烯管（UPVC管）。对于口径150毫米以上的地埋管道，硬聚氯乙烯管在性能价格比上的优势下降，应通过技术经济分析选择合适的管材。塑料管经常暴露在阳光下使用，易老化，缩短使用寿命。

2. 管径的选择 当轮灌编组和轮灌顺序确定之后，各级管道在每一轮灌组所通过的流量即可知道。通常选用同一级管道在各轮灌组中可能通过的最大流量，作为本级管道的设计流量，依据这个设计流量来确定管道的管径。若某一级管道，其最大流量通过的时间占管道总过水时间的比例甚小，也可选取一个出现次数较多的次大流量，作为管道的设计流量来确定管径。同一级管道的不同管段通过的最大流量不同时，可分段确定设计流量。

Ⅰ. *支管管径的确定*。支管是指直接安装竖管和滴头的那一级管道。支管管径的选择主要依据灌溉均匀的原则。管径选得越大，支管运行时的水头损失就越小，同一支管上各滴头的实际工作压力和灌水量就越接近，灌溉均匀度就越接近设计状况。但这样增大了支管的投资，对移动支管来说还增加了拆装、搬移的劳动强度。管径选得小，支管投资减少，移动作业的劳动强度降低，但由于运行时支管内水头损失增大，同一支管上各滴头的实际工作压力和灌水量差别增大，结果造成田面上各处受水量不一致，影响滴灌质量。为了保证同一支管上各滴头实际滴水量的相对偏差不大于20%，国家标准GBJ85－85规定：同一支管上任意两个滴头之间的工作压力差应在滴头设计工作压力的20%以内。显然，支管若在平坦的地面上铺设，其首末两端滴头间的工作压力差应最大。若支管铺设在地形起伏的地面上，则其最大的工作压力差并不见得发生在首末滴头之间。考虑地形高差ΔZ的影响时上述规定可表示为

$$H_w+\Delta Z\leqslant 0.2h_p \tag{2-11}$$

式中：H_w——任意两个滴头间支管段水头损失（米）；

h_p——滴头设计工作压力（米）；

ΔZ——该两地头进水口高程差（米）顺坡铺设时为负值，逆坡铺设时为正值。

因此，同一支管上工作压力差最大的两滴头间允许的水头损失即为

$$H_w\leqslant 0.2h_p-\Delta Z \tag{2-12}$$

从式（2-12）可以看出：逆坡铺设支管时，允许的h_w的值小，

即选用的支管管径应大些；顺坡铺设支管时，因 ΔZ 的值本身为负值，其允许的 h_w 的值可以比 $0.2h_p$ 大些，也就是说因支管顺坡铺设时，因地形坡降弥补了支管内的部分水力坡降，选用的支管管径可适当的小些。

当一条支管选用同管径的管子时，从支管首端到末端，由于沿程出流，支管内的流速水头逐次减小，抵消了局部水头损失，所以计算支管内水头损失时，可直接用沿程水头损失来代替其总水头损失，即 $h'_f = h_w$，式（2-12）可改写为

$$h'_f \leqslant 0.2h_p - \Delta Z \tag{2-13}$$

滴头选定后，滴头的设计工作压力可从滴头性能表中查得。两滴头进水口高程差（实际上就是两滴头所在地的地面高差）可以从系统平面布置图中查取。则 h'_f 即可求出。利用公式 $h'_f = FfLQm/db$，在其他参数已知的情况下反求管径 d，d 就是该支管可选用的最小管径的计算值。因管材的管径已标准化、系列化。因此，还需按管材的标准管径将计算出的管径规范取整。对滴灌系统的支管，考虑到运行与管理的方便，最大的管径一般不超过 100 毫米，并且应尽量使各支管取相同的管径，至少也需在一个作业区中统一。对于固定管道式滴灌系统，地理支管的管径可以不同，但规格不宜太多，同一条支管一般最多变径两次。

*Ⅱ. 支管以上各级管道管径的确定。*一般情况下，这些管道的管径是在满足下一级管道流量和压力的前提下按费用最小的原则选择的。管道的费用常用年费用来表示。随着管径的增大，管道的投资造价（常用折旧费表示）将随之增高，而管道的年运行费随之降低。因此，客观上必定有一种管径，会使上述两种费用之和为最低，这种管径就是我们要选择的管径，称之为经济管径。经济管径中对应的流速称为经济流速。随着科学技术的进步，计算机技术的飞速发展，许多优化设计方法，如微分法、动态规划法等已在管道灌溉管网的设计中得到应用。

对于规模不太大的滴灌工程，也可用式（2-14）、式（2-15）的经验公式估算管道的直径：

$$D=13\sqrt{Q} \tag{2-14}$$

当 Q 大于 120 米^3/小时时，

$$D=11.5\sqrt{Q} \tag{2-15}$$

应该指出的是，由于管道系统年工作小时数少，而所占投资比例又大。因此，一般在灌溉系统压力能得到满足的情况下，选用尽可能小的管径是经济的，但管中流速应控制在 2.5～3 米/秒以下。

Ⅲ. 管道纵剖面设计。管道纵剖面设计应在系统平面设置图绘制后进行，设计的主要内容是确定各级固定管道在平面上的位置及各种管道附件的位置。管道的纵剖面应力求平顺，减少折点，有起伏时应避免产生负压。

Ⅳ. 埋深及坡度。地埋管的埋深指管道距地面的垂直距离，埋深应根据当地的气候条件、地面荷载和机耕要求确定。一般管道在公路下埋深应为 0.7～1.2 米；在农村机耕道下埋深为 0.5～0.9 米；在北方寒冷地区，埋深应在最大冻土层深以下，若浅埋管道，必须有防冻胀措施。地埋管的坡度主要视地形条件而定，同时也应考虑地基好坏及管径大小。一般在地形条件许可的情况下，管径小、基础稳定性好的管道坡度可陡一点；反之应缓些。总的来说，管道坡度不得超过 1∶1，通常控制在 1：1.5～1：3 以下。

Ⅴ. 管道连接及附件。地埋管道的连接多采用承插或黏接的形式，转向处用弯头，分水处用三通或四通接头，管径改变处采用异径接头，管道末端用堵头。为方便施工和安装，同类管件应考虑其规格尽量统一。

为了按计划进行输水、配水，管道系统上应装置必要的控制阀。各级管道的首端应设进水阀或水分阀，当管道过长或压力变化过大时，应设一个节制阀。为保证管道的安全运行，还应安装一些附设装置。自压系统的进水口和各类水泵吸水管的底端应分别设置拦污栅和滤网，管道起伏的高处应设排气装置，自压系统进水阀后的干管上应设高度高出水源水面高程的通气管，管道起伏的低处及管道末端应设泄水装置，管道可能发生最大水锤压力处应设置安全阀。

（五）滴灌系统堵塞及其处理

1. 堵塞原因

Ⅰ. 悬浮固体物质堵塞，如由河、湖、水池等水中含有泥沙及有机物引起的堵塞。

Ⅱ. 化学沉淀堵塞，水流由于温度、流速、pH的变化，常引起一些不易溶于水的化学物质沉淀于管道或滴头上，按化学组分主要有铁化合物沉淀、碳酸钙沉淀和磷酸盐沉淀等。

Ⅲ. 有机物堵塞，胶体形态的有机质、微生物等一般不容易被过滤器排除所引起的堵塞。

2. 堵塞处理方法

Ⅰ. *酸液冲洗法*。对于碳酸钙沉淀，可用0.5%～2%的盐酸溶液，用1米水头压力输入滴灌系统，溶液滞留5～15分钟。当被钙质黏土堵塞时，可用砂酸冲洗液冲洗。

Ⅱ. *压力疏通法*。用5.05×10^5～10.1×10^5帕的压缩空气或压力水冲洗滴灌系统，对疏通有机物堵塞效果好。

（六）施肥系统的布置

1. 施肥方式的选择与布置　在滴灌施肥时，一般是在系统中通过增加施肥装置来实现。常用的施肥装置有压差式施肥罐、自压式肥料桶、文丘里施肥器和注肥泵式等，可以根据建设条件及地块实际情况合理选择。

Ⅰ. *压差式施肥罐*。压差式施肥罐由储液罐、进水管、出水管和调压阀等部分组成。压差式施肥罐原理根据各轮灌区具体面积计算好当次施肥的数量。称量好每个轮灌区的肥料。用两根各配一个阀门的管子将旁通管与主管接通，为便于移动，每根管子上可配用快速接头。将液体肥直接倒入施肥罐，若用固体肥料，则应先将肥料溶解并通过滤网注入施肥罐。在使用容积较小的罐时，可以将固体肥直接投入，使肥料在灌溉过程中溶解，但需要5倍以上的水量以确保所有肥料被用完。压差式施肥罐的优点是加工制造简单，造价较低，不需外加动力设备。缺点是肥料溶液浓度变化大，无法控制。罐体溶液容积有限，添加化肥次数频繁。

Ⅱ. 自压式施肥装置。在自压灌水系统中，使用开散式肥料罐或修建一个肥料池非常方便。只需把肥料箱放置于自压水源下适当位置，将肥料供水管通过控制阀门与水源相连接，将输肥液管及阀门与灌溉系统的主管相连接，按要求开启度打开供肥阀门后，完成施肥。自压式肥料罐或肥料池通常用在独立灌溉系统或自压灌水系统中。

Ⅲ. 文丘里肥料注入器。文丘里肥料注入器与开敞式肥料罐配合运用，组成一套施肥装置。其构造简单，使用方便，造价低廉。主要作为小型灌水系统的施肥装置。其缺点是如果直接与主管连接，将会造成较大的压力损失。

Ⅳ. 注肥泵。灌溉系统中常采用活塞泵或隔膜泵向灌溉管道注入肥料溶液或农药。根据驱动水泵的动力来源又可分为水力驱动和机械驱动两种形式。使用该类装置的优点是施肥装置能均匀向灌溉水源提供肥料，从而保证了灌溉水的肥液浓度保持稳定，施肥质量好，效率高；缺点是需要另外增加动力设备和注肥泵，因此造价较高。

为了确保灌溉水源不受污染，灌溉系统施肥装置建设时应注意以下两点：

一是化肥施用装置应安装在水源与过滤器之间，这样才能够保证充分溶解的化肥既不污染水源，又能通过过滤后进入之后的灌溉系统，从而保证了未经溶解的化肥和其他杂质不会进入出水器，避免灌水器及其管道的堵塞。

二是在化肥施用装置与水源之间，应安装逆止阀，防止溶解后的肥液倒灌入水源而污染水源。特别应当注意，不能把化肥直接加入水源，防止化肥造成水源甚至环境的污染。

2. 蓄肥灌或池大小的选择　由于面对对象为大田作物，单个施肥系统控制面积较大，为了减少多次添加肥料造成的繁琐、麻烦等情况，尽量选用较大的施肥灌，或根据实际控制面积灌溉一天所需肥量设定施肥池大小。

3. 选择适宜肥料种类　可选液态或固态肥料，如氨水、尿素、硫酸铵、硝酸铵、磷酸一铵、磷酸二铵、氯化钾、硫酸钾、硝酸钾、硝酸钙、硫酸镁等肥料；固态以粉状或小块状为首选，要求水溶性强，含杂质少，一般不用颗粒状复合肥；如果用沼液或腐殖酸液肥，必须经过过滤，以免堵塞管道。

4. 总用肥量 确定肥料用量宜先采用测土配方施肥技术确定单位面积（亩）用肥品种和数量，之后根据一个轮灌组控制面积，确定一次需要加入的肥料数量，再次根据滴灌系统控制的轮灌组数，确定一个滴灌系统一次需要的肥料总量。可用下式表示

$$W_{总}=W_{亩}M_{n} \tag{2-16}$$

式中：$W_{总}$——滴灌系统灌溉一次需要的肥料数量（千克）；

$W_{亩}$——根据科学施肥方法确定的本次施肥单位面积（一般用亩）用肥数量（千克/亩）；

M——一个轮灌组控制的滴灌面积（亩）；

N——滴灌系统控制的轮灌组数。

5. 肥料溶解与混匀 施用液态肥料时不需要搅动或混合，一般固态肥料需要与水混合搅拌成液肥，避免出现沉淀等问题。

6. 施肥控制 施肥时要从滴灌用时和注肥速度两个方面对加肥进行控制。加肥时间要与滴灌时间协调一致，通过阀门等控制加肥速度和数量，达到施肥均匀的效果。

7. 灌溉施肥的程序 分 3 个阶段，第一阶段，选用不含肥的水湿润；第二阶段，施用肥料溶液灌溉；第三阶段，用不含肥的水清洗灌溉系统。总之，水肥一体化技术是一项先进的节本增效的实用技术，在有条件的农区只要前期的投资解决，又有技术力量支持，推广应用起来将成为助农增收的一项有效措施。

（七）设施建设安装

（1）按设计要求，全面核对设备型号、规格、数量和质量，严禁使用不合格产品。待安装设备应保持清洁，塑料管不得抛摔、拖拉和曝晒。

（2）按设计要求和流向标记安装水表、阀门、过滤器。过滤器

和支管之间通过带螺纹的直通连接。

（3）螺纹管件安装时需缠生胶带，直通锁母应拧紧。

（4）旁通安装前首先在支管上用专用打孔器打孔。打孔时，打孔器不能倾斜，钻头入管深度不得超过1/2管径，然后将旁通压入支管。

（5）按略大于植物行的长度裁剪滴灌管（带），滴灌管（带）沿植物行布置，然后一端与旁通相连接。

（6）滴灌管（带）安装完毕，打开阀门用水冲洗管道，然后关上阀门；将滴灌管（带）堵头安在滴灌管（带）末端；将支管堵头安在支管末端。

（7）整个滴灌系统的安装顺序。阀门、过滤器、直通、支管、打孔、旁通、滴灌管（带）、冲洗管道、堵头。

（8）注意采用膜下滴灌，在铺设滴灌带时要压紧压实地膜，使地膜尽量贴近滴灌带，地膜和滴灌带之间不要产生空间。避免阳光通过水滴形成的聚焦。播种前要平整土地，减少土地多坑多洼现象。防止土块杂石杂草托起地膜，造成水汽在地膜下积水形成透镜效应，灼伤滴灌带。铺设时可将滴灌带进行潜埋，避免焦点灼伤。

（9）滴灌带被灼伤原因。由于作物播种滴水后膜下附着的小水滴，在膜上积聚的水滴，膜上和膜下的小水滴具有凸透镜的作用，在阳光的照射下有些小水滴凸透镜的焦点恰巧落在了滴灌带上。在天气晴朗或阵雨过后天气突热，室外气温较高（32℃以上），上午11：30至下午15：30时，水珠的直径在5～13毫米，地膜与滴灌带的距离在13毫米左右时，膜内温度较高时（38℃以上），水珠聚焦点在短时间内能聚集较高温度（75～160℃），在焦点易将滴灌带熔化灼伤产生小洞。在地膜上表面的小水滴由于受风、阳光、蒸发等环境影响较大，存在的时间较短，相对于膜下水滴来说产生的危害概率较小，但当天气晴朗，温度较高，光照强烈，无风雨情况下由于膜上易聚积较大水滴，聚焦强烈，也易给滴灌带造成较大面积的烧伤。

二、固定式喷灌水肥一体化系统设计

（一）喷灌区的勘测调查

规划喷灌水肥一体化系统时，必须进行实地调查和勘测，收集相关资料。

1. 地形资料 灌区 1/2 000～1/500 的地形图，图上标明行政区划、灌区范围及现有水利设施、园田化工程等，以便合理布置喷灌水肥一体化工程。

2. 气象资料 包括气温、降雨、风速和风向等。气温、降雨作为确定作物需水量和制定灌溉制度的依据，风速、风向是为了确定支管布置方向和确定系统有效工作时间。

3. 土壤资料 一般应了解土壤类型、质地、土壤厚度、土壤田间持水量和土壤渗吸速度等，目的是确定喷灌水量和喷灌强度。缺乏现成资料时也可参照表 2-6、表 2-7 估算喷灌强度，对于坡地要乘以折扣系数。

表 2-6 几种土壤允许喷灌强度的近似值

土壤类别	允许喷灌强度（毫米/小时）		土壤类别	允许喷灌强度（毫米/小时）	
	土表疏松	土表板结		土表疏松	土表板结
粗砂土	20～25	12	黏壤土	8	6
细砂土	12～20	10	黏　土	5	2
细砂壤土	12	8	龟裂黏土	25	25
粉壤土	10	7			

表 2-7 坡地上允许喷灌强度的折扣系数

地面坡度（%）	砂土	壤土	黏土
0～5	1	1	1
6～8	0.9	0.87	0.77
9～12	0.86	0.83	0.64
13～20	0.82	0.8	0.55
>20	0.75	0.6	0.39

4. 水文资料　主要包括河流、渠塘、井泉的历年水量、水位以及水质（含盐量、含沙量和污染情况）等。

5. 农田生产资料　了解区域内作物种植情况、灌溉情况、种植制度、机耕方向等，重点了解现行作物灌溉制度以及当地群众高产节水灌溉经验，作为拟定灌溉制度的参考。

6. 动力机械设备资料　了解区域内农户或农场现有动力及机械设备的数量、规格及使用情况，以便考虑设计时考虑尽量利用现有设备。了解当地电力供应情况，还要了解设备、材料的供应情况与价格。

（二）喷灌水肥一体化系统的选型和田间规划

喷灌水肥一体化系统的规划设计需要经过反复的经济技术比较，不可能一次就完全确定下来。规划设计时一般经过以下步骤：

1. 选择喷灌系统形式　首先根据当地地形情况、作物种类、经济及设备条件，综合考虑各种形式喷灌水肥一体化系统的优缺点，选定喷灌水肥一体化形式。在喷灌次数多，经济价值高的作物种植区，或地形坡度大的丘陵山区，移动设备困难地区，可采用固定式喷灌水肥一体化形式；大田作物灌溉施肥次数少，宜采用移动式或半固定式，以提高设备利用率。冬小麦、夏玉米轮作区微喷灌、固定式喷灌、卷盘式喷灌均可采用，主要根据地块情况、田间道路设置情况、地块经营模式、劳动力情况等合理选择。

2. 确定喷洒方式和喷头组合形式　喷头的喷洒方式，有全圆喷洒和扇形喷洒两种。一般固定式和半固定式喷灌系统多采用全圆喷洒。卷盘移动式喷灌宜采用扇形喷洒。另外以下几种情况也需要采用扇形喷洒。一是固定喷灌系统的地块边角，要作 90、180 或其他角度的扇形喷洒。二是地面坡度较陡的山丘区，需要向坡下扇形喷洒，以避免向上喷洒冲刷坡土。三是当风速较大时，应顺风向喷洒，以减少风的影响。

定点喷灌系统喷头之间组合形式不同，影响支管和竖管或喷头的间距。选用喷头组合形式的原则是保证喷洒不留空白，且有较高的均匀度。常用的喷头组合形式有正方形组合布置和三角形组合布置。全圆喷洒采用三角形布置控制有效面积最大，但有风影响时，不能保证灌溉均匀性，可采用缩短支管上喷头间距的方式来解决。支管间距 b 和喷头间距 l 见表 2-8。

表 2-8　不同喷洒方式、喷头组合形式的支管间距、喷头间距和有效控制面积

喷洒形式	喷头组合形式	支管间距（b）	喷头间距（l）	有效控制面积（s）
全圆	正方形	$1.42R_{设}$	$1.42R_{设}$	$2R_{设}^2$
	三角形	$1.5R_{设}$	$1.73R_{设}$	$2.6R_{设}^2$
扇形	正方形	$1.73R_{设}$	$R_{设}$	$1.73R_{设}^2$
	三角形	$1.865R_{设}$	$R_{设}$	$1.865R_{设}^2$

喷头设计射程应小于喷头最大射程，因喷头射程受风、水力脉动、动力机转速等因素影响，为了保证喷洒均匀，设计射程应留有余地，一般

$$R_{设}=KR \tag{2-17}$$

式中：$R_{设}$——喷头的设计射程（米）；

R——喷头的最大射程（米）；

K——折算系数，根据喷灌形式、当地风速和动力的可靠程度来确定，一般取 0.7～0.9. 多风地区采用 0.7，固定式喷灌采用 0.8，移动式喷灌采用 0.9。

带管道单喷头机，喷灌机停在路边地头，喷头进入田间对面，先远处喷，逐渐回收，近处后喷。

3. 选择喷头与工作压力　工作压力是喷灌系统的主要参数，直接决定喷头射程，并关系到设备投资、运行成本、喷灌质量等。采用高压力，则喷头射程远，管道用量少，灌溉工作效率高，但运行成本高，宜受风速影响，灌溉质量不易保证。相反，灌溉水滴细，灌溉质量易控制，且运行成本低，但固定式管道用量大，投资高，移动式占地多，移动次数频繁，劳动强度大。因此工作压力要

合理确定。

选择喷头首先要考虑喷头的水力性能适合灌溉作物和土壤特点。对于幼嫩作物宜选用具有细小水滴的喷头，而对于小麦、玉米、马铃薯等作物可选用水滴稍大的喷头。对于黏性土壤要选用低喷灌强度的喷头，而对于砂型土壤可选用喷灌强度稍高的喷头。在需要采用扇形喷洒方式时，应选用带有扇形机构的喷头，在固定式喷灌系统中，一部分应带有扇形机构的喷头。选用喷头时尽量选用已经定型的喷头型号。

4. 布置管道系统　应根据实际地形、水源、喷灌方式等条件提出可能的布置方案，然后进行技术经济比较，择优选定。布置管道系统应遵循以下原则：

（1）干管应沿主坡道方向布置，在地形比较平坦的地方，支管应与主管道垂直，并尽量沿等高线方向布置。

（2）在平坦地区，支管的布置，应尽量与作物耕作方向一致，并应与田间工程规划相配合，这样可以减少固定式喷灌系统对机耕的影响，对半固定式喷灌系统，可以方便支管装卸。

（3）在经常刮风的地区，布置支管要与主风向垂直，方便有风时加密喷头。

（4）支管上各喷头的工作压力要基本一致，或在允许的差值范围内。当在陡坡上向下铺设支管时，管径应逐渐缩小，以抵消高差引起的过高压力。当向上铺设支管时，坡度对于1%～2%，则支管不宜过长。当支管需要改变管径时，规格不宜多于两种。不规则地块布置管道时，要考虑下一级管道长度大致相等，利于保证灌溉质量。

（5）水源尽量布置在喷灌系统的中心，以减少输水的水头损失。

（6）喷灌系统应根据轮灌要求设置控制设备，一般每根支管应装有闸阀。

（三）水利计算及结构设计

1. 拟定喷灌制度　喷灌的灌溉制度，主要根据节水和高产要求设计灌水定额、灌水周期和一次灌水所需时间。

2. 设计灌水定额 是指作为喷灌系统设计的单位面积上的一次灌水量，当土壤含水量达到适宜于作物生长的下限时就应进行灌溉；每次灌水量又不能超过土壤的保水能力，以免发生深层渗漏。用灌水深度表示，设计灌水定额可用下式计算，即：

$$M_{设}=0.1\ (\beta_{max}-\beta_{min})\ H\eta \tag{2-18}$$

式中：$M_{设}$——设计灌水定额（毫米）；

β_{max}——田间持水量（体积百分率%）；

β_{min}——萎蔫系数（体积百分率%）；

H——计划湿润层深度（米），一般采用40～60厘米；

η——灌溉水的有效利用系数，一般采用0.7～0.9。

3. 设计灌水周期 在喷灌系统规划设计中，主要是确定作物耗水最旺时期的允许最大间隔时间（两次灌水的间隔时间），即时间灌水周期。用下式计算，即

$$T_{设}=\eta M_{设}/e \tag{2-19}$$

式中：$T_{设}$——设计灌水周期（日）；

e——作物需水旺盛期日平均耗水量（毫米/日）。

国内各地在进行滴灌设计时，大田作物灌水周期一般选用5～8天。

4. 一次灌水所需时间 用下式计算，即

$$t=M_{设}/\rho \tag{2-20}$$

式中：t——一次灌水延续时间（小时）；

ρ——灌溉系统的平均灌溉强度（毫米/小时）。

$$\rho=1\ 000q/bl \tag{2-21}$$

式中：q——一个喷头的流量（米^3/小时）；

b——支管间距（米）；

l——喷头间距（米）。

微喷灌水肥一体化模式的设计基本与滴灌水肥一体化设计步骤一致，但微喷要求的喷口出水压力不同。

5. 计算同时工作的喷头数和支管数 同时工作的喷头数$N_{喷头}$

可按下式计算

$$N_{喷头}=FT_{设}C/blt \quad (2-22)$$

式中：F——整个喷灌系统的面积（米^2）；

C——一天中喷灌系统的有效工作时间数。对于固定式喷灌可大些，移动式喷灌应小些，多风地区也应小些。

同时工作的支管数 $N_{支}$ 可按下式计算

$$N_{支}=N_{喷头}/n_{喷头}$$

式中：$n_{喷头}$——一根支管上的喷头数。

如果计算出的不是整数，则应考虑减少工作的喷头数或适当调整支管长度。

6. 确定支管轮灌方式 对于半固定式喷灌系统支管轮灌方式就是支管的移动方式。支管轮灌方式不同，干管中通过的流量也不同，选择适当的轮灌方式，可以缩小部分干管管径，降低投资。

（四）管道水力计算

计算方法参考滴灌模式管道水力计算。

（五）选择水泵和动力

为选择水泵和动力，先要确定喷灌系统的水泵设计流量和扬程。水泵的设计流量 Q 应为全部同时工作的喷头流量之和，即 $Q=N_{喷头}q$。水泵的扬程 H 为

$$H=H_{喷头}+\sum h_{沿}+\sum h_{局}+\Delta \quad (2-23)$$

式中：$H_{喷头}$——喷头设计工作压力（米）；

$\sum h_{沿}$——水泵到典型喷头之间管路沿程水头损失之和（米）；

$\sum h_{局}$——水泵到典型喷头之间管路局部水头损失之和（米）；

Δ——典型喷头高程与抽水水面的高差（米）。典型喷头一般是离水泵最远位置最高的喷头。

确定了 Q 和 H 后，即可选择水泵。水泵选定后，可以直接从水泵样本中查出配套电机的功率和型号。

（六）管道系统的结构设计

要详细地确定各级管道的连接方式和选定阀门、三通、弯头等的规格。

（七）施肥系统的设计

不同的喷灌方式，适宜的加肥方式不同。一般不采用压差式施肥罐和文丘里施肥器。多数情况下宜采用注肥泵式，注肥泵压力应略大于管道内水压，过大，对管道内水阻力大；过小，不能将肥料注入管道系统中。卷盘式喷灌系统宜采用比例施肥泵。

三、卷盘淋灌式水肥一体化设计建设

（一）基本参数要求

浇灌方式为淋灌形式，浇水均匀度要求大于等于98%，灌溉周期为5～7天，喷洒幅宽40米，亩浇水量20～25米^{3}或30～38毫米，工作效率为1.6～2亩/小时，潜水泵出水量要求不低于30米^3，机型选为90-330型卷盘式喷灌机，单套设备控制面积120～150亩，施肥设备选用比例式施肥器，喷头选用插管式淋灌架。

（二）卷盘淋灌式水肥一体化田间设计方案

1. 首部系统设计　将增压和施肥系统都安装在首部。机井房面积不小于7米^2，配置离心式过滤器；配置离心式增压泵，功率4.5千瓦、流量30米^3/小时、扬程40米（增压装置主要给施肥系统提供动力，如果不施肥时，不用增压泵）。配置比例式施肥器、水溶肥容器（容积1 000升）、搅拌器（0.5千瓦电机及搅拌叶轮）。其他配置包括蝶阀1个、球阀2个、止回阀1个、放气阀1个、水表1个、压力表1个、焊接钢管+法兰3套、电控箱1个（控制潜水泵、增压泵、搅拌器电源开关）（图2-18）。

2. 地下管道设计　典型地块要求为控制浇灌面积100亩左右，耕地长度300米，地下主管道长度220米。主管道深埋90厘米以上，出水口间隔40米。地下管道材料清单包括PVC管φ110长度220米，PVC正三通φ110-90 4件，PVCφ90直连4件，φ80出水口4套，出水口铝制快接头1件，PVC90°弯头+法兰φ110 2套（图2-19）。

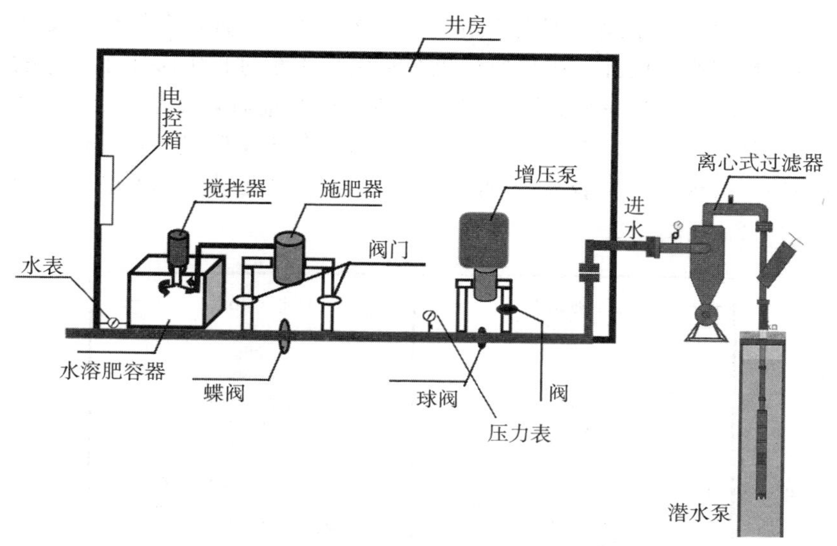

图 2-18　首部设计示意图

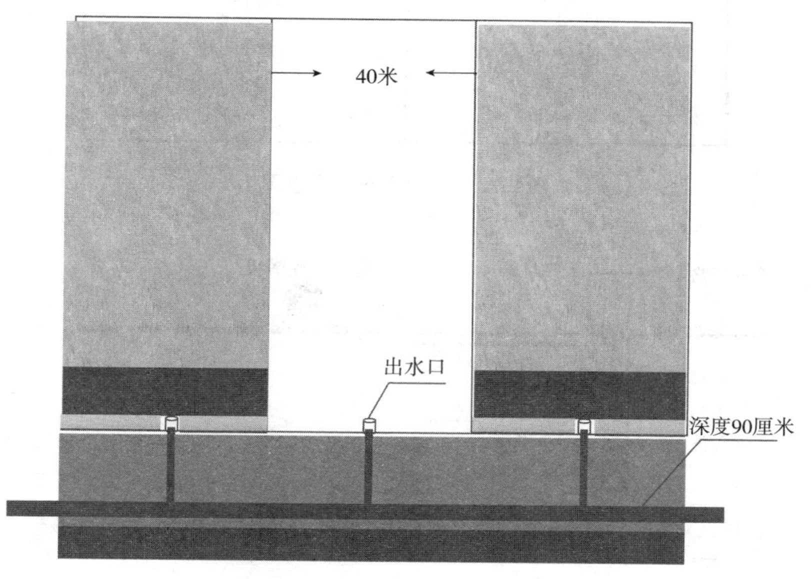

图 2-19　地下管道设计示意图

3. 作业道设计 依据喷幅40米及出水口位置，在播种小麦之前进行作业道设计，避免拖拉机在牵引喷头车过程中碾压小麦。播种小麦时，在拖拉机轮胎经过的路线不进行播种，留出20厘米宽度两条行走车道，浇水时，喷灌机的喷头车轮距调成与拖拉机轮距一致。玉米行距一般为60厘米，不涉及拖拉机碾压玉米苗的情况（图2-20至图2-22）。

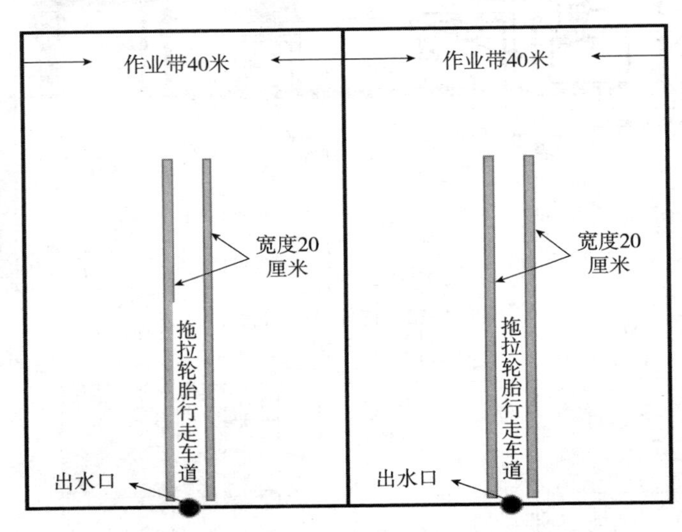

图2-20 作业道布置示意图

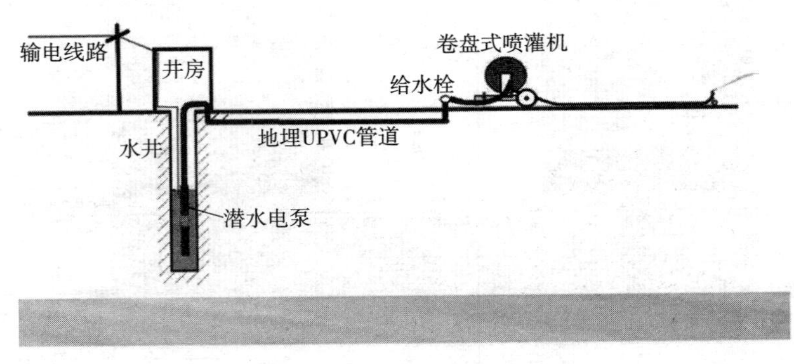

图2-21 喷灌机与出水口连接设计示意图

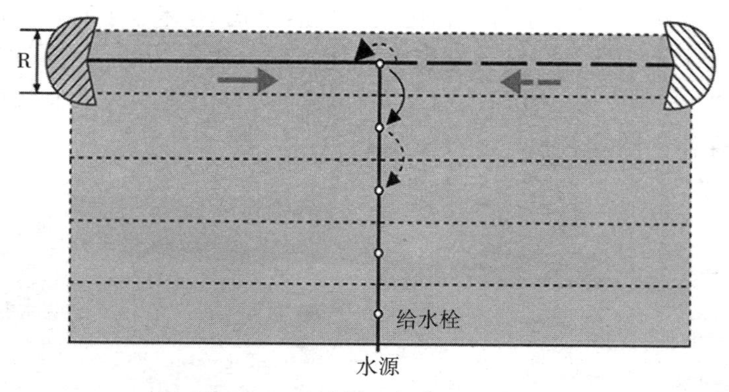

图 2-22　喷灌机田间作业示意图

4. 卷盘式淋灌机高效性能指标与配置　卷盘式喷灌模式必须坚持节能、高效、节水、节肥的原则，才能得到更为广泛的推广和应用。但节能、高效取决于喷灌机的关键技术和配置才能保障实现。

（1）节能指标。每小时耗电量 7.5 千瓦（不用增压泵），取决于 3 个方面的技术，扼流式（直冲式）水涡轮、6 挡变速齿轮箱、水涡轮与齿轮箱一体结构轴传动方式。采用扼流式（直冲式）水涡轮，高压水流进入水涡轮后垂直冲击叶轮，水能动力转换率 70%，而传统侧冲式水涡轮水能动力转换率仅为 30%。改进变速齿轮箱，采用 6 挡结构设计，回收速度范围 3.6～105 米/小时，传动速度比系数小，启动动力仅为 2 个水压就可以驱动卷盘回收。采用水涡轮与齿轮箱一体结构轴传动方式，相比水涡轮与齿轮箱通过皮带传动方式，减少动力损失 20%。

（2）高效指标。出水量 50 米^3/小时，按每亩浇水量 20～30 米^3 计，其作业效率为 1.7～2.5 亩/小时。取决于两方面的技术指标要求，一是输水回收 PE 管径大小，PE 管管径采用 90 毫米，相比 75 毫米管径的 PE 管，水流经过 300 米长度的 PE 管的管路损失降低约 30%，出水量可达到 50 米^3/小时，比 75 毫米管径多出 20 米^3 的出水量。二是喷洒方式采用插管式淋灌架喷洒方式，喷幅 40

米，出水量 50 米^3/小时，相比喷枪喷洒方式 20 米^3/小时，工作效率提升了 1.5 倍。同时，淋灌喷洒耗压低，对作物幼苗没有伤害，均匀度 98%以上。插管式淋灌架轻便，安装快捷，一个人就可以轻松操作（图 2-23）。

图 2-23 喷灌机田间作业

四、智能自动化控制

（一）概况

目前，随着现代科技不断进步，智能、自动控制、物联网等技术不断提高，为了满足自动化农业生产的需要，进一步提高水肥一体化技术效率，智能自动化技术越来越多的应用到农业中，也应用到水肥一体化生产实际中。水肥一体化智能控制系统将信息技术与农艺技术相结合，实现了农业的信息化和自动化控制，完成了农作物水肥一体化自动控制生产管理功能。通过水肥一体化自动控制系统在农场或合作社中的使用，可以完美实现生产的无人管理，通过水肥的远程操作，实现水肥精细管理，实现水肥均衡，省工省时、节水省肥、提质增量等目的，大大降低了人力成本，同时也提高了生产效率。应用智能自动控制水肥一体化技术，可以提高水肥一体化系统的管理水平。当前，管理水平低下制约着节水灌溉、水肥一体化技术发展。许多新的灌溉技术由于没有良好的技术管理措施，使灌溉节水效益得不到充分发挥或者根本无法大面积推广。采用自动化灌溉系统，就能很好地按照作物需水规律，综合气象数据和生产实践的经验为作物适时适量提供灌水，达到节约用水、获得作物高产的目的。

灌溉系统自动化的水平较低，是制约我国高效农业发展的主要原因。以色列、日本、美国等一些国家已采用先进节水灌溉制度。节水农业、高效农业和精细农业要求我们必须提高水资源的利用率。由传统的灌溉方式向科学、现代化、高效灌溉方式发展，需要实现农业灌溉的自动化管理。智能自动控制灌溉节水优点：一是可以充分发挥现有的灌溉设备作用，优化调度，提高效益。二是通过自动控制技术的应用，更加节水节能，降低灌溉成本，提高灌溉质量。三是可以实现远程、集中的供水控制和用水计量，使灌溉更加科学，方便、提高管理水平。灌溉系统自动化是世界先进国家发展高效农业的重要手段，而我国目前的灌溉系统自动化的水平较低，这也是制约我国高效农业发展的主要原因。如果离开了自动化控制技术，即使是采用了喷灌和微灌、滴灌、渗灌等新的灌溉方式，也很难形成先进节水灌溉制度。大力推广自动灌溉控制技术，由传统的充分灌溉向非充分灌溉发展，对灌区用水进行监测预报、动态管理、远程、集中的供水控制和用水计量收费是高效、精细农业发展的必由之路。

经过多年的发展，国外灌溉控制器已趋于成熟、系列化，控制器性能优越，但一是引入国内价格昂贵，二是没有考虑我国特殊的自然、气候、土地资源、农民经济状况等因素，在国内应用并不普及。国内虽然有多家研制灌溉控制器，但多数是小规模、实验和理论的探讨，应用不够普及，究其原因一则是开发性能完善的灌溉控制系统需要大量的人力、物力的投入，需要多部门、多学科的融合，这在一定程度上限制了性能完善、适应性强的控制器的开发。其次是现在开发出来的灌溉控制器价格昂贵，农民尽管知道能节省人力、灌溉省水、提高产量，但由于一次性投资太大，多数农民承受不起，这也在一定程度上限制了灌溉控制器的普及。随着国家对节水工作的重视，特别是河北省试点实施地下水超采综合治理项目，推动了水肥一体化的发展，许多企业开始研究开发生产了多种自动化水肥一体化系统，从信息采集、灌溉控制、施肥控制等不同方面实现智能化、自动化、物联网化。水肥一体化管理控制系统发展趋势是自动化—智能化—智慧化。自动化阶段实现水肥同调、墒情监测、自动灌溉、自动施肥功能。智能化阶段实现网络控制、远程管理、多媒体介入功能。阶段智慧化达到大数据管理、云服务平台、知识管理的水平。精细的水肥管理技术和装备是实现水肥一体化的重要途径，未来的水肥一体化必然沿着自动化—智能化—智慧化的方向发展。当前我国生产上主要从自动化阶段，正在向智能化阶段过渡，大数据管理、云服务平台也开始进入研究开发阶段。

（二）水肥一体化自动管理控制系统

智能自动水肥一体化系统主要是通过自动监测土壤水分、土壤湿度、大气温度、空气湿度等参数，结合数学模型来预报灌水时间和需灌水量，在无人情况下，按照程序或指令来自动控制灌溉。智能自动灌溉控制系统根据作物需水规律实施灌溉指导，根据土壤湿度状况和气象条件提示灌水需求，为用户是否采取农田排水措施提供参考。智能自动水肥一体化技术的特点：一是将自动控制技术应用于灌溉施肥系统，通过空气温度、湿度和土壤湿度等主要生态因子控制模式调节作物生长；二是可根据作物不同生长发育期的水肥吸收规律，指导作物的水肥控制管理；三是操作简便，能实时显示各传感器的测试值和各控件的运行状态，并可将这些参数储存备用，通过人机结合，为作物生长创造理想条件（图 2-24）。

智能自动水肥一体化系统一般可包括中央控制系统、数据信息采集处理系统、灌溉自动控制系统和施肥智能自动控制系统 4 个方面。中央控制系统是智能自动水肥一体化控制系统的核心。

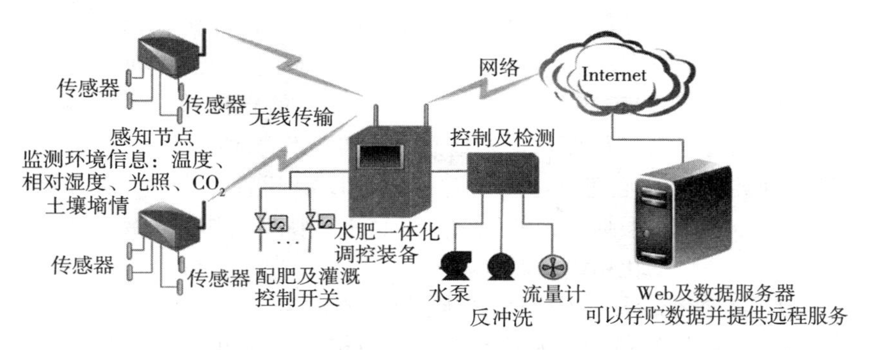

图 2-24　水肥一体化自动管理控制系统架构图

数据信息采集处理系统主要是采集农业土壤的温湿度、pH、EC值及氮、磷、钾等环境数据，通过对采集到的数据分析及系统建立的知识库，可判断出农作物在此生长阶段对水肥的需求。灌溉自动控制系统根据信息数据采集系统提出的灌溉方案，通过对水泵、不同级别管道阀门的控制，实现精准灌溉。施肥智能自动控制系统依据施肥方案对不同肥料用量及配比进行科学控制加入，实现精准施肥。

（三）自动控制灌溉系统的分类

目前常用的自动控制系统可分为时序控制灌溉系统、ET智能灌溉系统、中央计算机控制灌溉系统三大类。

1. 时序控制灌溉系统　时序控制灌溉系统将灌水开始时间、灌水延续时间和灌水周期作为控制参量，实现整个系统的自动灌水。其基本组成包括：控制器、电磁阀，还可选配土壤水分传感器、降雨传感器及霜冻传感器等设备。其中控制器是系统的核心。灌溉管理人员可根据需要将灌水开始时间、灌水延续时间、灌水周期等设置到控制器的程序当中，控制器通过电缆向电磁阀发出信号，开启或关闭灌溉系统。控制器的种类很多，可分为机电式和混合电路式，交流电源式和直流电池操作式等。其容量有大有小，最小的控制器只控制单个电磁阀，而最大的控制器可控制上百个电磁阀。

2. ET 智能灌溉系统 ET 智能灌溉系统，将与植物需水量相关的气象参量（温度、相对湿度、降雨量、辐射、风速等）通过单向传输的方式，自动将气象信息转化成数字信息传递给时序控制器。使用时只需将每个站点的信息（坡度、作物种类、土壤类型、喷头种类等）设定完毕，无需对控制器设定开启、运行、关闭时间，整个系统将根据当地的气象条件、土壤特性、作物类别等不同情况，实现自动化精确灌溉。

（四）智能自动中央控制式水肥一体化系统

1. 中央计算机控制灌溉系统 将与植物需水相关的气象参量（温度、相对湿度、降雨量、辐射、风速等）通过自动电子气象站反馈到中央计算机，计算机会自动决策当天所需灌水量，并通知相关的执行设备，开启或关闭某个子灌溉系统。在中央计算机控制灌溉系统中，上述时序控制灌溉系统可作为子系统。中央计算机控制灌溉系统，可通过有线、无线、光缆、电话线、甚至手机网络等方式对无限量的子系统实现计算机远程控制。这种中央计算机控制灌溉系统是真正意义上的自动灌溉系统。目前在很多发达国家的园林绿地灌溉系统，以及高尔夫球场的灌溉系统中已被广泛采用。

2. 中央控制系统 由一台或多台计算机及机柜组成，内装有智能灌溉专家系统、实时监控系统、数据报表系统、人机交互界面等，用于对所采集的信号进行分析、决策和发出控制命令。监测控制命令由计算机发出，通过传输网络传送至现场的采集变送设备。首先自动气象站采集的气象数据、田间土壤传感器采集的土壤墒情等实时信息通过不同的信号输入转换模块进入中央控制系统，智能灌溉施肥专家系统对所接受的信号进行分析推理，然后向远程测控终端发出指令，远程测控终端根据中央控制器的指令开启相关的电磁阀进行灌溉施肥。同时，中央控制系统也不断采集泵站、管网的信息，发出相关指令，控制水泵的运转速度来对管道的压力进行恒定，以达到最佳的灌溉压力和保障管道和水泵的安全。运行过程中的灌水流量、工作压力、田间墒情、气象信息等数据自动存储于上位机数据库中，以供查询、输出。系统可根据降雨、蒸发、土壤墒情等资料，采用田间土壤水量平衡计算公式，预测土壤水分短历时状况的动态变化，对土壤含水量逐段实行灌溉预报。

3. 信息采集及数据处理系统　数据采集是实现信息化管理、智能化控制的基础。由于农业的特殊性，传感器不仅布控于室内，还会因为生产需要布控于田间、野外，深入土壤或者水中，接受风雨的洗礼和土壤水质的腐蚀。根据现代农业发展对监测的需求，研发出多种传感器。

土壤传感器。监测土壤数据包括土壤温度、土壤水分、土壤盐分，土壤 pH 等。

环境传感器。目前以空气温湿度、光照、二氧化碳、风速风向、降雨、土壤温湿度等传感器为主，是了解作物生长环境的传感器。

植物本体传感器。能实时或阶段性地监测植物茎秆粗细的变化、叶面的温度、茎流速率、果实增重与膨大速率、植物的光合作用等植物本身的一些参数，能直观地反应植物的生长状态。通过对作物参数的测量可直观反映土壤或空气环境参数对作物的影响，从而指导用户更加科学合理地调控生产环境，以达到作物高产优质。

设备状态。施肥机、水泵压力、阀门状态，水表流量等。

4. 智能自动灌溉控制系统　一般由数据传输网络、远程测控终端、泵站管网测控系统、电磁流量计及电磁阀和水泵等设备等部分组成。泵站管网测控系统用来检测机泵运行情况、管道水压等信号，并接受执行中央控制器的控制指令，进行机泵的开启和停机，以保持灌溉管网的水压维持在合适的压力。远程测控终端的作用是采集、上报田间墒情和灌溉信息，接受控制指令，控制灌溉的进程。远程测控终端分布在田间，距控制中心相对较远，和控制中心的信息一般可通过无线数据传输网络实现双向传递。可以将每个灌溉泵作为一个单元，也可根据需要灌溉的区域分成若干个小区，划分的原则为出水泵和流量计相对集中。每个单元或每个小区内采用一个无线数传设备，通过它与中心控制室通讯。

5. 智能自动施肥控制系统 在水肥一体化系统中，加肥智能自动化也是提高水肥一体化技术效率的重要环节。目前我国已有多种设计形式的施肥机，有的适合用于设施农业，有的适合用于大田作物。每种施肥机采用的原理不同，智能控制的方式不同，但目的都是通过控制肥水的浓度和进入灌溉管道的肥水量来实现自动施肥控制，从而实现较精确的施肥过程，预防肥液施用不足、不匀或局部过量现象产生。

（五）高效施肥机

1. 产品设计原理 采用变频螺旋定量计量装置，利用水动能和水力切割原理将所施肥料瞬间溶解同时利用加压泵的自吸功能通过调节液态肥进口阀门将固态肥、液态肥、可施农药加注到管道中去，实现水、肥、药一体化功能。

2. 设备的主要特点

（1）采用一体化结构设计，体积小、结构紧凑，可移动，便于多井使用。

（2）功能强大，即可用于固态肥也可用于液态肥，而且还可根据情况进行施药。

（3）矮化设计，方便肥料装入。

（4）半倾斜大料斗设计，漏料完全、可一次装入 200 千克化肥。

（5）快接头管路连接，安装快速简便。

（6）智能化电脑控制，可根据作物不同生长期自动设定灌溉水量、灌溉方式等，保证肥料主要留存于作物主要根层，避免因施肥时间过早或过晚而造成肥料浪费。

（7）主要部件采用不锈钢材料，防腐耐用，使用寿命 10 年以上。

（8）注肥压力大可适应于管灌、喷灌、滴灌等不同灌溉形式。

3. 主要性能指标　一次肥料最大容量 200 千克，施肥量控制速度每小时 5～150 千克，施肥精度误差 0.5%内，注肥压力大于 0.6 兆帕小于 1.0 兆帕（图 2-25）。

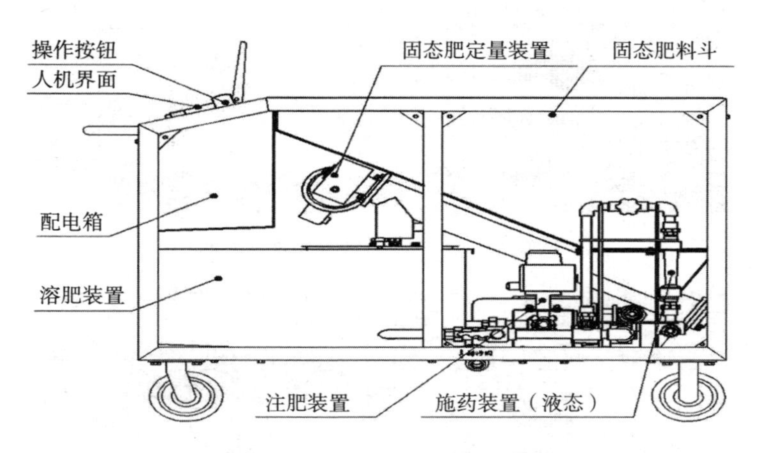

图 2-25　智能施肥机结构示意图

4. 设备试运行与参数设置　在施肥管路、施肥机供电电源、设备接地线安装完毕后进行运行参数设置。检查开关状态，通电进入开机换面。

参数设置：在触摸屏上切换画面到参数设置状态，依据实际的灌溉亩数、浇灌时间和本次预计施肥量对前清水、施肥时间、施肥量、后清水时间进行设置，每项参数设置好后，点击“确认”键完成设置（图 2-26）。

施肥方式选择。点击肥料类型图框的指向箭头，在下拉菜单中选择肥料类别，完成所有设置后，点击“运行数据”框返回运行数据画面（图 2-27）。

装入肥料，点击“启动”按钮，进入运行状态，设备在“前清水”时间结束后进入施肥状态（图 2-28）。

“系统信息”必须在工程师指导下进行调整，无管理员允许，操作人员无法进入。

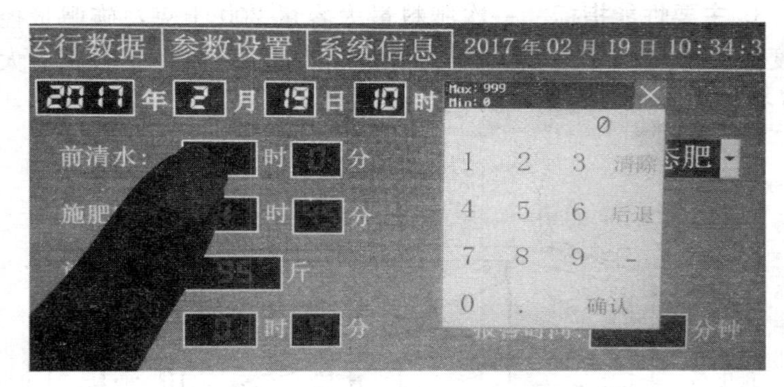

图 2-26　智能施肥机参数设置界面

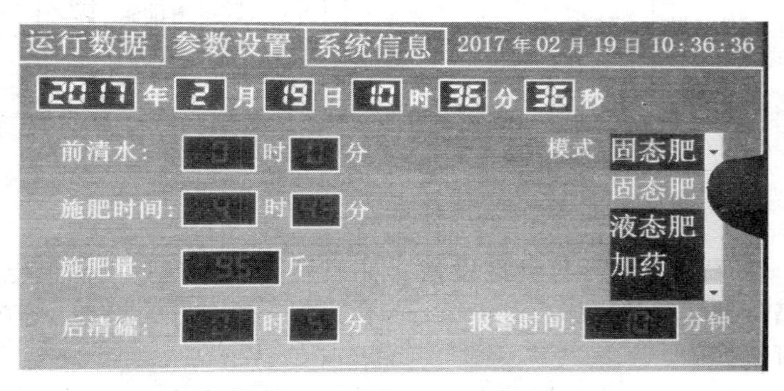

图 2-27　智能施肥机施肥参数设置界面

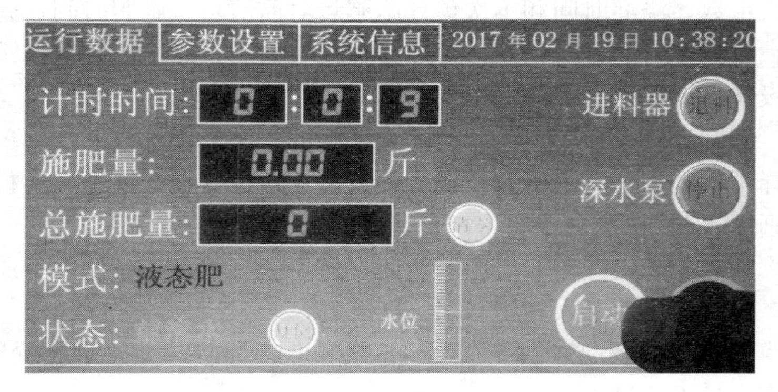

图 2-28　智能施肥机启动界面

施用液态肥或农药，要调整“固液调节阀”和“流量调节阀”使液肥、农药流量达到实施要求。初次施肥应旋转主管道加肥口处的三通阀，将加肥泵内的气体全部排出后，方可切换到主管道上。

第三章　粮食作物水肥一体化集成技术

第一节　小麦水肥一体化集成技术

一、冬小麦生长发育特点

小麦发育阶段大体分为春化阶段（感温阶段）和光照阶段（感光阶段）。其中春化阶段要求以低温为主的综合外界条件（包括营养、水分、光照等），所以可称感温阶段。光照阶段小麦通过春化阶段后，转入一个对长日照要求比较敏感的阶段，又称感光阶段。小麦光照阶段发育的特点是要求长日照。每天在16～18小时或连续光照下，光照阶段进行最快、抽穗最早；每天光照少于12小时，光照阶段进行缓慢，抽穗延迟；每天光照少于8小时，光照阶段停止进行，不能抽穗。这说明小麦在这一发育阶段对光照的要求严格。光照阶段只有在完成春化阶段以后才能进行，是从生长锥开始，至雌蕊分化期结束。

二、小麦生长发育规律

一是分蘖成穗规律。生育期长的小麦品种分蘖多，生育期短的小麦品种分蘖少。整地质量好，播种早，播种浅（2～3厘米）分蘖多。施肥量、播种量的大小，播种的深浅也影响分蘖能力和成穗率。二是幼穗发育规律。伸长期，即三叶期至分蘖前，是决定小麦幼穗大小的关键期，栽培上应及时灌水追肥，促苗壮，主攻分蘖和幼穗。棱形成期，即进入分蘖盛期，该期决定小麦穗数目的多少，应根据苗情施肥，灌二水，主攻小穗数目。花器形成期，即进入拔节期，是小麦高产最重要的时期，若水肥不足，则不孕小花增加，粒数减少；而水肥过多，则导致基部 1～2 节间拉长，失韧、脆弱易倒伏，此期应主攻壮秆增粒。花粉粒形成期，即孕穗期旗叶全部展开，此期决定小花数，应适当控制灌水，并喷矮壮素，控制旗叶长度；叶面喷施磷酸二氢钾，延长顶叶的功能期，以达到增花、增粒、增重的目的。根据小麦生长规律做好小麦的水肥管理，实现返青期促根系增分蘖，起身期壮分蘖保穗数，拔节期稳穗数攻粒数，为小麦高产奠定良好基础。

三、冬小麦需水特性

研究表明，每生产 1 千克小麦籽粒需水 970～2 000 千克。小麦在不同时期需水量是不同的，如以小麦全生育期的需水量为 100，在小麦的生育初期，即出苗到拔节前的需水量约占 25.8%；拔节到抽穗开花需水量最多，约占 43.4%；抽穗开花至成熟，约占 30.8%。春小麦全生育期需水量，一般每亩为 200～360 吨；单株一生约需水 0.5～1 千克。这种需水规律和生长发育特点密切有关。

一般，播种后至拔节前，因植株小，温度低，地面蒸发量小，耗水量占全生育期耗水量的 35%～40%，日平均耗水量为 6.0 米^3/公顷左右。小麦出苗到拔节，虽因植株生长量小需水量不大，但并不意味着小麦此期对水分要求不迫切。相反，在小麦进入分蘖期后，营养生长和生殖生长交织进行，幼穗原始体开始形成与分化。此期缺水就会影响幼穗分化，长成小穗，造成小麦严重减产。因此，通常把小麦分蘖至拔节期称作小麦需水临界期，此期供水充足与否是影响小麦的关键时期。拔节到抽穗期 25～30 天，正是小麦茎叶生长和穗分化发育最旺盛时期，鲜重日增量最大，单株日耗水量达 14～15 克，亩耗水量 4～5 吨，耗水量急剧上升，需要大量水分供应。在此时期内耗水量占小麦总耗水量的 20%～25%。拔节到抽穗开花，这时也是有效分蘖的决定过程，干旱缺水将使大量分蘖死亡成为无效，减少收获穗数，因此该期也是小麦需水的临界期，如果缺水会严重减产。抽穗到成熟期 35～40 天，耗水量占总耗水量26%～42%，日均耗水量比前一段略有增加。抽穗开花之后，进入籽粒成熟和灌浆成熟阶段，2/3～3/4的籽粒干物质由此期功能叶片光合作用提供，旺盛的光合作用和籽粒形成及灌浆过程需要大量的水分。尤其是在抽穗前后，茎叶生长迅速，绿色面积达一生最大值，日均耗水量约60米^3/公顷。水分不足，会导致灌浆过程受阻而降低粒重。

由此可见，小麦除播种时要求足墒下种外，在苗期和拔节前期耗水量较少，拔节后至抽穗前耗水量最多，其中挑旗期对水分反应最敏感，称为需水临界期；其次为开花至灌浆，有人称之为第二临界期；成熟阶段的耗水量又有所降低。因此，尽量大地满足小麦需水临界期的水分供应，对夺取小麦丰收是十分重要的。此外，尽管小麦拔节以前耗水量较少，但此期的水分供应对实现苗全、苗匀、苗壮和盘根、分蘖，搭好丰产架子至关重要。农谚“麦收八、十、三（农历月）场雨”，就是广大农民群众在长期生产实践中对小麦生产经验的客观总结。

不同生育时期小麦适宜的土壤含水量：

①出苗至分蘖期，土壤含水量为80%左右。

②越冬期，土壤含水量为55%～80%。

③返青至拔节期，土壤含水量为70%～80%。

④孕穗到开花期，土壤含水量为80%左右。

⑤灌浆期，土壤含水量为60%以上。

四、冬小麦的养分需求特点

冬小麦是秋季播种，越冬时间长，全生育期长，是需肥较多的作物。不同生长发育阶段吸收氮、磷、钾养分的特点不同。一般出苗后到返青期前，吸收的养分和积累的干物质较少；返青以后吸收速度增加，从拔节至抽穗是吸收养分和积累干物质最快的时期；开花以后，对养分的吸收率逐渐下降。冬小麦对氮的吸收有两个高峰：一是从分蘖到越冬，一是从拔节到孕穗，后面的高峰远远大于前面的高峰。研究表明，在营养生长阶段吸收的氮占全生育期总量的40%，磷占20%，钾占20%；从拔节到扬花是小麦吸收养分的高峰期，约吸收氮48%，磷67%，钾65%。籽粒形成以后，吸收养分明显下降。冬小麦的吸肥规律是，冬前分蘖期吸收养分较多，越冬时吸收养分较少，返青后则需吸收大量的养分。拔节到开花期是冬小麦吸收养分的高峰期，占全生育期总吸收量31.2%的氮、64%的磷和60%的钾是在这一阶段吸收的。开花以后直至成熟，冬小麦还需要吸收28%的氮和少量的磷，基本上不再吸收钾了。

小麦吸收的氮、磷、钾养分数量和在植株内的分配，受品种、气候、土壤、耕作等条件影响。小麦植株中的养分，其中氮、磷主要集中于籽实，分别约占总量的76%和82%；钾主要集中于茎叶，约占总量的78%。一般每形成100千克小麦籽粒，需从土壤中吸收氮素2.5～3千克、磷素（P_2O_5）1～1.7千克、钾素（K_2O）1.5～3.3千克，氮、磷、钾比例为1∶0.44∶0.93。由于各地气候、土壤、栽培措施、品种特性等条件不同，小麦产量也不同，因而对氮、磷、钾的吸收总量和每形成100千克籽粒所需养分的数量、比例也不相同。

冬小麦全生育期分为营养生长阶段和生殖生长阶段，不同阶段其营养特性不同，对施肥的要求也就不同。营养生长阶段包括出苗、分蘖、越冬、返青、起身、拔节；生殖生长阶段包括孕穗、抽穗、开花、灌浆、成熟。小麦从出苗到拔节，施肥主攻目标是加强根系生长、分蘖和有机质合成；从拔节到抽穗，施肥是为了促进茎叶生长、有效分蘖和穗大；从抽穗到成熟期，则以增加粒数、粒重和蛋白质含量为主。冬小麦返青以后吸收养分速度增加，从拔节至抽穗是吸收和积累干物质最快的时期；氮素吸收的最高峰是从拔节到孕穗，开花以后，对养分的吸收率逐渐下降。冬小麦是越冬作物，苗期又是磷素营养的临界期，基肥施足磷肥尤其重要。因为苗期根系弱，遇到干旱和严寒，土壤供磷和作物吸收能力大幅下降，影响麦苗返青和分蘖，再追施磷肥也很难补救。

在小麦苗期，初生根细小，吸收养分能力较弱，应有适量的氮素营养和一定的磷、钾肥，促使麦苗早分蘖、早发根，形成壮苗。小麦拔节至孕穗、抽穗期，植株从营养生长过渡到营养生长和生殖生长并进阶段，是小麦吸收养分最多的时期，也是决定麦穗大小和穗粒数多少的关键时期。因此，适期施拔节肥，对增加穗粒数和提高产量有明显的作用。小麦在抽穗至乳熟期，仍应保持良好的氮、磷、钾营养，以延长上部叶片的功能期，提高光合效率，促进光合产物的转化运转，有利于小麦籽粒灌浆、饱满和增重。小麦后期缺肥，可结合病虫害防治喷施叶面肥或植物生长调节剂。

五、冬小麦节水灌溉技术

冬小麦的生长期正是少雨季节，灌溉是冬小麦获得高产的重要保证。在水量有限、供水不足的条件下，冬小麦全生育期的总需水量及各生育阶段的需水量不可能得到全部满足，不能按照供水不受限制的丰产灌溉制度进行灌溉。应按照节水高效的灌溉制度进行灌溉，把有限的水量在冬小麦生育期内进行最优分配，确保冬小麦水分敏感期的用水，减少对水分非敏感期的供水。河北地区冬小麦的灌溉基本上是补充性灌溉，在水资源比较短缺的地区，冬小麦节水高效灌溉制度是根据可供水量来安排灌水次数和灌水定额，由于有降雨的干扰，灌水效果有时会受到一定影响。为此，在应用冬小麦节水高效灌溉制度时，应根据天气、土壤墒情与苗情进行适当调整，以达到节水高效的目的。

传统冬小麦节水高效灌溉的原则是：冬前早浇封冻水，春季对于一类麦田应以控为主，推迟春一水的浇水时间到小麦拔节中期，二类麦田起身后浇春一水，三类麦田底墒好的可在起身前期浇水。小麦灌浆后期不浇水，风前雨后不浇水。由于不同类型地区其气候环境有较大差异，因此采取的冬小麦节水高效灌溉的技术有所不同。

（一）太行山山前平原区冬小麦的节水灌溉技术

采取“前足、中控、后保”的灌溉原则。前足即底墒足，中控即越冬至起身期控制灌水，推迟春一水时间，减少春季浇水次数，小麦生长后期保证水分供给。主要技术要点为：一是浇足底墒水，施足底肥，深耕精细整地。前茬收获后土壤水分若低于田间持水量80%(壤土含水量17%～18%、砂土16%、黏土20%）情况下，要浇足底墒水，并施足底肥，精耕细耙。二是拔节前控水保墒，浇好拔节水和抽穗灌浆水。冬季以镇压保墒为主，返青至拔节前以锄划保墒为主，第一肥水推迟到拔节期（4月上中旬），抽穗开花灌浆期根据苗情和降水量浇水，春季浇水次数由过去的3～4水，降到2～3水。

（二）黑龙港麦区冬小麦的节水灌溉技术

采取合理配肥、全部基施，适当晚播、增加播量，构建大群体、小个体、以群体创高产的简化栽培模式。这种灌溉模式可节肥10%～15%，在足墒播种的前提下，全生育期浇三水，和对照田相比少浇1～2水，亩节水30～60米^3。

（三）燕山山前平原区冬小麦的节水灌溉技术

实行节水高产灌溉制度。如小麦减次灌溉技术，即是在小麦播种后至第二年的起身期以前不浇水，春一水推迟到起身到挑旗前，在这段时间内，地力较差，群体较小或分蘖两极分化快、植株紧凑的品种宜早浇；地力较好，群体较大或分蘖两极分化慢，中上部茎生叶片较大的品种宜晚浇。春二水在小麦抽穗至扬花前后。在小麦生育后期如遇特殊干旱年份，保水能力一般的麦田或需套种下茬作物的麦田，可浇灌浆水（表3-1）。

表3-1 河北省冬小麦分区节水灌溉制度

分区	水文年份	生育期（米^3/亩）				灌溉定额（米^3/亩）
		播前、冬灌	拔节	抽穗	灌浆	
太行山山前平原区	湿润年	20	30	20		70
	一般年	30	30	30		90
	干旱年	30	30	30	30	120
燕山山前平原区	湿润年	20	40	20		80
	一般年	30	40	30		100
	干旱年	30	40	30	30	130

（续）

分　区	水文年份	生育期（米³/亩）				灌溉定额（米³/亩）
		播前、冬灌	拔节	抽穗	灌浆	
低平原区	湿润年	25	40	20		85
	一般年	30	40	30	20	120
	干旱年	40	40	30	30	140

六、冬小麦养分管理技术

冬小麦养分管理主要包括施肥类型、施肥量、施肥时期、肥料分配、施肥方式等方面。施肥类型主要是根据土壤养分供应的丰缺来确定，对冬小麦种植来说，主要包括有机肥、氮磷钾大量元素肥料和锌、锰等微量元素肥料。施肥类型、施肥量属于施肥数量管理范畴，施肥时期、肥料分配、施肥方式属于施肥时空管理范畴。

（一）冬小麦施肥的数量管理

氮在土壤中是较活跃的元素，易于发生硝化和反硝化等反应，硝态氮也不易被土壤吸附，易于流失。利用土壤测试数据推荐氮肥施用往往效果不佳。而生产中根据产量水平和土壤测试数据以及氮肥施用经验确定的施用量对生产有很好的指导意义。因此，根据氮素养分资源特征，冬小麦氮素管理采用总量控制分期调控的施肥原则。磷钾养分大多累积在根层土壤，能被根系活化利用。只要将根层磷钾维持在一个适宜水平上，作物就可发挥其生物学潜力，高效利用养分。磷钾养分施用量采用恒量监控法确定（图 3-1）。每 3～5 年测定土壤速效磷、钾含量，当土壤有效磷、钾含量处于低水平或缺乏水平时，磷、钾肥的用量一般为需求量的 1.2～1.5 倍；当土壤有效养分处于中等水平时，肥料用量即为计算的需求量；当土壤有效养分处于高水平或过量积累时，应少施（计算的养分需求量）或不施。需求量计算如下：

需求量＝某一目标产量的磷（钾）素需要量－土壤磷（钾）素的供应

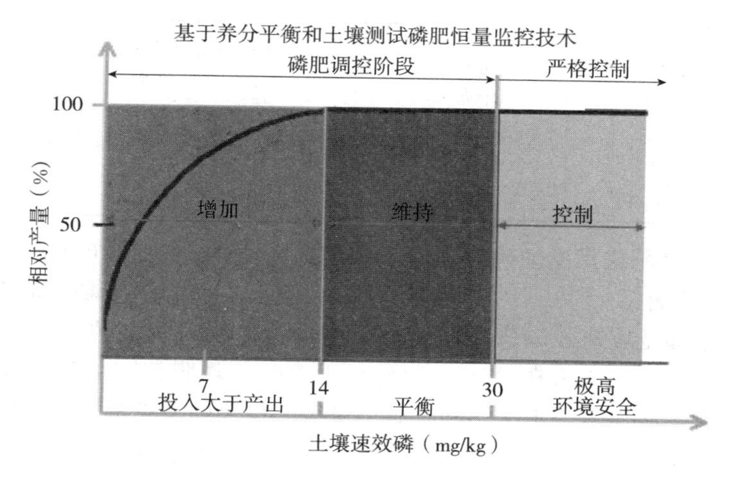

图 3-1 基于养分平衡和土壤测试磷肥恒量监控技术示意图

1. 氮肥施用量的确定 首先根据目标产量确定氮素需求总量，在定量化土壤和环境有效氮素供应的基础上，以施肥（化肥和有机肥）为主要的调控手段，通过施肥数量、时期、方法和肥料形态等措施的优化，实现作物氮素养分需求与来自土壤、环境和肥料的氮素资源供应的同步。

在仅测试土壤碱解氮情况下，可以根据目标产量和土壤碱解氮含量确定氮肥施用总量，根据作物不同生育阶段氮素需求量确定合理的施氮时间和阶段氮肥用量。冬小麦分阶段的氮素施用，可以参考表 3-2 确定氮肥分阶段管理技术指标，并在以后的试验研究中加以检验。

表 3-2 不同产量水平冬小麦阶段氮肥供应指标

产量水平（千克/亩）	氮素吸收量（千克/亩）	阶段氮肥用量（千克/亩）	
		播前	拔节期
200～300	4.5～9	3～5	3～5
300～400	9～13	5～6	5～6

（续）

产量水平（千克/亩）	氮素吸收量（千克/亩）	阶段氮肥用量（千克/亩）	
		播前	拔节期
400～500	12～16	5～7	6～9
500～600	15～18	6～8	7～9

2. 磷肥施用量的确定 对于磷肥，当土壤速效磷（Olsen-P）低于 22 毫克/千克（P），磷肥管理的目标是通过增施磷肥提高作物产量和土壤速效磷含量，故磷肥用量为作物需求量的 1.2～1.5 倍；当土壤速效磷在 22～40 毫克/千克时，磷肥管理的目标是维持现有土壤速效磷水平，故磷肥用量等于作物的需求量；当土壤速效磷大于 40 毫克/千克时，施用磷肥的增产潜力不大，个别高产或超高产地区可以适量补充磷，一般地区则无需施磷肥。据此测算的不同土壤有效磷含量、不同目标产量下的冬小麦磷肥用量见表 3-3。

表 3-3 基于土壤速效磷测试和磷素平衡的冬小麦磷素施用指标

目标产量（千克/亩）	土壤速效磷含量分级（毫克/千克）			
	<7	7～22	22～40	>40
	磷肥（P_2O_5）用量（千克/亩）			
200～300	5～9	4～7	3～5	0
300～400	6～10	5～9	3～5	0
400～500	8～11	6～9	4～5	0
500～600	9～12	7～9	5～6	3～4

3. 钾肥施用量 对于钾素，管理策略与磷相似，但冬小麦吸收钾素的 80%贮存在秸秆中，故在钾肥管理中应首先强调秸秆还田。当土壤交换性钾低于 80 毫克/千克（K）时，钾肥管理的目标是通过增施钾肥提高作物产量和土壤速效钾含量，故钾肥用量为作物需求量的 1.2～1.5 倍；当土壤交换性钾低于 80～120 毫克/千克时，钾肥管理的目标是维持现有土壤速效钾水平，故钾肥用量等于

作物的需求量；当土壤交换性钾大于120毫克/千克时，施用钾肥的增产潜力不大，个别高产或超高产地区可以适量补充钾，一般地区则无需施钾肥。据此测算的不同土壤有效钾含量、不同目标产量下的冬小麦钾肥用量见表3-4。

表3-4　基于土壤速效钾测试和钾素平衡的冬小麦钾素施用指标

目标产量（千克/亩）	土壤速效钾含量分级（毫克/千克）		
	＜80	80～120	＞120
	钾肥（K_2O）用量（千克/亩）		
200～300	2	0	0
300～400	3	2	0
400～500	4	3	0
500～600	5～6	3～4	2～4

注：该用量是在秸秆还田的基础上的推荐用量。

4. 微量元素肥料用量的确定　微量元素肥施用的调控。全省很多地区麦田土壤存在微量元素缺乏问题，微量元素施肥原则与大量元素不同，一般采用因缺补缺的微量元素施用技术，在确定了土壤丰缺临界值的基础上，一般微肥用量相对固定。可参考表3-5进行微量元素肥料的施用。

表3-5　土壤微量元素的丰缺指标和建议用量

元素	测试方法	丰缺临界值（毫克/千克）	建议用量（克/亩）	肥料类型
锰（Mn）	1摩尔/升 HOAc+NH_4OAc pH7.7	5.0	200～400	$MnSO_4 \cdot H_2O$
锌（Zn）	DTPA+CaCl +TEA pH7.3	0.5	1 000～2 000	$ZnSO_4 \cdot 7H_2O$

（二）冬小麦施肥的时空管理

施肥时一是要重视有机肥料的施用，缺少农家肥的地方，秸秆还田也可以，因为它是建设高产稳产农田的物质基础。二是要实行平衡施肥，尤其是高产田更应如此。偏施氮肥，实质上加剧了养分供应的不平衡性。施用化肥应坚持平衡施肥的原则，把肥料用在刀刃上。三是不要过量施氮，因为它是小麦倒伏减产的根由。建议一般麦田施氮（N）总量控制在 8～12 千克/亩为宜。四是不要图省事片面强调采用“一次施”或“一炮轰”的施肥方法。有灌溉条件的地区，还是分期施肥效果好。一定要看苗施肥，把全田群体结构与个体生长统一起来，防止过量施氮，减少小麦倒伏的风险。

在施肥方式上，一般播前将有机肥、大部分磷钾肥和部分氮肥撒施后深翻入土，在来年春季结合灌水进行追肥，追肥以氮肥为主。在施肥数量分配上，一般氮肥的 30%～50%播前施用，50%～70%春季追施。如是砂壤土，氮肥的 1/3 播前施用，1/3 在返青期追施、1/3 在挑旗期追施。大部分磷钾肥在播前施用。采用微喷管道水肥一体化技术的，可以根据灌水增加氮钾肥施用次数，施肥时期为生长关键期前。

1. 基肥 施足基肥是冬小麦的施肥技术要点之一，一般在前茬作物收获后结合土地耕翻施基肥，目的是要把肥料施得深些，以满足作物中后期对养分的需要。施足基肥对培育壮苗、促进有效分蘖和籽粒发育有重要作用。小麦的基肥应以优质有机肥为主，配合施用化肥。但实际生产中由于秸秆还田，一般不施用有机肥，仅施用化肥。

一般在土壤肥力高的地块，可用 30%～40%的氮肥做基肥。每亩施尿素 5～10 千克。如果土壤肥力很高，农家肥料用量很大，基肥可不施氮肥。肥力中等的地块，可以将 40%～50%的氮肥用作基肥，每亩施尿素 7.5～15 千克。肥力低的地块，则将 50%～60%的氮肥用作基肥，每亩施尿素 10～17 千克。一般在土壤速效磷低于 20 毫克/千克的麦田，应增施磷肥。每亩施过磷酸钙或钙镁磷肥 30～50 千克。最好将磷肥与农家肥混合或堆沤后使用，这样可以减少磷肥与土壤接触，防止水溶性磷的固定，利用小麦的吸收。土壤速效钾低于 70 毫克/千克时，应增施钾肥，每亩施氯化钾 5～10 千克。在土壤有效锌低于 0.5 毫克/千克时，可隔年施用锌肥，每亩施硫酸锌 1～2 千克。

2. 种肥 施用基肥后可以不施用种肥。没有施用基肥的或基肥中没有包括化肥情况下，要施用种肥，以保证小麦出苗后能及时吸收到养分，对增加小麦冬前分蘖和次生根的生长均有良好作用。小麦种肥在基肥用量不足或贫瘠土壤和晚播麦田上应用，其增产效果更为显著。种肥可用尿素每亩 2～3 千克，或硫酸铵每亩 5 千克左右和过磷酸钙 5～10 千克。种子和化肥最好分别播施。碳酸氢铵不宜作种肥。

3. 追肥　根据小麦各生长发育阶段对养分的需要，分期进行追肥。

苗期追肥。苗期追肥简称苗肥，一般是在出苗的分蘖初期，每亩追施碳酸氢铵 5～10 千克或尿素 3～5 千克或少量的人粪尿。其作用是促进苗匀苗壮，增加冬前分蘖，特别是对于基本苗不足或晚播麦。丘陵旱薄地和养分分解慢的泥田、湿田等低产土壤，早施苗肥效果好。但是对于基肥和种肥比较充足的麦田，苗期也可以不必追肥。

越冬期追肥。也叫腊肥，南方和长江流域都有重施腊肥习惯。腊肥是以施用半速效性和迟效性农家肥为主，对于三类苗应以施用速效性肥料为主，以促进长根分蘖，长成壮苗，促使三类苗迅速转化、升级。对于北方冬麦区，播种较晚、个体长势差、分蘖少的三类苗，分蘖初期没有追肥的，一般都要采取春肥冬施的措施，结合浇冻水追肥，可在小雪前后施氮肥，每亩施碳酸氢铵 5～10 千克或尿素 3～5 千克，对于施过苗肥的可以不施腊肥。

返青期追肥。对于肥力较差，基肥不足，播种迟，冬前分蘖少，生长较弱的麦田，应早追或重追返青肥。每亩施碳酸氢铵15～20 千克或尿素 3～5 千克，应深施 6 厘米以上为宜。对于基肥充足、冬前蘖壮蘖足的麦田一般不宜追返青肥。

拔节期追肥。拔节肥是在冬小麦分蘖高峰后施用，促进大蘖成穗，提高成穗率，促进小花分化，争取穗大粒多。通常将拔节期麦苗生长情况分为 3 种类型，并采用相应的追肥和管理措施。过旺苗：叶形如猪耳朵，叶色黑绿，叶片肥宽柔软，向下披垂，分蘖很多，有郁蔽现象。对这类苗不宜追施氮肥，且应控制浇水。壮苗：叶形如驴耳朵，叶较长而色青绿，叶尖微斜，分蘖适中。对这类麦苗可施少量氮肥，每亩施碳酸氢铵 10～15 千克或尿素 3～5 千克，配合施用磷钾肥，每亩施过磷酸钙5～10 千克，氯化钾 3～5 千克，并配合浇水。弱苗：叶形如马耳朵，叶色黄绿，叶片狭小直立，分蘖很少，表现缺肥。对这类麦苗应多施速效性氮肥，每亩施碳酸氢铵 20～30 千克或尿素 10～15 千克。

孕穗期追肥。孕穗期主要是施氮肥，用量少。一般每亩施 5～10 千克硫酸酸铵或 3～5 千克尿素。

后期施肥。小麦抽穗以后仍需要一定的氮、磷、钾等元素。这时小麦根系老化，吸收能力减弱。因此，一般采用根外追肥的办法。抽穗到乳熟期如叶色发黄、有脱肥早衰现象的麦田，可以喷施 1%～2%浓度的尿素，每亩喷溶液 50 升左右。对叶色浓绿、有贪青晚熟趋势的麦田，每亩可喷施 0.2%浓度的磷酸二氢钾溶液 50 升。近几年来，在生产实践中，不少地方在小麦生长后期喷施黄腐酸、核甘酸、氨基酸等生长调节剂和微量元素，对于提高小麦产量起到一定作用。

（三）华北平原冬小麦科学施肥方案

1. 施肥存在的问题及施肥原则 针对华北平原冬小麦氮肥过量施用比较普遍，氮、磷、钾养分比例不平衡，基肥用量偏高，一次性施肥面积较大，后期氮肥供应不足，硫、锌、硼等中微量元素缺乏现象时有发生，土壤耕层浅、保水保肥能力差等问题，提出以下施肥原则：

（1）依据测土配方施肥结果，适当调减氮磷肥用量。

（2）氮肥要分次施用，适当增加生育中后期的施用比例。

（3）依据土壤肥力条件，高效施用磷钾肥。

（4）增施有机肥，提倡有机无机配合，加大秸秆还田力度，提高土壤保水保肥能力。

（5）重视硫、锌、硼、锰等中微量元素的施用。

（6）肥料施用与高产优质栽培技术相结合。

2. 推荐肥料配方与施肥建议

（1）推荐配方：15-20-12（N-P_2O_5-K_2O）或相近配方。

（2）施肥建议：①产量水平 400～500 千克/亩，配方肥推荐用量 24～30 千克/亩，起身期到拔节期结合灌水追施尿素 13～16 千克/亩；②产量水平 500～600 千克/亩，配方肥推荐用量 30～36 千克/亩，起身期到拔节期结合灌水追施尿素 16～20 千克/亩；③产量水平 600 千克/亩以上，配方肥推荐用量 36～42 千克/亩，起身期到拔节期结合灌水追施尿素 20～23 千克/亩；④产量水平 400 千克/亩以下，配方肥推荐用量 18～24 千克/亩，起身期到拔节期结合灌水追施尿素 10～13 千克/亩。

在缺锌或缺锰地区可以基施硫酸锌或硫酸锰 1～2 千克/亩，缺硼地区可酌情基施硼砂 0.5～1 千克/亩。提倡结合“一喷三防”，在小麦灌浆期喷施微量元素叶面肥或用磷酸二氢钾 150～200 克加 0.5～1 千克的尿素兑水 50 千克进行叶面喷洒。

若基肥施用了有机肥，可酌情减少化肥用量。

七、冬小麦喷灌水肥一体化综合管理技术

（一）建设要求

1. 水源要求　主要水源水质应符合《农田灌溉水质标准》（GB5084—92）和《喷灌工程技术规程》（GB/T 50085—2007）的规定，机井出水设施能够满足水肥一体化工程建设需要，水泵出水口出水量≥30 $米^3$。

2. 对轮灌周期的要求　以不影响灌溉区内小麦玉米生长期对水肥的需求为原则，确定灌溉区内灌溉一个轮次所需时间。根据小麦玉米生长需水特点，确定轮灌周期不超过 7 天。

3. 灌溉控制面积　根据单井出水量和轮灌周期要求，每套设施控制面积 50～80 亩为宜，卷盘式模式可适当增加控制面积到 100 亩左右。

4. 机井首部系统建设要求　为整个灌溉系统提供加压、施肥、过滤、量测、安全保护等作用，应配备井房、离心式过滤器、加压

泵、逆止阀、球阀、进排气阀、压力表、电磁或涡节流量计及智能化控制设备等。要求井房建筑面积7～10米^2。

5. 加肥系统建设要求 配套5米^{3}以上的施肥池（或施肥罐），满足一天用肥数量。加肥设施要求采用定时定量的隔膜式柱塞泵，同时配套污水搅拌泵。采用微喷模式和立杆式时要求实现加肥自动化。

6. 地下输水管道建设要求 采用微喷灌溉模式要求地下输水管道选用直径110毫米、工作压力0.4兆帕的PVC管。采用立杆灌溉模式要求地下输水主管道选用直径110毫米、工作压力0.63兆帕的PVC管，田间地下输水支管选用直径75毫米或63毫米工作压力0.63兆帕的PVC管。卷盘式喷灌机所需输水管道选用直径110毫米承压不低于0.8兆帕的PVC管。

7. 田间建设要求 采用微喷灌模式，田间支管采用配套90毫米PE软管，给水桩之间距离不大于24米，为了便于支管的收放，每6米支管加一个快速拆装式接头。田间微喷带选用带快速接头、直径40毫米、壁厚0.2～0.4毫米、孔径0.7毫米、斜五孔，工作压力0.05～0.1兆帕的微喷带，采用90毫米大阀门控制微喷灌。每套微喷灌系统都要配备铺带、收带机械、撑管钳、拆管叉、铺管支架等。采用固定式喷灌模式。要求采用多功能、一体化、伸缩式或快速拆装式、可升降式喷杆。

8. 材质要求 凡有国家标准的，国家标准为最低要求；没有国家标准的，执行行业标准、地方标准或企业标准。没有标准的配件，要在合同中约定基本要求。本意见以上述标准为基本参考，要注意采用最新版本。

（二）配套使用技术要点

1. 玉米秸秆直接粉碎还田，精细整地足墒播种 底肥按照测土配方施肥要求施用氮、磷、钾等肥，氮肥需视基础地力减量施用，一般氮肥底肥施用量占全生育期施氮总量的30%～50%。磷肥全部底施，钾肥大部分底施。提倡种肥同播。

2. 精选耐旱品种 主要选择早熟高产、抗寒、抗倒、耐旱小麦新品种。实行种衣剂包衣或药剂拌种，进行杀菌杀虫处理后待用。采取 15 厘米等行距播种，使田间麦苗分布均匀。播种深浅要适宜。播后 1～3 天适时镇压。

3. 水肥管理。一般小麦起身—拔节期（3 月下旬至 4 月上旬）：浇水 20～30 米^3/亩，尿素 9～12 千克，氯化钾 1 千克。孕穗—扬花期（4 月下旬至 5 月上旬）：浇水 20 米^3/亩，尿素 4.5～6 千克/亩，氯化钾 1 千克。扬花期—灌浆期（5 月中旬）：浇水 20 米^3/亩，施尿素 1.5～2 千克，氯化钾 1 千克。灌浆中后期：浇水 15～20 米^3/亩。灌水定额根据土壤质地、降雨和土壤墒情进行调整，施肥量根据土壤养分状况合理确定。

4. 设施拆装　采用微喷带水肥一体化技术模式的麦田，小麦收获前先将地上支管全部收起，以便小麦机械收获。将田间地头两端微喷管带盘卷 5～6 米，埋入地下，防止机械碾压。收割机收小麦时骑着微喷带收获，玉米播种时在两条微喷带之间作业。采用固定喷灌水肥一体化技术模式的麦田，影响农机作业时要提前拆装立杆喷头。

第二节　玉米水肥一体化集成技术

一、玉米生育时期及栽培技术

玉米从播种到新生籽粒成熟，要经历发芽、出苗、拔节、抽穗开花、成熟等一系列阶段性变化，这一整个过程就构成了玉米的一生，所经历的天数称为生育期。玉米一生有 5 个时期与产量密切相关。

（一）发芽出苗期（从种子萌动至第一片叶出土）

1. 主要生育特点　种子播下之后，当温度、水分、空气得到满足时，开始萌动。胚根突破胚根鞘露白，先出胚根，后出胚芽。胚芽的最外层是一个膜状的锥形套管，叫胚芽鞘，它能保护幼苗出土时不受土粒摩擦损伤，出苗时像锥子一样尖端向上，再靠胚轴的向上伸长力，使得胚芽顺利地升高到地面，这是玉米比其他作物更耐深播和较易出土的原因。胚芽鞘露出地面见光后便停止生长，随之第一片叶破鞘而出，当第一片叶伸出地面 2 厘米时即为出苗。

2. 对环境条件的要求 影响种子发芽出土的主要因素是温度和水分。

温度：幼苗发芽的最低温度为 6～7℃，在这个温度下发芽缓慢，种子在土中时间长，易受病菌侵害而感病烂种，出现病株与缺苗。发芽最适温度为 10～12℃，最快温度为 25～30℃，最高温度为 44～50℃。在适宜温度范围内，随温度升高发芽出苗速度加快，但在高温下发芽容易受阻。

水分：水分对发芽十分重要，幼苗种子吸收水分达到自身重量的 45%～50%时才能发芽。发芽出苗期要求土壤适宜含水量应占田间最大持水量的 65%～70%。温度与水分适宜时，播种至出苗需 18～20 天。当遇到低温、干旱或播种过深，播种到出苗最长时间可达 25～30 天。

3. 栽培技术要点 发芽出苗期是玉米一生的始期，此期生育好坏对后期生育及产量有直接影响。因此要保证播种质量，让种子从落地时开始就有一个良好的土壤环境，为培育齐苗、全苗、壮苗打下基础。

一是精细整地。精细整地是保证播种质量的重要措施，春玉米最理想的是秋整地。秋整地的好处是土壤经过秋冬冻融交替，结构得到改善，便于接纳秋冬雨水，有利于保墒。春整地容易失墒，土块不易破碎，影响播种质量。

二是适时早播。适时早播是保证出苗质量的重要环节之一，它能相对地延长玉米的生育期，使子粒灌浆期处于相对较高的温度条件下，能避免和减轻生育后期低温和早霜的危害，为生育期较长的品种安全成熟争取时间。在春季易旱区有利于抢墒，充分利用土壤中的水分，并使幼苗生长处于相对较低的温度条件下，根系发育良好，幼苗健壮，有利于蹲苗，增强抗逆性和抗倒伏能力。但是，如果播种过早，地温低，种子在土中时间长，易受土壤有害菌浸染，造成弱苗，甚至烂种，感染丝黑穗病等。播种期的确定，主要取决于种植区域的温度、水分条件。温度条件，可在5～10厘米耕层地温稳定通过6～7℃时开始播种，稳定通过7～8℃时作为适宜播种期。

三是播种深度适宜。适宜的播种深度，是保证苗全、苗齐、苗壮的重要技术环节。确定播种深度要因土壤质地、土壤水分以及品种特性而异。当土质黏重、水分充足、种子拱土能力较弱时，应适当浅些，但不能浅于2.5厘米；如果土质疏松、水分较少、种子拱土能力强时，可适当深些，最深不宜超过4厘米。播种过浅，不利于次生根生长；播种过深，出苗晚，苗小，苗弱。

四是播后镇压。播后镇压具有保墒、提墒、接墒，促进种子早发芽、次生根早发的作用。在土壤水分少时，播后镇压是保证苗全、苗齐的重要措施。镇压强度和时间应依土壤质地和墒情而异，即墒情较差的壤土、沙壤土以及一般类型的土壤，最好是随播随镇压；土壤水分适宜的轻质壤土，可在播后0.5～1天内进行镇压；土质黏重或含水量较大的土壤，应在播后地表稍干时进行轻镇压。播种在玉米生产中非常重要，如果因播种质量不好，一旦出现了缺苗、断垄及三类苗，即使再进行精细的田间管理也难以弥补由苗种质量不好带来的影响。由此，对玉米来说“七分种，三分管”，强调“种”是有道理的。

（二）苗期（从第二片叶出现至拔节）

1. 苗期生育特点　这一生育阶段主要是分化根、茎、叶等营养器官，次生根大量形成。从生长性质来说是营养生长阶段，从器官建成主次来说，以根系建成为主。第二片叶展开时，在地面下的第一个地下茎节处开始出现第一层次生根，以后大约每展开两片叶就产生1层新的次生根，到拔节前大约共形成4层。它们主要分布在土壤近表面，同初生根一起从土壤中吸收养分和水分，供植株地上部分生长发育需要。在发根的同时，新叶也不断出现，除了在种胚内早已形成的5～7片叶之外，其余的叶片及茎节都是在拔节以前由幼芽内的生长点分化而成。通常所说的拔节，从生理上来说是以雄穗生长锥开始伸长为标志。出苗到拔节需要经历的时间因品种特性及所处环境条件而异。一般生育期短的品种，环境条件优越，所需时间短；反之，生育期长的品种，环境条件较差，出苗到拔节时间就长。

2. 苗期对环境条件的要求

①温度：温度是影响幼苗生长的重要因素，在一定温度范围内，温度越高，生长越快。当地温在 20～24℃时，根系生长旺盛；4～5℃时，根系生长完全停止。玉米在苗期具有一定的抗低温能力，在出苗后 20 天内，茎生长点一直处在地表以下，此期短时间遇到－3～－2℃的霜冻也无损于地表以下的生长点。当－4℃低温持续 1h 以上时，幼苗才能受到冻害，甚至死亡。苗期受到一般的霜冻，只要加强田间管理，幼苗在短期内能恢复正常生长，对产量不至于造成明显的影响。苗期一般的低温虽不直接致植株死亡，但削弱对磷的吸收能力，叶片出现暗绿或紫红色。

②水分：玉米苗期由于植株较小，叶面积不大，蒸腾量低，需水量较小，又因为种子根扎得较深，所以耐旱能力较强，但抗涝能力较弱，水分过多也影响玉米生长发育。此期玉米所需水分占玉米一生所需水分总量的 21％～23％。土壤适宜含水量应保持在田间最大持水量的 65％～70％。

③养分：玉米幼苗在 3 片叶以前，所需养分由种子自身供给，从第四片叶开始，植株开始从土壤中吸收养分。这个时期根系和叶面积都不发达，生长缓慢，吸收养分较少。据研究，苗期吸收的氮量占全生育期总量的 6.5％～7.2％。氮不足，苗弱且黄，根系少，生长缓慢。反之，氮过多，地上部分生长过旺，根系反而发育不良。对磷的需要量此期占生育期总量的 2％～3％。缺磷时根系发育不良，苗呈紫红色，生长发育延迟。4 片叶以后对磷反应更敏感，需要量虽然不大，但不可缺少，原因在于磷有利于根系生长发育，并能促进对氮的吸收，常称此期为玉米需磷的临界期，一直到 8 叶期仍是需磷的重要时期。苗期对钾的吸收量占生育期总量的 6.5％～7.0％。充足的钾能促进氮的吸收，有利于蛋白质形成。缺

钾时植株生长缓慢，叶片呈黄色或黄绿色，叶片边缘及叶尖干枯，呈灼烧状。锌不足时，植株发育不良，节间缩短，叶脉间失绿，出现黄绿条纹，缺锌严重时叶片呈白色，通常称之为“花白苗”。玉米苗期需要有足够的养分供应，才能保证植株正常生长发育的需要。苗期所需养分一是从土壤中吸收，再是从施入的种肥中摄取。苗期根际局部施肥过多，会使土壤溶液浓度过高，导致小苗叶片灰绿“发锈”，严重时叶片卷曲，甚至死亡，出现烧苗。所以，播种时种肥施入要适量，并要与种子保持一定距离，免得出现烧种烧苗现象。

玉米苗期虽然生长发育缓慢，但处于旺盛生育的前期，其生长发育好坏不仅决定营养器官的数量，而且对后期营养生长、生殖生长、成熟期早晚以及产量高低都有直接影响。因此，对需肥水不多的苗期应供给所需养分与水分，加强苗期田间管理，培育大苗、壮苗，对获得高产是非常重要的。

（三）穗期（从拔节至雄穗抽出）

1. 穗期生长发育特点　玉米幼茎顶端的生长点（即雄穗生长锥）开始伸长分化，茎基部的地上节间开始伸长，即进入拔节期。玉米生长锥开始伸长的瞬间，植株在外部形态上没有明显的变化，通常把这一短暂的瞬间称之为生理拔节期。生理拔节期与通常所说的拔节期在含义上基本相同，只不过用生理拔节期这一概念更确切地表明雄穗生长锥分化从此时已开始。进入拔节期，早熟品种已展开5片叶，中熟品种展开6～7片叶，中晚熟品种展开8片叶左右。拔节期叶龄指数约30%左右（叶龄指数系某一生育时期展叶片数与该品种全株总叶片数的百分比），如果已知某品种总叶片数，即可用叶龄指数作为田间技术措施管理的依据。这一阶段新叶不断出现，次生根也一层层地由下向上产生，迅速占据整个耕层，到抽雄前根系能够延伸到土壤110厘米以下。原来紧缩密集在一起的节间迅速由下向上伸长，此期茎节生长速度最快。从拔节期开始，玉米植株就由单纯的营养生长阶段转入营养生长与生殖生长并进阶段。拔节到抽雄阶段是玉米一生中常重要的发育阶段，中熟品种需30～

35 天，中晚熟、晚熟品种需 35～40 天时间。这一生育阶段在营养生长方面，根、茎、叶增长量最大，株高增加 4～5 倍，75%以上的根系和 85%左右的叶面积均在此期形成。在生殖生长方面有两个重要生育时期，即小口期和大口期。小口期处在雄穗小花分化期和雌穗生长锥伸长期，叶龄指数45%～50%，此期仍以茎叶生长为中心。大口期处在雄穗四分体时期和雌穗小花分化期，是决定雌穗花数的重要时期，叶龄指数 60%～65%。大口期过后进入孕穗期，雄穗花粉充实，雌穗花丝伸长，以雌穗发育为主，叶龄指数 80%左右。到抽雄期叶龄指数接近 90%。

2. 穗期对环境条件的要求

①温度：当日平均温度达到 18℃时，拔节速度加快，在 15～27℃范围内，温度越高，拔节速度越快。当日照、养分、水分适宜时，日平均温度在 22～24℃之间，既有利于植株生长，又有利于幼穗分化。拔节到抽雄持续时间随温度升高而相应缩短，雄穗和雌穗分化速度加快。反之，若温度较低，抽雄时间后延，不仅雄穗和雌穗分化速度减缓，而且穗分化的质量也受到影响。穗分化期间温度降到 17℃时，小穗分化基本停滞；降到 10℃左右时，雄穗花药干瘪，没有花粉，有的花粉即使已经形成，也没有生命力，雌穗有的小花没有花丝，成为无效花，不能受精。

②日照：玉米是短日照作物，在短日照条件下，雄穗可提前抽出，晚熟品种对此更为敏感。但在东北产区种植的玉米由于长期栽培，对当地气象条件有一定的适应性，对短日照要求不十分严格，即无论在 8～10 小时的短日照或 15 小时以上的长日照下，都能抽雄开花，所不同的只是短日照更易使抽雄开花提前。日照长短的作用有时也受氮素影响，长日照下氮素能促进提前抽雄，在短日照下则没有这种作用，但能加速雌穗出现。用施氮调节花期可起一定作用。

③水分：玉米是需水较多的作物，拔节期由于气温较高，加之叶面积增大，蒸腾作用强盛，对水分的要求十分迫切，此期玉米需水量占一生需水总量的 23%～32%。这一时期的土壤含水量应保

持在田间最大持水量的70%左右。到抽雄前10天，开始进入一生对水分最敏感的时期，此时一株玉米一昼夜耗水量可达2～4千克。如果拔节至抽雄阶段水分不足，不仅植株营养体小，而且雄穗产生不孕花粉，雄穗不能及时抽出，也就是农民通常所说的“卡脖旱”。同时，雌穗发育受阻，小花行数及总小花数也会减少。因此，此期遇干旱时，有灌溉条件的地方一定要进行补水灌溉，使土壤含水量达到田间最大持水量的70%～80%。

④养分：从拔节期开始，玉米对营养元素的需要量逐渐增加。到抽雄期需氮占一生所需总量的60%～65%，对磷的需要量占55%～65%，对钾的需要量较多，占一生所需总量的85%左右。拔节至抽雄阶段所需的磷、钾肥通常在播种时以种肥方式施入，氮肥一小部分作种肥施入，大部分在拔节期以追肥方式施入。

3. 田间管理技术要点 当田块养分不足或在某些年份遇到干旱，都会影响正常生长发育，加剧了营养器官和生育器官之间的争水、争肥矛盾，造成植株矮小，气生根不能顺利地发育。雄穗产生花粉的数量及质量都受到影响。雌穗也发育不良，即穗小、吐丝期推迟，甚至有部分花丝不能伸出苞叶，失去授粉机会。并会使抽雄与吐丝的间隔时间拉长，直接影响授粉与受精。这种情况一旦出现，即使再灌溉、施肥，补充水分和养分，也难以弥补已经造成的损失。所以，在生产上应在这一时期到来之前，做好追肥、铲膛、灌水等田间管理，满足玉米生长发育所需，免误农时。

（四）花期（从雄穗抽出至雌穗受精完毕）

1. 花期生长发育特点 多数玉米品种雄穗抽出后2～5天就开始开花散粉，晚的可达7天，个别品种雄穗刚从叶鞘抽出就开始开花散粉。一般开花后的2～5天为盛花期，这4天开花数约占开花总数的85%，而又较明显集中在第三天、第四天，约占总开花数的50%。一般雄穗开花全程需5～8天，如果遇雨可延迟到7～11天。玉米在昼夜都能开花，一般上午7：00～11：00较盛，其中7：00～9：00开花最多，夜间少。玉米制种田亲本自交系的开花习性与品种或杂交种相同，所以，杂交制种应在每天的盛花时进行授粉。吐丝受精：多数玉米品种在雄穗开花散粉后2～4天雌穗开始吐丝。一般位于雌穗中部的花丝先伸出苞叶，然后向下、向上同时进行，果穗顶部花丝最后伸出苞叶。一个穗上的数百条花丝从开始伸出到完毕一般历时5～7天，个别小穗型品种少于5天。通常所说的吐丝期是指中部花丝伸出苞叶之日。花丝伸出苞叶之后继续伸长，一直到受精过程结束才停止生长，花丝干枯自行脱落。花丝伸出后如果没授上粉，其生命力将持续10～15天，花丝伸长最大长度可达30～40厘米。花丝自行脱落是雌花完成受精过程的外部标志，受精完成就表明一粒新的种子开始发育。从雄穗抽出到雌穗小花受精结束，一般需7～10天，晚熟的多花型品种所需时间长些。

2. 花期对环境条件的要求

①温度：玉米在抽穗开花期适宜的日平均温度为25～26℃，生物学下限温度为18℃。生产实践表明，此期略低于最适温度并不影响正常开花受精。但如果温度高于32～35℃，再伴随干旱，花粉就会失去发芽能力，花丝也易枯萎，影响授粉受精，未受精花数将明显增加。

②水分：此期玉米对水分反应敏感，对水分要求达到了最高峰，平均日耗水量达4米^3/亩左右。水分不足，抽雄开花持续时间缩短，不孕花粉量增加，雌穗花丝寿命缩短，甚至伸不出苞叶，授不上粉，直接影响受精结实。如果遇到干旱，有灌水条件的地方要进行补水灌溉。

③养分：抽雄开花期玉米对养分的吸收量也到了盛期。在仅占生育总日数7%～8%的短暂时间里，对氮、磷的吸收量接近所需总量的20%，对钾的吸收量更大，占一生所需总量的28%左右。

3. 花期田间管理技术要求　开花授粉阶段经历时间虽短，但它是玉米一生中最关键的生育时期，此期环境条件不良，直接影响受精过程及受精花数。因此，为使开花受精顺利通过，打下培育大穗的良好基础，肥水等措施应在此阶段到来之前施用。在肥水条件较差的土壤上，应重施拔节肥，在肥水充足的条件下，氮肥施用时期可推迟在抽雄前的7～10天。

（五）粒期（从受精花丝自然脱落到子粒脐部黑色层出现）

1. 粒期生长发育特点 生育期不同的品种，粒期经历时间也不同。不论生育期及粒期长短，按着子粒的形态、干重和含水量等一系列变化，均可将粒期大致分为4个时期，即形成期、乳熟期、蜡熟期和完熟期。粒期是决定穗粒数和千粒重的关键时期。

形成期：自雌花受精到乳熟初期为止，一般经历天数为粒期总天数的1/5左右，即12～15天（中熟品种需12天左右，晚熟品种15天左右）。此期胚的分化基本结束，胚乳细胞还在形成。子粒体积迅速膨大，到末期达到最大体积的75%左右。子粒水分含量很高，达90%左右，干物质积累却很少，粒干重占最大粒重的10%左右。子粒外观呈白色珠状，胚乳清浆状，果穗轴已定长、定粗。此期遇到气候条件异常或水分、养分不足，将会影响子粒体积膨大，对继续灌浆不利，早期败育粒将会出现。

乳熟期：子粒形成期过后即进入乳熟期，经历天数约为粒期总天数的3/5，即35～40天。此期通常称之为子粒灌浆直线期，子粒干物质迅速积累，积累量占最大干重的80%左右，体积接近最大值，子粒水分含量80%～60%。由于在较长时间内子粒呈乳白色，故称乳熟期。如果养分不足或在乳熟初期遇到干旱、低温、寡照等，将会有大量早期败育粒出现，果穗秃尖长，影响穗粒数。如果干旱或低温出现在乳熟中期，会出现部分中期败育粒，也影响穗粒数和千粒重。此期是决定穗粒数和千粒重最关键时期。

蜡熟期：自乳熟末期到完熟期以前，经历天数约为粒期总天数的1/5，即11～15天。此期干物质积累量很少，干物质总量和子粒体积已经达到或接近最大值。子粒水分含量下降到60%～35%。子粒内容物由糊状转变为蜡状，故称为蜡熟期。

完熟期：蜡熟期后，干物质积累已停止，主要是脱水过程，子粒水分降到35%～30%。胚的基部出现黑色层即达到完熟期。子粒发育的全过程，即干物质的积累和体积的增大，主要是在子粒灌浆的中期，确切地说中熟品种在授粉后10～45天之间，中晚熟品种在授粉后12～47天之间，晚熟品种在授粉后14～50天之间。通常将此期称为子粒灌浆直线期或快速增重期，在授粉后与成熟前的各10～15天间子粒增重缓慢，称为缓慢增重期。

2. 粒期对环境条件的要求

①温度：此期玉米要求适宜的日平均温度为20～24℃，如果温度低于16℃或高于25℃，将影响子粒中淀粉酶的活性，养分的运输和积累不能正常进行。生产实践证明，此期间日平均温度在21～22℃的年份子粒灌浆速度快，成熟早，产量高。而日平均温度低于20℃的年份灌浆速度慢，成熟晚，收获时子粒水分大，产量相对较低。温度对子粒产量的影响主要是千粒重的变化，穗粒数所受影响相对较小。

②水分：受精到其后的20天前后，是玉米一生中对水分需要量大，反应敏感的时期，通常将此期称为玉米需水临界期。水分不足，既不能使子粒体积迅速尽可能地膨大，又限制干物质向子粒运输积累，导致早期败育粒多，穗粒数和千粒重同时受到影响。因此，在子粒灌浆初期干旱时，有灌水条件的要进行补水灌溉。子粒灌浆中期水分不足，会出现中期败育粒，千粒重下降，穗粒数减少。在子粒灌浆期间经常出现“秋吊”，对产量影响较大。但是如果子粒灌浆期水分过多，将会影响根系寿命，引起倒伏，并且根腐病和茎腐病将严重发生，对产量有直接影响。

③养分：子粒灌浆期间同样需要吸收较多的养分，此期需吸收的氮占一生所需总量的45％左右。氮素充足能延长叶片的功能期，稳定较大的绿叶面积，避免早衰，对增加千粒重有重要作用。钾素虽在开花前都已吸收完，但如果吸收数量不足，会使果穗发育不良，顶部子粒不饱满，出现败育粒或因植株倒伏而减产。

3. 粒期田间管理技术要求　种植品种生育期不宜过长，适时早播，采用综合技术措施促进前期生育，保证充足的肥水供应。延长子粒灌浆期，并使其处于相对较高温度条件之下，适当晚收，使生育期长的品种达到完熟。纵观玉米的一生可以看到，播种至拔节是决定苗的数量与质量的重要时期，穗期和花期是决定雌穗总花数及受精花数的重要时期，粒期是决定穗粒数与千粒重的关键时期。在生产中要整好地，播好种，在穗期、花期和粒期到来之前，提供良好的肥水条件，以保证穗大、粒多、粒重，获得高产。

二、玉米需水特性

水是构成玉米植株的主要成分，占鲜重的80%～90%。玉米每生产1千克干物质消耗的水比其他作物少得多。但是玉米植株高大，生长迅速，又生长在高温季节，绝对耗水量则较多。玉米的蒸腾系数为200～300，据资料，亩产500千克的夏玉米耗水量300～370米^3，形成1千克籽粒大约需水700千克，而且耗水量随产量提高而增加。玉米需水较多，除苗期应适当控水外，其后都必须满足玉米对水分的要求，才能获得高产。玉米需水多受地区、气候、土壤及栽培条件影响。由于春、夏玉米的生育期长短和生育期间的气候变化的不同，春、夏玉米各生育时期耗水量也不同。玉米不同生育时期对水分的要求不同，整个生育期内，消耗的水分因土壤、气候条件和栽培技术有很大的变动。玉米需水量多少与播种季节有关，春玉米生育期较长，耗水绝对量比夏玉米要多得多。不论春、夏玉米，都有相似的需水规律。

（一）播种到出苗期水分需求

玉米从播种发芽到出苗，需水量少，占总需水量的3.1%～6.1%。玉米播种后，需要吸取本身绝对干重的48%～50%的水分，才能膨胀发芽。如果土壤墒情不好，即使勉强膨胀发芽，也往往因顶土出苗力弱而造成严重缺苗；如果土壤水分过多，通气性不良，种子容易霉烂也会造成缺苗，在低温情况下更为严重。播种时，耕层土壤必须保持在田间持水量的60%～70%，才能保证良好的出苗。

（二）苗期水分需求

玉米在出苗到拔节的幼苗期间，植株矮小，生长缓慢，叶面蒸腾量较少，所以耗水量也不大，占总需水量的16%～18%。这时的生长中心是根系，为了使根系发育良好，并向纵深伸展，必须保持表土层疏松干燥和下层土比较湿润的状况，如果上层土壤水分过多，根系分布在耕作层之内，反不利于培育壮苗。因此，这一阶段应控制土壤水分在田间持水量的60%左右，可以为玉米蹲苗创造良好的条件，对促进根系发育、茎秆增粗、减轻倒伏和提高产量都起到一定作用。

（三）拔节孕穗期水分需求

玉米植株开始拔节以后，生长进入旺盛阶段。这个时期茎和叶的增长量很大，雌雄穗不断分化和形成，干物质积累增加。这一阶段是玉米由营养生长进入营养生长与生殖生长并进时期，植株各方面的生理机能逐渐加强。同时，这一时期气温还不断升高，叶面蒸腾强烈。因此，玉米对水分的要求比较高，占总需水量的23%～30%。特别是抽雄前半个月左右，雄穗已经形成，雌穗正加速小穗、小花分化，对水分条件的要求更高。这一阶段土壤水分以保持田间持水量的70%～80%为宜。

（四）抽穗开花期水分需求

玉米抽穗开花期，对土壤水分十分敏感，如水分不足，气温升高，空气干燥，抽出的雄穗在2～3天内就会“晒花”，造成有的雄穗不能抽出，或抽出的时间延长，造成严重的减产，甚至颗粒无收。这一时期，玉米植株的新陈代谢最为旺盛，对水分的要求达到它一生的最高峰，称为玉米需水的“临界期”。这时需水量因抽穗到开花的时间短，所占总需水量的比率比较低，为14%～28%。这一阶段土壤水分以保持田间持水量的80%左右为最好。

（五）灌浆成熟期水分需求

玉米进入灌浆和乳熟的生育后期时，仍需相当多的水分才能满足生长发育的需要。这期间是产量形成的主要阶段，需要有充足的水分作为溶媒，才能保证把茎、叶中所积累的营养物质顺利地运转到籽粒中去。所以，这时土壤水分状况比起生育前期更具有重要的生理意义。灌浆以后，即进入成熟阶段，籽粒基本定型，植株细胞分裂和生理活动逐渐减弱，这时主要是进入干燥脱水过程，但仍需要一定的水分，占总需水量的 4%～10%来维持植株的生命活动，保证籽粒的最终成熟。因此，要求在乳熟以前土壤仍保持田间最大持水量的 80%，乳熟以后则保持 60%为宜。

三、玉米需肥特性

玉米属于短日照喜温作物，全生育期可分为苗期、穗期、花粒期 3 个主要时期。拔节前为苗期，是扎根长叶为主的营养生长阶段。其中 3 叶期是营养临界期，此时期种子中储存的营养物质已消耗殆尽，作物开始需要从土壤中吸收养分来维持生长和发育。拔节至抽穗为穗期，是营养生长旺盛、雄雌穗分化形成、营养生长和生殖生长并进阶段，是决定玉米果穗大小的重要时期。此期植株既要满足茎、叶的生长需要，又要满足穗分化对养分的需要。该阶段对养分需求量最大，到大喇叭口期是玉米的最大养分期，此时期必须重施肥，浇足浇透水。抽雄至成熟为花粒期，是以籽粒形成为中心的生殖生长阶段，对养分的需求量较穗期减少。

夏玉米与春玉米比较，生育时期短，吸肥时间早，对氮、磷、钾需求量较大，据研究，每生产 100 千克玉米籽粒，需氮 2.5～2.7 千克，磷 1.1～1.4 千克，钾 3.2～3.8 千克。其吸收量是氮大于钾，钾大于磷，且随产量的提高需肥量亦明显增加；当产量达到一定高度时，出现需钾量大于需氮、需磷量。如对亩产 300～350 千克的玉米进行分析，得到吸收氮、磷、钾的比例为 2.5∶1∶1.5；亩产 350～400 千克时为 2.4∶1∶1.7；亩产 720 千克时则为 3∶1∶4。但在不同生育阶段，对氮磷钾的吸收量是不同的，苗期吸收氮、磷、钾的量分别占总量的 9.7%、10.2%、3.5%，拔节孕穗期吸收氮、磷、钾的量分别占总量的 76.2%、62.9%、68.4%，抽雄至成熟期吸收氮、磷、钾的量分别占总量的 14.1%、26.9%、28.1%。玉米不同生育时期对氮、磷、钾三要素的吸收总趋势：苗期生长量小，吸收量也少；进入穗期随生长量的增加，吸收量也增多加快，到开花达最高峰；开花至灌浆期有机养分集中向籽粒输送，吸收量仍较多，以后养分的吸收逐渐减少。由此可见，夏玉米对氮、磷、钾的吸收量为苗期少，拔节期显著增加，孕穗期达到最高峰。

春、夏玉米各生育时期对氮、磷、钾的吸收总趋势有所不同，到开花、灌浆期春玉米吸收氮仅为所需氮量的1/2，吸收磷为所需量的2/3；而夏玉米此期吸收氮、磷均达所需量的4/5。中、低产田玉米以小喇叭口至抽雄期吸收量最多，开花后需要量很少；高产田玉米则以大喇叭口期至籽粒形成期吸收量最集中，开花至成熟期需要量也很大。因此，种植制度不同，产量水平不同，在供肥量、肥料的分配比例和施肥时间均应有所区别、各有侧重。

试验证明，玉米生长所需养分，从土壤中摄取的占2/3，从当季肥料中摄取的只占1/3。籽粒中的养分，一部分由营养器官转移而来，一部分是生育后期从土壤和肥料中摄取的养分在叶片、茎等绿色部分制造的。以氮素为例，57%由营养器官转移而来，40%左右来自土壤和肥料。因此施肥既要考虑玉米自身生长发育特点及需肥规律，又要注意气候、土壤、地力及肥料本身的条件，做到合理用肥，经济用肥。

四、玉米高产突破途径

亩穗数、穗粒数、千粒重是玉米产量构成的三要素，剖析玉米高产地块发现，抗倒、紧凑、耐密品种更容易高产。实践证明，玉米高产突破的途径包括以下几个方面：一是确保种子的活力及其整齐度。种子活力的差异是造成田间小穗的主要原因之一。二是增加种植密度。调查发现，河北省夏玉米亩产750千克以上的高产田，种植密度在4 800～5 500株/亩之间。三是群体整齐度。提高种子质量和播种质量，保证玉米出苗整齐一致、植株大小整齐一致、生长发育整齐一致，是群体整齐度的关键。四是提高籽粒成熟度。一般主推品种生育期偏长，收获时籽粒含水量偏高。最佳收获期为“乳线”消失。五是提高土壤养分供应。高效土壤养分的管理是实现玉米高产的重要技术措施，玉米高产的实现需要有相应的土壤养分供应基础。在提高植株密度的同时，要相应提高营养供应水平。

五、夏玉米养分管理

氮肥实行总量控制、分期调控。根据氮素养分资源特征，玉米氮素管理首先根据目标产量确定氮素需求目标值，在定量化土壤和环境有效氮素供应的基础上，以施肥（化肥和有机肥）为主要的调控手段，通过施肥数量、时期、方法和肥料形态等措施的优化，实现作物养分需求与来自土壤、环境和肥料的养分资源供应的同步。不同土壤碱解氮含量和不同目标产量的氮肥调控指标见表 3-6。

表 3-6　不同土壤碱解氮含量和不同目标产量的氮肥用量

目标产量（千克/亩）	土壤碱解氮含量分级（毫克/千克）			
	＜115	115～166	166～210	＞210
	氮肥（N）用量（千克/亩）			
200～300	5～8	3～7	2～5	0
300～400	6～10	5～8	3～6	2～5
400～500	8～12	7～11	5～9	3～7
500～600	10～14	8～12	6～10	5～9

根据磷钾肥的养分资源特征，玉米生育期内磷钾肥管理根据土壤速效磷钾测试和养分平衡进行恒量监测，每隔 3～5 年测定一次，根据田间实际情况进行调整，将土壤有效磷钾持续调控在作物高产需要的临界水平。

对于磷肥管理来说，当土壤速效磷（Olsen-P）低于 15 毫克/千克（P），磷肥管理的目标是通过增施磷肥提高作物产量和土壤速效磷含量，故磷肥用量为作物需求量的 1.2～1.5 倍；当土壤速效磷在 15～30 毫克/千克时，磷肥管理的目标是维持现有土壤速效磷水平，故磷肥用量等于作物的需求量；当土壤速效磷大于 30 毫克/千克时，施用磷肥的增产潜力不大，个别高产或超高产地区可以适量补充磷，一般地区则无需施磷肥。据此测算推荐的不同土壤有效磷含量，不同目标产量下玉米磷肥用量见表 3-7。

表 3-7　基于土壤速效磷测试和磷素平衡的玉米磷素恒量监控技术指标

目标产量（千克/亩）	土壤速效磷含量分级（毫克/千克）		
	＜15	15～30	＞30
	磷肥（P_2O_5）用量（千克/亩）		
200～300		0	0
300～400	2～3	0	0
400～500	3～4	2～3	0
500～600	4～5	3～4	2～3

对于钾素来说，管理策略和磷相似，但玉米吸收钾素的 80％贮存在秸秆中，故在钾肥管理中应首先强调秸秆还田。当土壤交换性钾低于 80 毫克/千克时，钾肥管理的目标是通过增施钾肥提高作物产量和土壤速效钾含量，故钾肥用量为作物需求量的 1.2～1.5 倍；当土壤交换性钾 80～130 毫克/千克时，钾肥管理的目标是维持现有土壤速效钾水平，故钾肥用量等于作物的需求量；当土壤交换性钾大于 130 毫克/千克时，施用钾肥的增产潜力不大，个别高产或超高产地区可以适量补充钾，一般地区则无需施钾肥，具体参见表 3-8。

表 3-8　基于土壤速效钾测试和钾素平衡的钾素恒量监控技术指标

目标产量（千克/亩）	土壤速效钾含量分级（毫克/千克）		
	＜80	80～130	＞130
	钾肥（K_2O）用量（千克/亩）		
200～300	2～4	2	0
300～400	3～5	3	0
400～500	4～7	2～3	0
500～600	5～9	2～4	3～4

根据玉米生长发育规律和养分吸收规律，夏玉米的最佳施肥时期为四叶期和大喇叭口期，传统施肥方式下，在没有播前施肥时，

将全部磷钾和部分氮素在四叶期施入，剩余氮素在十叶期施入，施肥方式为撒施后立即灌水、耧划或机械开沟深施。在施用了种肥时，四叶期可不施肥，全部磷钾和部分氮素种肥同播，剩余氮素在大喇叭口期开沟深施。对于冬小麦—夏玉米轮作地区，考虑到施用磷钾肥对不同作物的增产潜力不同，应将整个轮作周期磷钾进行统一运筹，即将冬小麦与玉米的磷钾肥用量相加，2/3 磷肥用在冬小麦季，1/3 磷肥用在玉米季；1/3 钾肥用在冬小麦季，2/3 钾肥用在玉米季。

因免耕播种，多数不施底肥，主要靠追肥。近几年，随着农作物产量的大幅提高，从土壤中带走的养分量增加，而钾肥施用量普遍不足，土壤速效钾、微量元素含量不断降低，养分供需失衡已不能满足高产的要求，因此必须根据土壤肥力状况适当增施钾肥和微量元素。

玉米可以利用前茬作物的有机肥、磷肥的后效，磷肥可酌情少施。亩产 500 千克左右夏玉米，建议施肥量每亩施纯 N 10～15 千克，P_2O_5 2～6 千克，K_2O 8～10 千克。在缺锌土壤每亩施 $ZnSO_4$ 1～1.5 千克。目标产量亩产 700～900 千克春玉米，低肥力区，氮肥推荐施用量为 15～18 千克/亩，磷肥（P_2O_5）为 8～9 千克/亩，钾肥为 4～5 千克/亩。中等肥力区，氮肥推荐施用量为 13～16 千克/亩，磷肥（P_2O_5）为 7～8 千克/亩，钾肥为 3～4 千克/亩。高肥力区，氮肥推荐施用量为 11～15 千克/亩，磷肥（P_2O_5）为 6～7 千克/亩，钾肥为 2～3 千克/亩。磷肥、钾肥全部做基肥或做种肥一次施入，氮肥分期施，前后期的分配比例上低产田“前重后轻”，中高产田“前轻后重”。

六、玉米的水肥管理

（一）播种出苗期水肥管理

虽然需水少，但十分关键，过多、过少都会严重影响玉米全苗。播种时，如正值少雨干旱，要根据土壤墒情，播前适量浇底墒水为播种创造适宜的墒情，使耕层土壤水分保持在田间持水量的

70%～80%。种肥以速效氮肥为主，适当配合磷、钾肥，量不宜过大，以免影响种子出苗。

（二）幼苗期水肥管理

玉米需水少，对于旱的忍耐力较强，要适当控制浇水，控制土壤水分于田间持水量的60%左右，达到蹲苗、促根，增强抗旱能力的目的。对于套种玉米，苗情一般较差，则应抓紧施肥浇水，尽早管理，促弱转壮。

苗期追肥有促根、壮苗和促叶壮秆作用，一般在定苗后到拔节期进行。苗期追肥量，原则上磷钾肥全部施入，氮肥追施量因地因苗确定，一般低产田占总追氮量的30%左右，中高产田占总追氮量的20%～30%。苗期追肥一般采用沟施或穴施，施后覆土，提高肥效。

（三）穗期阶段水肥管理

玉米进入营养生长和生殖生长快速并进的时期，对水分需求较多，要根据天气和土壤墒情浇好“拔节水”和“喇叭口水”，土壤水分以保持在田间持水量的70%～80%为宜。穗期施肥以速效氮肥为主，追肥两次，分别在拔节期和大喇叭口期，追肥量低产田分别占总氮量的30%、30%～40%，中高产田分别占总氮量的20%～30%、40%左右，应深施盖严，与灌水相结合，提高利用率。

（四）花粒期阶段水肥管理

这一时期玉米逐渐进入需水高峰，特别是吐丝前后是水分敏感期，这时干旱一定要灌溉。主要是大喇叭口期和抽雄后20天左右，分别浇攻穗和攻粒水；当水分不足、叶片卷曲、近期又无雨时，应立即浇水，反之则可不浇。如果雨水多，田间积水，应及时排水，防止根系窒息死株。

籽粒产量的86%是灌浆期间合成的，因此，应酌情追施攻粒肥。一般在雄穗开花前后追施速效氮肥，占总追肥量的10%～20%，注意肥水结合。对灌浆期表现缺肥的地块，可采用叶面追肥的方法快速补给。

七、夏玉米微喷灌水肥一体化技术

（一）选种

选用具备高产稳产、品质优良、抗病、抗倒，且成熟期相对较早、纯度高的耐密型杂交种，于播种前晒种 3 天，去除小粒、秕粒、虫粒，按籽粒大小分级播种，播种时要用玉米种衣剂进行拌种。

（二）播种

播种时尽量做到籽粒大小、土壤墒情、播种深度、播种时间的一致，达到一播全苗，实现苗足、苗匀、苗壮的目标。力争早播，早播给夏玉米的生长发育创造了良好的环境条件，可以延长玉米的生长时间，能种植生育期较长的中晚熟杂交种，同时早播的玉米在较高的温度条件下生长发育，植株生长健壮，抗病能力强，病害发生相对较轻。小麦机械化收割的于麦收前 1～2 天套种，小麦人工收获的于麦收前 2～7 天播种。套种时做到有墒则套，无墒不套，尽量用套种器或套种耧套种，以保证播种深浅一致，株行距一致。贴茬抢种的，收麦后立即播种，趁墒抢种，播种深度 3～5 厘米。墒情不足时可以先播种后浇蒙头水，提倡种肥同播。一般大田播种密度：采用 60 厘米等行距，每亩定苗 4 800～5 200 株。不同生育阶段氮肥用量占总施氮量的比例为：苗肥（4 叶期）30%，拔节肥（10 叶期）40%～50%，攻穗肥（抽雄期）20%～30%。一般氮肥种肥施用量占全生育期施氮总量的 25%～30%，磷肥全部作种肥，钾肥大部分种肥施用，施肥量根据土壤养分状况合理确定。

（三）田间管理

播后出苗前用除草剂进行土壤封闭，防治田间杂草。从间、定苗到抽雄前采取多次拔除弱株、小株，提高群体整齐度。玉米开花盛期可进行人工辅助授粉 1～2 次。播种期微喷灌浇水 20 米^3/亩。灌水定额根据土壤质地、降雨和土壤墒情进行调整。一般拔节期微喷灌浇水 15～30 米^3/亩，追肥尿素 5 千克/亩左右，氯化钾 2 千克/亩。大喇叭口期微喷灌浇水 10～30 米^3/亩，大喇叭口期追施尿素

15 千克/亩左右，氯化钾 2 千克/亩。玉米抽雄开花时如遇干旱，即田间持水量低于 70%时一定浇水，这是保证玉米高产的关键水。抽雄期：微喷灌浇水 10～20 米^3/亩，尿素 10 千克/亩左右，氯化钾 2 千克/亩。灌浆后期灌水 20 米^3/亩，主要为下茬小麦播种造墒，满足下茬小麦出苗及冬季墒情。依据虫害发生情况及时防治。

（四）适时晚收，收获指标化

当玉米籽粒乳线消失，黑色层出现时收获，防止人为收获过早，达到提高产量和品质的目的。河北南部夏玉米区一般应推迟到 9 月 30 日至 10 月 5 日收获。

（五）秋季微喷管带

玉米收获前将大田内所有地上管道、管件拆下，把水排净放好。喷带用专用机械盘卷，按顺序标记存放。第二年春季小麦浇水前，铺设田间微喷灌带。

八、春玉米滴灌水肥一体化技术

（一）整地播种

选择土层深厚、肥力中等以上地块，清除前茬作物根茬，合理耕翻，深度以 20～30 厘米为宜，耕后及时耙耱、整地。4 月 20 日至 5 月 15 日，当 5～10 厘米土层温度稳定通过 8～10℃即可播种。播种前喷施除草剂，抑制杂草生长。采用地膜覆盖栽培，播种时间可比露地种植提早一周。尽量使用玉米施肥 、播种 、覆膜 、铺管一体机进行播种，播深 3～4 厘米，播种时膜要展平、拉紧、紧贴地面，膜边压紧压严、覆土均匀（每隔 2～3 米在地膜上压一小土堆以防风揭膜），滴灌带要拉紧，播后及时浇出苗水，确保全苗。可根据当地情况实施全膜覆盖或半膜覆盖，亩播种密度保证在 5 000株左右。农家肥、磷肥 、钾肥 、锌肥可以结合耕翻或播种（种、肥隔离，穴施或条施）一次性施入。氮肥 30%～40%做基肥或种肥施入，60%～70%做追肥结合灌溉随水分次施入。

（二）滴灌水肥管理

①出苗水。播种到出苗期。干播条件下，根据土壤墒情浇灌出

苗水，滴水量 5～8 米^3/亩。

②苗期。应根据苗情、土壤墒情等灵活掌握。一般不灌水，进行蹲苗，促进根系发育，茎秆增粗，减轻倒伏和为增产打下良好基础。尽量延迟灌溉时间，直至玉米幼株上部叶片卷起，根据土壤墒情每亩滴水 5～10 米^3。

③拔节期。滴水 1 次，滴水 10～15 米^3/亩。配合浇水追施尿素 4～5 千克/亩，氯化钾 1.0～1.2 千克/亩。

④大喇叭口期。滴水 1 次，滴水 15～20 米^3/亩。配合浇水追施尿素 8～10 千克/亩，氯化钾 1.0～1.2 千克/亩。

⑤抽穗开花期。滴水 2 次，每次滴水 15～20 米^3/亩。随水滴施尿素 2～3 千克/亩，磷酸一铵 3～4 千克/亩左右，钾肥 1.8～2.2 千克/亩。

⑥灌浆期。滴水 1 次，滴水 15～20 米^3/亩。随水滴施尿素4～5 千克/亩，氯化钾 1.0 千克/亩左右。

⑦最后一水管理，每亩用水量控制在 20 米^3 以下，时间大概为 8 月下旬或者 9 月初，9 月中旬后停止灌溉。

⑧施肥前先滴清水 20～30 分钟，待滴灌管得到充分清洗，土壤湿润后开始施肥。施肥期间及时检查、处理，确保田间滴头滴水正常；施肥结束后，继续灌溉 20～30 分钟，将管道中残留的肥液冲净。

⑨每次灌溉时，具体时间和滴水量根据土壤墒情、天气和玉米生长状况及特性适当调整，降雨量大，土壤墒情好，可不滴或少滴水。

（三）田间管理

在玉米出苗后，要及时放苗，防止温度过高地膜烫苗。放苗应选择晴天早、晚，中午或大风天气不宜放苗，放苗后用细土将放苗口盖严。同时检查出苗情况，及时补种，保证栽培密度。

病虫害防治。做好玉米螟、黏虫等玉米主要病虫害的防治工作，降低病虫害造成的损失。

合理灌水、追肥。应避免过量灌溉和过量施肥，坚持少量多次的原则。

做好收获后地膜和滴灌毛管的回收工作。

第三节　马铃薯水肥一体化集成技术

一、马铃薯生育时期特点

（一）芽条生长期

块茎萌芽至出苗为芽条生长期。温度4℃以上时，通过休眠的块茎，其内部各种酶开始活动，可吸收养分开始沿疏导系统向芽眼部位移动，5～7℃时，芽眼开始萌发，但非常缓慢，10～12℃时，幼芽和根系生长迅速而健壮，18℃最适宜。在中原和南方二作区，温度超过36℃时，块茎芽眼不萌发，易造成烂种。北方一作区出苗时间30天左右，二作区夏播或秋播需10～15天左右，二作区冬播则长达50～60天。

管理要点：北方一作区播前提高地温（可起垄）、造墒，播后尽量避免浇水以保持良好的透气性。二季作区则以降低土温为中心，保持土壤水分适宜，防止烂种，促进出苗。

（二）幼苗期

出苗到现蕾期为幼苗期（15～20天）。出苗后5～6天，便有4～6片叶展开，通常在叶面积达到200～400厘米^{2}时转入自养方式，但种薯内的营养物质仍在向外转移。当主茎出现7～13片叶时，主茎生长点开始孕育花蕾，同时匍匐茎停止极性生长并开始膨大，标志着幼苗期的结束和块茎形成期的开始。

幼苗期以茎叶生长和根系发育为中心，同时伴随着匍匐茎的形成生长，以及花芽和部分茎叶的分化。此期温度要求为15～21℃。短期出现－1℃的地温会受冻，－4℃会全株冻死。氮素不足会严重影响茎叶生长，缺磷和干旱会直接影响根系的发育和匍匐茎的形成。

管理要点。早浇苗水和追肥，并加强中耕除草，以提温保墒，改善土壤通透状况，从而促使幼苗迅速生长。实践证明，苗高15～

16 厘米前适当干旱，以后及时灌水，保持田间最大持水量的 60%～70%，有利于根系的发育和光合效率的提高。

（三）块茎形成期

现蕾至开花期为块茎形成期（20～30 天）。时期特征为中部根节的匍匐茎形成较大块茎。土温 16～18℃对块茎形成和增长最为有利，当土温超过 25℃时，块茎几乎停止生长，土温达到 29℃以上时，茎叶生长也严重受阻。氮肥对加速根、茎、叶的生长十分重要，同时能降低 40%～50%的蒸腾率。

管理要点：多次中耕除草，及时追肥灌水（保持田间最大持水量的 70%～80%，该期结束时应适当降低水分，以利于转入块茎增大期）。氮肥不宜过多，避免徒长。

（四）块茎膨大期

盛花期至枝茎叶衰老，从马铃薯茎叶和块茎干重平衡起到茎叶和块茎鲜重平衡期止，为块茎增长期。在北方一作区，马铃薯块茎增长期与开花期（早熟品种）、盛花期（中晚熟品种）相一致，即以每株最大块茎直径达到 3 厘米以上，植株进入开花期或盛花期为标志（15～22 天）。全生育期的干物质总量中，40%～75%在此时期形成。吸肥、水高峰，田间最大持水量保持80%～85%最适宜。

（五）淀粉积累期

终花期至茎叶枯萎，一般早熟品种在盛花末期，中晚熟品种在终花期，茎叶生长停止，植株基部叶片开始衰老变黄，茎叶与块茎的鲜重达到平衡，即标志着进入了淀粉积累期。块茎中 30%～40%的干物质在这一时期形成。以淀粉运转积累为中心，块茎内淀粉含量迅速增加，淀粉积累速度到达一生中最高值。

管理要点：防止茎叶早衰，尽量延长茎叶绿色体的寿命，增加光合作用时间和强度，使块茎积累更多有机质。故应保持田间最大持水量的 50%～60%，防止土壤板结和过高的湿度，否则易造成块茎皮孔细胞增生，皮孔开裂，使薯皮粗糙，病菌容易侵入。

二、马铃薯需水特性

马铃薯是需水较多的作物，但不同生育期需水量明显不同，发芽期芽条仅凭块茎内的水分便能正常生长，待芽条发生根系从土壤吸收水分后才能正常出苗，苗期耗水量占全生育期的10%～15%；块茎形成期耗水量占全生育期的25%～28%；块茎增长期耗水量占全生育期的45%～50%，是全生育期中需水量最多的时期；淀粉积累期则不需要过多的水分，该时期耗水量约占全生育期的10%。研究表明，马铃薯薯块形成期耗水强度最高，是马铃薯产量形成的水分临界期，膨大期耗水量最大，占全生育期30%以上，是产量形成的水分最大效率期。开花期为马铃薯的需水敏感期，在开花期保持较高的水分，可提高马铃薯产量。马铃薯生长发育期最佳土壤水分下限指标为苗期65%、块茎形成期75%、块茎增长期80%、淀粉积累期60%～65%。也有研究指出，马铃薯整个生育期田间持水量前期保持60%～70%，后期保持70%～80%，对丰产最为有利，其中田间持水量在幼苗期为65%左右为宜，在块茎形成和块茎增长期则以70%～80%为宜，在淀粉积累期为60%～65%即可。可见，马铃薯全生育期的需水规律总体上表现为前期耗水强度小、中期变大、后期又减小的近似抛物线的变化趋势。马铃薯对土壤水分的需求规律与需水量规律基本相符，块茎形成至块茎增长期是需水高峰期和关键期。

马铃薯生长发育对干旱反应十分敏感，干旱胁迫会导致植株正常生长发育受阻甚至严重受损，其具体表现因不同生育阶段而异。马铃薯下种或出苗遇到严重干旱会引起种薯直接腐烂、幼茎顶端膨大、幼茎干死，进而导致严重缺苗；苗期干旱会造成植株个体较小、匍匐茎数量和结薯数减少，薯块形成及膨大延后，并增加串薯比率，成苗后持续干旱胁迫会抑制并推迟块茎膨大；块茎膨大期干旱胁迫（最大田间持水量的40%～50%）会促进茎叶及根系中的水分及营养物质降解供应块茎生长。在整个生育期持续干旱胁迫（土壤相对含水量为30%～40%），马铃薯植株、根系、地下茎、匍匐茎、叶片等干物质积累、匍匐茎分枝数及叶面积均呈下降趋势。随着干旱胁迫（土壤含水量 17.1%～47.8%）时间的延长和胁迫强度的增加，植株高度、茎粗、叶片长和宽、功能叶间距和干物质积累也随着降低，但根冠比 T/R 值呈增加趋势。此外，自然条件下，干旱胁迫会造成马铃薯出苗率降低，出苗推迟，植株生长弱小，生长缓慢及叶面积发育缓慢，茎叶干物质积累受抑制和干重显著降低，花芽分化受抑制，不现蕾或不开花，成熟期推迟；干旱胁迫还减少块茎形成数目，块茎生长发育受阻。可见，干旱胁迫会抑制马铃薯的出苗、植株生长、生殖生长、生育进程及光合产物向地下部器官分配。

三、马铃薯需肥特性

马铃薯整个生育期间，因生育阶段不同，其所需营养物质的种类和数量也不同。幼苗期吸肥量很少，发棵期吸肥量迅速增加，到结薯初期达到最高峰，而后吸肥量急剧下降。各生育期吸收氮（N）、磷（P_2O_5）、钾（K_2O）三要素，按占总吸肥量的百分数计算，发芽到出苗期分别为 6%、8%和 9%，发棵期分别为 38%、34%和 36%，结薯期为 56%、58%和 55%。三要素中马铃薯对钾的吸收量最多，其次是氮，磷最少。试验表明，每生产 1 000 千克块茎，需吸收氮（N）5～6 千克、磷（P_2O_5）1～3 千克、钾(K_2O)12～13 千克，氮、磷、钾比例为 2.5∶1∶5.3。马铃薯对氮、磷、钾肥的需要量随茎叶和块茎的不断增长而增加。在块茎形成盛期需肥量约占总需肥量的 60%，生长初期与末期约占总需肥量的 20%。

芽条生长期。促使种薯中的养分迅速转化并供给幼芽和幼根的生长，以养成壮苗，是十分重要的；矿质营养及其相互配合，对这一转化过程有不同的促进作用，如穴施过磷酸钙作种肥，播种后 20 天有 9.3%的淀粉转化为糖；穴施过磷酸钙和硝酸铵作种肥，有 6.7%淀粉转化为糖；穴施过磷酸钙、硝酸铵和氯化钾作种肥，有 4.6%的淀粉转化为糖；而不施种肥，仅有 1%的淀粉转化为糖。

幼苗期。该期积累的干物质，占一生总干物重的 3%～4%，所以，对肥水要求量不大，占全生育期需肥水总量的15%左右。但该期是承上启下的时期，一生的同化系统和产品器官都在该期内分化建立，是进一步繁殖生长、促进产量形成的基础。因此，对养分十分敏感，要求有充足的氮肥，适当的土壤湿度和良好的通气状况。氮素不足会严重影响茎叶生长，缺磷和干旱会直接影响根系的发育和匍匐茎的形成。因此，该期农业措施要以壮苗促棵为中心，早浇水和追肥，并加强中耕除草，以提温保墒，改善土壤通气状况，从而促使幼苗迅速生长。

茎块形成期。随着块茎的形成和茎叶的生长，对水肥的需要量不断增加，并要求土壤经常保持疏松通气的良好状态，才有利于块茎形成。该期氮肥对加速根、茎、叶的生长起着十分重要的作用，同时还能使叶片的蒸腾率降低40%～50%，且氮、磷、钾配合施用的作用明显。

块茎增长期。该期是马铃薯一生中需肥、需水最多的时期，吸收的钾肥比块茎形成期多1.5倍，吸收的氮肥多1倍左右，占全生育期需肥总量的50%以上，达到一生中吸收养分的高峰。因此，充分满足该期对养分需要，是获得块茎高产的重要保证。

淀粉积累期。块茎中淀粉的积累一直进行到茎叶全部枯死以前，甚至在收获前3～4天割去未枯死的茎叶，也会影响块茎淀粉含量。因此，需防止茎叶早衰，尽量延长茎叶绿色体的寿命，增加光合作用时间和强度，使块茎积累更多的有机物质。但在氮肥施用过量的情况下，也会造成植株贪青晚熟，推迟鲜重平衡期的出现，影响有机质向块茎中转移和积累，影响块茎周皮木栓化过程。

四、马铃薯施肥管理

基肥。包括有机肥与氮、磷、钾肥。马铃薯吸取养分有80%靠底肥供应，有机肥含有多种养分元素及刺激植株生长的其他有益物质，可于秋冬耕前施入以达到肥土混合，如冬前未施，也可春施，但要早施。磷、钾肥要开沟条施或与有机肥混合施用，氮肥可于播种前施入。

追肥。由于早春温度较低，幼苗生长慢，土壤中养分转化慢，养分供应不足。为促进幼苗迅速生长，促根壮棵为结薯打好基础，强调早追肥，尤其是对于基肥不足或苗弱小的地块，应尽早追施部分氮肥，以促进植株营养体生长，为新器官的发生分化和生长提供丰富的有机营养。苗期追施以施纯氮 3～5 千克/亩为宜，应早追施。发棵期，茎开始急剧拔高，主茎及主茎叶全部建成，分枝及分枝叶扩展，根系扩大，块茎逐渐膨大，生长中心转向块茎的生长，此期追肥要视情况而定，采取促控结合协调进行。为控制茎叶徒长，防止养分大量消耗在营养器官，适时进入结薯期以提高马铃薯产量，发棵期原则上不追施氮肥，如需施肥，发棵早期或结薯初期结合施入磷钾肥追施部分氮肥。为补充养分不足，可叶面喷施 0.25％的尿素溶液或 0.1％的磷酸二氢钾溶液。早熟品种生长时间短，茎叶枯死早，所以供给氮肥的数量应适当增加，以免叶片和整个植株过早衰老。晚熟品种茎叶生长时间长，容易徒长，所以应适当增施磷、钾肥，以促进块茎的形成膨大。

五、马铃薯滴灌水肥一体化技术

（一）整地播种

播种前铺设地下主管道，安装水泵及控制系统、过滤系统、施肥系统。

要求土层深厚，砂土或壤土，一般要求 1～2 年轮作一次（与非茄科作物）。耕翻播种深度一般 20 厘米左右，3 年深耕（25～30 厘米）或深松（35～50 厘米）1 次，提升地力。

选用良种。根据生产目的，选用不同用途马铃薯品种。种薯选用优质脱毒良种，级别为原种或一级种薯，要求薯块完整、无病虫鼠害、无伤冻、薯皮洁净、色泽鲜艳，按 150 千克/亩预备种薯。处理种薯时应注意对切具消毒，切完后薯块马上药剂拌种（包衣）。

根据品种、土壤水肥条件和生产目的确定马铃薯的播种密度。一般早熟品种宜密，中晚熟品种宜稀；商品薯宜稀，种薯宜密。膜下滴灌种植一般采用大小垄一带双行种植模式，大行距为 60 厘米，小行距为30～40厘米，株距为26～34厘米，密度3 800（晚熟品种）～5 500（早熟品种）株/亩。

地温达到8～10℃时播种，采用一体播种机，播种、铺设滴灌管（带）、覆膜、播种、施用种肥一次性完成。滴灌管（带）铺设在小垄中间地膜下面。地膜幅宽90～100厘米，机械铺膜时，每隔10米左右在地膜上压土带以防止地膜被风掀起。播种后中耕培土。播后要防止大风破膜、揭膜，出苗前10天左右要用中耕机及时进行覆土，以防烧苗；出苗期间要及时查苗放苗，发现缺苗立即补种。

（二）科学施肥

有机肥结合翻耕施入，一般施用量为1 000～2 000千克/亩；磷肥作为种肥一次性施入；氮肥、钾肥60%～70%做种肥施入，30%～40%做追肥结合灌溉随水分次施入。追肥必须选用易溶性肥料。追肥种类有尿素、硫酸钾、硝酸钾、硝酸钙镁、联合液氮等水溶性肥和液体肥料等。马铃薯生长前期追肥以氮肥为主，后期追肥以钾肥为主，要遵循少量多次原则，结合灌水分次施入。追肥前要求先滴清水15～20分钟，再加入肥料；追肥完成后再滴清水30分钟，清洗管道，防止堵塞滴头。一般结合灌水追施氮肥（N）10千克/亩，追施钾肥（K_2O）5千克/亩。其中苗期追施氮肥（N）2.7千克/亩，现蕾期追施氮肥（N）4.6千克/亩、钾肥（K_2O）3.2千克/亩，膨大期追施氮肥（N）1.8千克/亩、钾肥（K_2O）1.8千克/亩。

（三）合理灌溉

芽条期（播种到出苗期）：一般不灌溉。如果春墒较差，播种后1～3天左右进行一次灌水，土壤湿润深度应控制在12～15厘米以内，避免造成种薯腐烂。土壤相对湿度保持在60%～65%。

幼苗期：滴水1～2次，每次滴水8～10米^3/亩，土壤湿润深度保持在25～30厘米。

现蕾至花期：滴水2～3次，每次滴水10～15米^3/亩；结合浇水进行追肥，每次每亩追施尿素3千克，硝酸钾3～5千克。保持土壤湿润深度 40～50 厘米，每次施肥时，先浇 1～2 小时清水，然后开通施肥罐进行追肥，施完肥后再浇 1～2 小时清水。

块茎膨大期：应根据土壤墒情和天气情况及时进行灌溉。土壤水分状况为田间最大持水量的 75%～80%。采少量多次的灌溉，土壤湿润深度 40～50 厘米。滴水 4 次，每次滴水 10～15 米^3/亩。

淀粉积累期：滴水 1 次，滴水 10～15 米^3/亩，0～35 厘米土壤含水量保持在田间持水量的 60%～65%。黏重的土壤收获前 10～15 天停水。沙性土收获前一周停水。马铃薯生育期灌溉 8～11 次，每 10～12 天为一个灌溉周期。具体灌溉时间和灌水量，要根据降水量和土壤墒情进行调整。

（四）病害防治

采用“预防为主，综合防治”的原则，以栽培防治为重点，与化学防治相结合，及时防治马铃薯常见病害。

（五）杀秧、收获、贮藏

杀秧前要及时拆除田间滴灌管和横向滴灌支管。杀秧方法可用杀秧机机械杀秧。机械杀秧或植株完全枯死一周后，选择晴天进行收获。尽量减少破皮、受伤，保证薯块外观光滑，提高商品性。收获后薯块在黑暗下贮藏以免变绿，影响食用和商品性。

收获中尽量减少薯皮机械损伤，收获的薯块及时分选、包装、入库或销售。贮藏期间最适宜温度为 2～4℃，最高不得超过 7℃。相对湿度以 85%～95%为宜。

第四节 谷子水肥一体化集成技术

谷子属禾本科的植物。古称稷、粟，亦称粱。一年生草本，秆粗壮、分蘖少，狭长披针形叶片，有明显的中脉和小脉，具有细毛，穗状圆锥花序，穗长 20～30 厘米，小穗成簇聚生在三级枝梗上，小穗基本有刺毛。每穗结实数百至上千粒，籽实极小，径约 0.1 厘米，谷穗一般成熟后金黄色，卵圆形籽实，粒小多为黄色。去皮后俗称小米。粟的稃壳有白、红、黄、黑、橙、紫多种颜色，俗称“粟有五彩”。广泛栽培于欧亚大陆的温带和热带，中国黄河中上游为主要栽培区，其他地区也有少量栽种。

小米营养丰富，是人们较喜欢的粮食，谷草还可作上等饲草。谷子浅层根系比较发达，主要吸收利用浅层土壤水分与养分，谷子还有耐土地贫瘠、耐干旱的特点。过去往往将谷子种植在中下等土地上，加之灌水不及时等原因单产较低，导致人们对谷子重视不够，播种面积有所缩小。灌溉试验证明，谷子是一种喜水喜肥作物，在生育期间若满足其需水需肥要求，在良种配合下，单产也可达400千克左右，增产潜力很大，经济效益也很显著。

一、谷子生育时期

1. 幼苗期 从种子萌发出苗到开始生长次生根为幼苗期。这一生育期在春播条件下经历25～30天，夏播经历12～13天。谷子在出苗后不久种子内的养分耗尽，幼苗要靠细弱的种子根从土壤中吸收水分和矿物质营养，供幼苗生长发育；依靠幼小的苗叶进行光合作用，制造有机物质，进行自身的建设。

2. 拔节期 从生长次生根到开始拔节为拔节期。这一生育期，春谷经历20～25天，夏谷需要10～15天。当谷苗长到10叶左右时，即开始拔节。这一生育期中谷子能长出3～4层次生根，须根条数可达15～25条。分蘖性品种在扎根的同时出生分蘖。这是谷子根系生长的第一个高峰期，也是谷子全生育期中最抗旱的时期。

3. 孕穗期 从拔节到抽穗为孕穗期。春谷经历25～28天，夏谷需经18～20天。这一时期，是谷子根、茎、叶生长最旺盛时期，同时也是谷子幼穗分化发育形成时期。在孕穗期结束时，叶片已全部长出，茎秆除穗、颈节外，其余节间的增粗和伸长生长也都完成。这是谷子全生育期中第二个高峰时期。此期是促壮根、抓壮秆、保大穗的关键时期。

4. 抽穗灌浆期 谷穗开始伸出顶叶的叶梢即为抽穗。自抽穗经过开花受精到籽粒开始灌浆为抽穗灌浆期。春谷经历15～20天，夏谷需要12～15天。在谷子抽穗时，全株的次生根已经长成，只有气生根还在增加，叶片已全部长出。抽穗的过程需经历3～5天时间。小穗经历3～9天即行开花。一个谷穗全部完成开花需要10～20天。谷子开花当天即完成散粉受精过程。已经受精的子房开始发育。开花后12～16天种子大小定型。此时谷子的光合作用的产物及根系吸收转化的养分开始向籽粒中输送，逐渐向籽粒形成期过渡，这一时期是谷子一生中对水分、养分吸收的高峰时期。栽培管理的主攻方向是以水调肥，促使抽稍齐，开花进程快，充分满足谷子对水肥的要求。

5. 子粒形成期　自籽粒灌浆开始到籽粒完全成熟为子粒形成期。春谷约经历35～40天，夏谷需经历30～35天。籽粒的增重和质量的形成是这一时期生长发育的中心。栽培管理的主攻方向是尽量延长根系寿命，多保绿色面积，防旱排涝，力争粒多、粒饱达到壮粗。

二、谷子水分需求规律

谷子一生对水分需求的一般规律可概括为苗期宜旱、需水较少，中期喜湿需水量较大，后期需水相对减少但怕旱。

谷子发芽需水较少，吸水量达到种子重量的26%就可发芽，谷子播种时耕作层土壤含水量占田间持水量的70%以上时，即可满足发芽需要。温度在15～25℃时幼苗出土较快。

谷子苗期耐旱性强，能忍受短时间的严重干旱，需水量仅占全生育期总需水量的1.5%左右。苗期地上部生长较慢，地下部发育较快，苗期适当干旱有利于蹲苗，促进根的生长，基部茎节粗壮，对防旱防倒有积极作用。该阶段谷子主要是营养生长，地上部分生长缓慢，而地下根系发育较快，因而需水量不大。

谷子生育中期，即拔节、抽穗、开花期，是谷子一生中需水最多、最迫切的时期，占全生育期总需水量的50%～70%。保证此期水分的供给是获得穗大粒多的关键。从孕穗到抽穗30天左右，谷子进行强烈的穗分化期；遇到干旱会影响三级枝梗和小穗小花分化，减少小穗小花数；穗分化后期，即小花分化，此时对水分的要求最为迫切，是谷子需水的临界期，约占全生育期需水量的 40%，此时受旱，谷穗变小，花粉发育不良或抽不出穗，造成干码，产生大量空壳、秕谷。

谷子生育后期，即开花、灌浆至成熟期。该阶段谷子处于生殖生长期，植株体内养分向籽粒运转，仍然需要充足的水分供应。此期对干旱亦很敏感，为谷子需水的第二个临界期，需水量占全生育期总需水量的 30%～40%，是决定穗重和粒重的关键时期。此时遇旱则阻碍灌浆，增加秕粒率而减产。

灌溉试验结果证明，耕层土壤湿度大小，直接影响谷子的产量，要想达到高产稳产必须掌握好各生育阶段土壤适宜含水率。苗期土壤含水率下限控制指标应占田间持水量的 65%；拔节至抽穗期，土壤含水率下限控制指标为 75%；抽穗至灌浆期为 75%；灌浆至成熟期为 70%。

三、谷子养分需求规律

谷子一生中有 16 种元素是必需的，其中氮、磷、钾需求量最大。谷子虽具有耐瘠的特点，但要获得高产，必须充分满足其对养分的需要。据研究表明，春谷每生产 100 千克籽粒，一般需从土壤中吸收 N 2.5～3.0 千克、P_2O_5 1.2～1.4 千克、K_2O 2.0～3.8 千克，氮、磷、钾的比例大致为 1∶0.5∶0.8。

谷子在不同生育阶段吸收氮数量有明显不同。苗期生长缓慢，需氮较少，占全生育期需氮总量的 4%～5%。拔节至抽穗进入营养生长与生殖生长并进时期，是全生育期内第一个吸收养分的高峰期，在此阶段内氮素吸收量最多，占全生育期总需氮量的 45%～50%。籽粒灌浆期需氮减少，占总需氮量的 30%以上。

据李东辉（1961—1962）应用 ^{32}P 对谷子吸磷规律的研究表明，叶原基分化期，磷素主要分配在新生的心叶，其脉冲数占全株总数的 19.6%；生长锥伸长期，主要分配在生长锥、幼茎，占全株总量的 10%；枝梗分化与小穗分化期是需磷的高峰期，磷素主要分配在幼穗，占全株总量的20.95%；抽穗、开花、乳熟期、磷素在植株各器官呈均匀状态分布。如抽穗期，^{32}P分布在叶片为3%～8.7%，叶鞘为3.4%～4.9%，茎为4.1%～4.6%，穗为4.5%。

钾素有促进糖类养分合成和转化的作用，促进养分向籽粒输送，增加籽粒重量，促进体内纤维素含量的增高，使茎秆强韧，增强抗倒伏和抗病虫的能力。谷子幼苗期需钾较少，约占5%。拔节后由于茎叶生长迅速，钾素的吸收量增多。从拔节到抽穗前一个月内，钾素的吸收量达到60%，为谷子对钾素营养的吸收高峰。据报道，抽穗前28天内，每公顷积累钾136.98千克，占全生育期积累量的50.7%，吸收强度为4.89千克/（公顷·天），抽穗后又逐渐减少。成熟时体内钾素含量高于氮、磷。

四、谷子生育期管理

（一）苗期管理

苗期田间管理的重点是确保苗全、苗齐、蹲苗和防荒。

保苗。谷子出苗前发生干旱，或雨后土壤板结以及温度高，出苗时有“烧尖”危险时，可以多砘压，压碎硬壳并增加表土水分，降低表土温度。黏土地发生板结，出苗前可浅耙，疏松表土，或用刺砘子镇压、破壳。如果水浇地谷子有烧尖危险时，还可浇一次蒙头水，降低地温。浇水时间，以谷苗将要出土，浇后能趁墒出苗为宜。

补苗。出苗后发现断垄，可用催芽的种子进行补种。如果谷苗稍大时仍有缺苗，可在间苗时结合进行移苗补栽。

蹲苗。谷子在拔节以前，需要根系强大、深扎，茎叶生长不宜过旺。蹲苗措施，一是要控制土壤水分促根下扎，二是要抑制地上部分生长。在一般情况下，拔节以前水浇地也不浇水，在雨水较多时，还需松土“散墒”。还可采用“压青钝”的办法控制地上部生长。压青钝宜在谷苗2～3片叶、地皮晒干、中午以后温度较高时进行。

早间苗除草防荒。一般是在三叶期能拿住苗时疏一次，5 叶期以内定苗。谷子留苗方式，耧播、机播等行距的，可以单株等距离留苗，由于营养面积一致，容易普遍获得壮苗。采用宽窄行、宽幅条播、沟播宽窄行种植，每组三行以上的和宽排幅的，要注意中间留苗比两边稀些，以利苗匀、穗匀。谷子幼苗期生长缓慢，易受杂草为害，应及早除草。苗期锄地，既可除草，又能松土，天旱时有保墒作用，雨水过多，不利蹲苗时，又可收到“放墒”效果，可用药剂除草。

（二）孕穗拔节期管理

孕穗拔节期管理的主攻方向是攻壮株，促大穗。

清垄。拔节后，将杂草、残苗（间苗时拔断又长起来的）、落草、病虫株、弱苗及单秆大穗品种的分蘖，全部、干净清除掉，使谷苗生长整齐，株型匀称，通风透光。

追肥。谷子拔节孕穗期两次追肥为好。在拔节后多施，孕穗时少施，以促进前期生长。在高肥地、豆茬地、生长旺盛的谷地，可以前次少些，后次略多些。时间上应掌握在抽穗前 10 天施下，以防贪青晚熟。在追肥数量少于 10 千克时，可集中一次施下（抽穗前半个月施用，如拔节后谷苗有缺肥现象，则需适当提前），谷子追肥，可以顺垄低撒于行间，宽行距的可撒施苗幅一侧，随即中耕，将肥料埋入土中。在水浇地上，可以顺垄撒肥后随即灌水。

灌溉。谷子进入拔节期就应开始灌溉，一般在拔节后，深锄之前要浇一次透水。到穗分化后期，要防止“卡脖旱”。因此，在抽穗前不仅干旱时要及时浇水，即使不太干旱，只要雨水不太多，也要及时浇水。有条件的，可进行喷灌。

中耕培土。拔节后结合追肥、浇水要进行一次深中耕，深度应达到 7 厘米，并结合进行培土。如果土壤过于干旱，又无灌溉条件，就应浅锄。到孕穗中后期，还要结合追肥、灌水进行一次中耕。这次宜浅锄（3 厘米左右），同时结合培土，覆土成垄，使行间形成小沟，以便接纳雨水。此后，如因草多，浇后或雨后地面板结、雨涝时散墒，需要中耕时，只能浅锄，刮破地皮，以免伤根。

（三）抽穗至成熟期管理

抽穗至成熟期管理的主攻方向是攻籽、防灾。

①根外喷磷。在旱年，以稀释900倍的磷酸二氢钾溶液，每亩喷5千克，兼有施肥和喷水的双重作用。也可喷过磷酸钙澄清液。

②浇攻籽水。开花期，在雨水缺少时适当浇水，使地面保持湿润就行了。灌浆期干旱时，应进行灌溉（轻浇或隔行浇，以保地面湿润为度）。灌浆期喷水，也有良好效果。

③防“腾伤”。谷子灌浆期，因土壤水分过多，田间温度过高，湿度大，通过透光不良，造成茎叶骤然萎蔫，逐渐枯干呈灰白色，使灌浆中断，有时还感染严重病害，导致秕粒减产。这种现象称为“腾伤”。防止措施是：采用宽窄行种植，改善田间通风透光条件，高培土，使行间成沟，便于排水，后期浇水，在下午或晚间进行，在可能发生腾伤时及时浅锄散墒，并开沟排水。

五、谷子滴灌水肥一体化技术

（一）播前准备

合理轮作倒茬，忌连茬。选择土壤有机质含量高，土壤疏松通透性好的沙壤土地为宜。在冬灌冬翻或春灌春翻前，采取机械或人工回收田间秸秆、残膜等杂物。冬灌或春灌是确保播种墒情的有效途径，浇水要浇透浇足；做到适时耕翻，及时耙、耱土地，达到土壤平整、细碎、上实下虚、无杂物、无大颗粒土块。春播宜采取深耕和4月上旬耙耱的方法。秋季结合耕地亩施农家肥不少于2 000～3 000千克、磷酸二铵10千克，与农家肥混合使用，或亩施（氮磷钾15∶15∶15）三元复合肥30千克、磷酸二铵10千克。同时，每亩施辛硫磷颗粒2～3千克防治地下害虫。采用50%萎锈灵、40%敌克松或阿普隆进行拌种。每100千克种子用50%萎锈灵乳油0.70～0.8千克拌种或闷种。用于防治谷子白发病和谷子黑穗病或采用每100千克种子用50%敌克松粉剂0.5千克拌种。

（二）播种

适期播种，春播可在4月下旬至5月中旬播种，由于采用地膜覆盖和灌溉设施，不用考虑墒情，比常规种植可提前7天播种。采用机械化播种方式，可滴灌带铺设、覆膜、播种一次完成。地膜为宽80厘米、厚度为0.008毫米的黑色地膜。种植方式采用1膜2行，大行距70厘米，小行距30厘米，穴距25～30厘米，每穴播种量4～6粒，保苗2～3株。每亩播量0.5～0.75千克，不要盲目加大播量，以免定苗费工费力。播种深度应掌握墒情好易浅，墒情差易深的原则，播种深度一般为3～4厘米为宜。采用播种机播种，要求下籽均匀，不漏播、不断垄，深浅一致，播后要及时镇压和压土袋防风，也可进行干播湿出种植。

（三）田间管理

及时定苗：当谷苗长至3～5叶时，按照去弱留壮，去黄留绿的原则，及时去除杂草、弱苗、黄苗，给谷苗创造良好的生长环境。“张杂谷”属大穗类型杂交种，穗长最高可达40厘米，且分蘖率较高，因此栽培管理上要侧重发挥个体优势，掌握宜稀不宜稠的原则，沙性较大地每亩留苗以1.2万～1.4万株，黏土地每亩留苗1.6万～1.8万株，在此范围内注意掌握，好地宜密，差地宜稀。

除草、施肥、灌溉：在播种后及时灌溉，保证种子发芽。及时除去未被地膜覆盖部分的杂草。

（四）肥水管理

根据土壤情况一般10天左右滴1次肥水。在5～6叶期，滴尿素5千克/亩；在拔节期每亩滴尿素4千克左右、滴灌配方肥3～4千克；在孕穗期，每亩滴尿素6～8千克、滴灌配方肥3～4千克；张杂谷在灌浆期应每亩滴尿素2～3千克，高磷高钾肥3～4千克，也可进行叶面施肥，每亩喷施磷酸二氢钾150～200克，提高结实率使谷粒饱满。“张杂谷”全生育期共滴尿素25～30千克，滴灌配方肥10千克、高磷高钾肥8千克；全生育期共滴水（黏土地）10次滴水量270米^3/亩，沙性较大土壤全生育期滴水12～13次，滴水量 390 米^3/亩。

（五）病虫害防治

1. 谷子主要病害发生与防治

（1）谷子叶斑病：主要危害叶片。叶斑椭圆形，大小 2～3 厘米，中部灰褐色，边缘褐色至红褐色。后期病斑上生出小黑粒点，即病菌分生孢子器。发病初期喷洒 36%甲基硫菌灵悬浮剂 500～600 倍液或 50%多菌灵可湿性粉剂 600～800 倍液、60%防霉宝超微可湿性粉剂 800 倍液、50%琥胶肥酸铜可湿性粉剂 500 倍液、30%碱式硫酸铜悬浮剂 400 倍液、47%加瑞农可湿性粉剂 700 倍液、12%绿乳铜乳油 600 倍液，每隔 10 天左右 1 次，连续防治2～3 次。

（2）谷子白发病：幼苗被害后叶表变黄，叶背有灰白色霉状物，称为灰背。旗叶期被害株顶端三四片叶变黄，并有灰白色霉状物，称为白尖。此后叶组织坏死，只剩下叶脉，呈头发状，故叫白发病。病株穗畸形，粒变成针状，称刺猬头。用 50%多菌灵可湿性粉剂 600～800 倍液在抽穗前及扬花后喷雾防治。

（3）谷子锈病：谷子抽穗后的灌浆期，在叶片两面，特别是背面散生大量红褐色圆形或椭圆形的斑点，可散出黄褐色粉状孢子，像铁锈一样，是锈病的典型症状，发生严重时可使叶片枯死。防治方法：当病叶率达 1%～5%时，可用 15%粉锈宁可湿性粉剂 600 倍液进行第一次喷药。隔 7～10 天后酌情进行第二次喷药。

（4）谷瘟病：叶片典型病斑为梭形，中央灰白或灰褐色，叶缘深褐色。潮湿时叶背面发生灰霉状物，穗茎为害严重时变成死穗。防治方法：发病初期田间喷 65%代森锌 500～600 倍液，或甲基托布津 200～300 倍液喷施叶面防治。

（5）谷子褐条病：发病时，可用 72%农用链霉素或 20%噻菌铜悬浮剂进行叶面喷施，每 7 天 1 次，最好连防 2～3 次。病害较重的地块，要剥除老叶，除去无效茎以及过密和生长不良植株，通风透气，降低温度。

2. 谷子主要虫害发生与防治

（1）蛀茎害虫：有粟灰螟（钻心虫）、玉米螟、粟茎跳甲、粟茎蝇等，用20%氰戊菊酯2 000倍液进行防除，一般在拔节期防治2次，以赤眼蜂防治粟灰螟和玉米螟有较好效果。粟茎跳甲防治措施，在越冬代成虫产卵盛期或田间初见枯心苗时进行，用2.5%功夫乳油或20%灭扫利乳油2 000倍液或2%阿维菌素乳油2 000～3 000倍液喷雾防治。

（2）食叶害虫：主要有黏虫和粟磷斑叶甲，黏虫的防治以药剂防治低龄幼虫为主，可在幼虫2～3龄期，谷田每平方米有虫20～30头时用Bt乳剂200倍或4.5%高效氯氰菊酯乳油1 500～2 000倍液喷雾，辅助措施以田间草把诱集成虫和卵块，集中销毁，减少为害。粟磷斑叶甲可以采取人工捕杀，在谷子心叶有枯白斑时人工捕杀幼虫，用手从下向上捏心叶或叶鞘，可消灭70%以上幼虫。也可以采取药剂防治，用48%毒死牌乳油500～800倍液、2.5%溴氰菊酯乳油1 500～2 000倍液、4.5%高效氯氰菊酯乳油800～1 000倍液，效果较好。

（3）吸汁害虫：有蓟马、蚜虫和粟缘蝽，防治用10%吡虫啉可湿性粉剂2 000倍液、2.5%溴氰菊酯乳油2 000倍液喷雾。

（六）后期适时收获

谷子颖壳变黄，籽粒变硬时即可收获，避免风磨鸟啄。

第四章　河北省粮食作物水肥一体化现状及发展对策

第一节　河北省粮食作物水肥一体化应用情况

一、粮食作物水肥一体化实施的背景

2014年国家启动河北省地下水超采综合治理试点项目，粮食作物水肥一体化是项目设施的重要节水技术内容之一。通过几年的实施，取得了显著成效，积累了一定经验。

河北省地下水超采严重，节水农业是发展必由之路。河北省多年来地下水超采严重，地下水位连年下降，部分区域浅层水基本采完，形成华北乃至全国最大的漏斗区，水资源紧缺已成为限制社会发展、人民生活提高的障碍因素，因此，发展节水农业是必由之路。

小麦玉米两大主要农作物，是农业节水的重点。河北省常年种植小麦3 000万～3 600万亩，玉米4 000万～4 500万亩。有关测算表明，社会用水量的70%在农业，农业用水量的70%在小麦，所以说粮食作物，特别是小麦是农业节水的关键所在。节水小麦品种的育成为粮田节水奠定了基础并成为可能。近年来河北省节水小麦育种成效显著，育成了一大批节水小麦品种，以石麦22为代表的节水小麦品种在生产上得到大面积推广应用，为粮田节水奠定了生物品种基础。

粮田大水漫灌现象依然存在，使农业节水具有潜力。河北省黑龙港区域、北部区域粮田大部为长条大畦整地，单次灌水量大，单次亩灌水量达80～100米^3；山前平原区小畦多次灌溉现象依然存

在，小麦生育期灌水次数多的达 4～5 水，科学合理用水仍有很大潜力。

粮田水肥一体化省工省力省时，是发展现代农业的必然。目前河北省的农业生产基本实现了耕、种、收机械化，田间人工操作的环节只有两个，一是病虫防治仍然以人工背喷雾器防治为主，但近年来机械化统防统治发展迅速，有望实现机械化；二是施肥管理，仍然以人工施肥方式为主，施肥技术相对落后，肥料利用率低，费工费力，制约着农业全程机械化的实施。要实现农业现代化，首先要解放劳动力，水肥一体化是水肥管理环节解放劳动力的关键，也是农业现代化的重要标志。

水肥一体化可实现增产，促进规模化经营发展。水肥一体化技术是将灌溉与施肥融为一体的农业新技术，借助高效灌溉系统，按土壤养分含量和作物种类的需肥规律和特点，将肥料通过管道，均匀地施入作物根系区域，把水分、养分定时定量，按比例直接提供给作物。水肥一体化可省去垄沟畦背，节省土地 7%～10%，可实现多次施肥、叶面施肥，具有显著的增产作用；同时由于节省劳动力，减少用工成本，对规模化经营具有明显的促进作用。

二、应用情况

2014—2016 年，全省在石家庄、邯郸、邢台、衡水、沧州、保定、廊坊、张家口 8 个设区市和辛集市的 118 个县（市、区）（项目县年度间有重复，实施地点不重复）实施，实施面积 50.2 万亩，其中 2014 年新建 10 万亩，涉及邯郸、邢台、衡水、沧州市的 29 个县。推广模式：微喷灌水肥一体化。2015 年建设面积增加到 30 万亩，其中新建 20 万亩，续建 10 万亩，涉及邯郸、邢台、衡水、沧州市、石家庄市的 42 个县。2016 年新建 20.2 万亩，涉及邯郸、邢台、衡水、沧州市、石家庄市、保定、廊坊、张家口市的 47 个县。建设内容：明确建设内容模式，可以因地制宜选择微喷式、固定式喷灌或卷盘式喷灌模式。新建项目的工程设计与施工：设施设备与售后服务等必须统筹考虑地上地下输水管道、机井井房与首部系统、农机农艺与田间作业等环节，使项目单位（业主）操作简便易行收到实效。水源：机井出水设施能够满足水肥一体化工程建设需要，水泵出水口出水量≥30 米^3。机井电源能够提供功率25 千瓦以上的电量。轮灌周期：以不影响灌溉区内小麦玉米生长期对水肥的需求为原则，确定灌溉区内灌溉一个轮次所需时间。根据小麦玉米生长需水特点，确定轮灌周期不超过 7 天。灌溉控制面积：每套设施控制面积 50～80 亩为宜，卷盘式模式可适当增加控制面积到 100 亩左右。机井首部系统：应当具备为整个灌溉系统提供加压、施肥、过滤、量测、安全保护等功能。应当配备机井井房、离心式过滤器、加压泵、逆止阀、球阀、进排气阀、压力表、电磁或涡节流量计及智能化控制设备等。机井井房：建筑面积应当在 7～10 米^2。灌溉施肥自动控制系统：应当配套 5 米^3 以上的施肥池（或施肥罐）、隔膜式柱塞泵和污水搅拌泵，应当能够自动控制定时定量浇水施肥，主要用于微喷模式和固定式喷灌模式，实现灌溉施肥自动化。地下输水管道：采用微喷灌溉模式的地下输水管道，应当选用直径 110 毫米、工作压力 0.4 兆帕的 PVC 管材。采用固定式喷灌模式的地下输水主管道，应当选用直径 110 毫米、工作压力 0.63 兆帕的 PVC 管。田间地下输水支管应当选用直径 75 毫米或 63 毫米、工作压力 0.63 兆帕的 PVC 管。采用卷盘式喷灌模式的要求输水管道，应当选用直径 110 毫米、承压不低于 0.8 兆帕的 PVC 管。田间施工：微喷灌模式，田间支管应当采用 90 毫米 PE 软管，给水桩之间距离不大于 24 米，应当便于支管的收放，每 6 米支管必须加 1 个快速拆装式接头；田间微喷带应当选用带快速接头、直径 40 毫米、壁厚 0.2～0.4 毫米、孔径 0.7 毫米、斜五孔，工作压力 0.05～0.1 兆帕的微喷带，且要采用 90 毫米大阀门控制微喷灌。每套微喷灌系统必须配备铺带、收带机械、撑管钳、拆管叉、铺管支架等。固定式喷灌和卷盘喷灌模式：地下地上输水系统应当采用多功能、一体化、地埋伸缩式或快速拆装式、可升降式的田间设计，方便地表农机农艺作业。其中固定式喷灌应当配备升降式喷杆，卷盘式喷灌应当根据喷幅设置作业带。

三、应用效果

（一）节水压采明显提升

3 年累计建设小麦玉米水肥一体化 50.2 万亩，实现年压采能力 0.3 亿米^3 以上。采取高效灌溉方式解决了垄沟淋失、大水漫灌等问题，一般主体麦田可每亩节水 40 米^3 左右。据沧州市调查，亩节水 61.06 米^3；石家庄市在示范微喷技术时进行调查，藁城刘家庄千亩示范区（壤土），微喷 2 次亩共用水量 75 米^3，常规浇水 2 次亩共用水量 120 米^3，亩节水 45 米^3；藁城市 2016 年调查结果显示，水肥一体化示范区小麦生育期总灌水量 110 米^3，农民常规对照区生育期总灌水量 205 米^3，水肥一体化示范区较对照区亩节约灌水 95 米^3；黑龙港区域的大条畦灌溉的可每亩节水 100 米^3 以上。

（二）节肥、省工效果明显

据藁城市土肥站 2016 年调查，水肥一体化示范区小麦全生育期亩施肥量 21.618 千克，农民常规对照区亩施肥量 24.9 千克，示范区较对照区亩减少化肥用量 3.282 千克，节省化肥 13.18%。石家庄市调查，项目区每眼井省工 30～50 个左右。据藁城在南关街示范点调查，常规农田清垄沟、扒畦用工 0.65 个、4 次浇地用工 1.25 个/亩，春季总用工 1.9 个/亩；而微喷 4 次浇水仅用工 0.4 个/亩，铺拆微喷带一次用工 0.5 个/亩，春季总用工 0.9 个/亩，比对照平均亩省工 1 个左右，省时 8 个小时左右。赵县南白庄示范区张国进 2.5 亩小麦浇一次地用工 2 个人 3 小时，约 0.6 个工/亩，而使用微喷后浇地 1 人 1.5 小时左右就可，约用 0.15 个工/亩；鹿泉后东毗村 60 亩沙质土示范区，常规浇水 4 次平均亩用工 0.6 个，而微喷浇水 4 次平均亩用工 0.12 个；栾城北屯示范方 72 亩麦田，常规灌溉用时 8 天，微喷用时 3 天左右。总的来看水肥一体化春季每眼井可省工 30～50 个，每次灌溉可省时 3～5 天。

（三）土地利用效率提高

微喷式省去了垄沟畦背，一般节地 10%左右；固定式少量占地，一般节地7%左右；卷盘式由于占用行走道，与常规占地基本相当。

（四）增产、增效显著

采用水肥一体化技术施肥，施肥方式更加合理，施肥时间更容易调控，作物能够更有效地吸收利用养分，水肥耦合效应明显，作物增产显著。总的增产趋势是小麦增产不明显、玉米增产明显；保证足额合理用水的增产明显、用水量过小的增产不明显、甚至减产；壤土地增产不明显、沙土地增产明显。一般小麦增产5%左右，玉米增产15%左右，全年两季可亩增产粮食100千克左右，增量加之省工、省电可亩增效200元左右。据石家庄市多点调查，小麦增产在20%以上的地块均出现在沙土地。藁城丰上村沙质土示范区，喷灌处理的小麦产量为539.3千克，比常规浇水的小麦产量420.5千克，亩增产118.8千克，增产28.25%；南关街沙质土示范区，喷灌处理的小麦产量为475.4千克，比常规浇水的小麦产量388.3千克，亩增产87.1千克，增产22.43%。据石家庄市农业科学院在赵县原种场试验，微喷4水的亩产506.63千克，比常规对照亩增产67.1千克，增产15.52%；据高邑试验微喷3次的小麦亩产为411.0千克，比微喷2次的小麦亩产367.0千克，亩增产44千克，增产率12.0%；比常规对照亩产368.5千克，亩增产42.5千克，增产率11.5%。

（五）应用水肥一体化意识水平普遍增强

在项目实施过程中，各地充分利用电视、网络、广播、报纸等媒体，广泛宣传，组织开展各种形式的技术培训，现场观摩，现场考察交流，使人们对水肥一体化技术的作用、优点、效果、操作技术等有了全面认识，应用水肥一体化技术的积极性大幅提高。基层组织积极组织开展水肥一体化技术推广工作，农民争先采用水肥一体化技术，县乡技术人员技术水平大幅提高，企业积极参与，开发创新产品，提高技术水平。项目实施，使水肥一体化技术得到社会广泛关注。

（六）对水肥一体化技术提升创新带动作用显著

微喷灌水肥一体化技术模式从 2011 年引入在项目实施过程中得到了进一步完善，快速接口、大阀门控制、机械收铺带、收管钳、一体化施肥池等小发明不断涌现。固定式喷灌水肥一体化从原来传统田间立管发展到地埋自动伸缩式喷灌模式，克服了原来费工、易丢失、影响农机作业等不足，极大地促进了农民应用水肥一体化技术的积极性。卷盘式喷灌水肥一体化技术更先进，卷盘淋灌化，驱动方式更节能，测墒智能控制更省工，灌水更均匀。注肥设备从传统的方式发展到智能一体化，施肥更均匀。与现代技术对接，实现物联网智能化控制，水肥一体化技术模式整体水平得到显著提升。完善了小麦玉米水肥一体化灌溉施肥技术规程，初步建立了冬小麦水肥一体化技术规程、玉米水肥一体化技术规程、马铃薯水肥一体化技术规程，技术应用更规范，更易复制推广。

（七）应用规模逐年扩大

2014 年建设面积 10 万亩，应用作物为冬小麦、夏玉米，主要推广区域包括邯郸、邢台、衡水、沧州市的 29 个县，推广模式为微喷灌水肥一体化，项目区覆盖 107 个乡镇、189 个村、5 387个农户、42 个种粮大户、28 个家庭农场、79 个农业合作社和 10 个新型种植公司。2015 年建设面积增加到 30 万亩，推广区域扩大到邯郸、邢台、衡水、沧州市、石家庄市的 42 个县，推广模式调整为微喷灌式、固定式、卷盘式水肥一体化。2016 年进一步增加 20.2 万亩，总面积达到 50.2 万亩，推广区域扩大到邯郸、邢台、衡水、沧州市、石家庄市、保定、廊坊、张家口市的 47 个县。

四、存在的问题及建议

微喷模式节水效果好，但由于存在微喷带收铺多次作业，人工成本较高，小麦玉米轮作条件下应用微喷灌水肥一体化技术农民接受程度普遍不高。

目前一家一户分散式的经营模式仍占大多数，存在操作、管理困难和农民积极性不一致等问题，组织管理实施难度大，不完全适应地下水超采综合治理小麦玉米水肥一体化技术模式要求。实施中以大户、家庭农场或组织能力较强的农民合作组织应用为主，限制了技术推广速度和规模。

由于农作物生产季节和项目安排时间不一致，当年项目一般第二年春季才能应用，存在项目实施滞后性，造成与项目进度管理之间的矛盾。

维修服务组织仍不够健全。水肥一体化技术发展迅速，技术模式不断更新，尤其大田作物应用面积比例较低，市场难以支持维修服务组织运营，设备一旦损坏购买配件和维修比较困难，阻碍技术的进一步普及。

重建、轻管、忽视用。水肥一体化设施建设是基础，建成后强化管理维护是长久发挥效果的保证，科学使用才能发挥节水压采效果，避免高效灌溉设施浇大水、水肥一体化设备不施肥的现象发生。

五、水肥一体化的技术构建

（一）应用水肥一体化的基础条件

目前河北省粮田主要实施的水肥一体化模式包括——膜下滴灌、微喷式、固定式、卷盘式、桁架式水肥一体化。由于喷灌设施和喷水量的要求，除土层较薄的岗坡次地、地势不平的丘陵区不太适宜应用外，其他广大农田均可应用，根据应用效果可划分为三种区域。

1. 最适宜区域　沙土地是应用水肥一体化的最适宜区域，因为沙土地利用传统人工灌水方式时渗水量大，单次灌水多、灌水时间长，跑肥漏水严重，而应用水肥一体化化进行水肥管理，在达到合理淋湿层的前提下，可明显减少灌水量、缩短灌水时间、减轻跑肥漏水现象，而且增产效果明显。

2. 适宜区域　壤土地是应用水肥一体化的适宜区域，该类型土壤是河北省的主体土壤类型，保墒保肥力较强，应用水肥一体化后能确保在减少水量的情况下保证粮食作物的需水要求。

3. 较适宜区域 黏土地是应用水肥一体化的较适宜区域，该类型土壤具有壤土地同样具有保墒保肥能力，但土壤过黏不利于水分下渗，达到合理淋湿层的需水量较大。

河北省在实施水肥一体化项目时，在考虑上述基本条件的基础上，第一年首先选择地下水超采严重程度区域实施，首先在黑龙港区域的沧州、衡水、邢台、邯郸实施；第二年延伸到水源上游区域实施，扩展到黑龙港西部太行山山前平原区的石家庄进行实施；第三年扩大河北省的大部分区域。

在实施区域内，优先选择种粮大户、规模化经营主体、农民接受能力强的村镇进行示范推广。

（二）水肥一体化灌溉模式选择

河北省水肥一体化灌溉模式目前主要采用有膜下滴灌，微喷式、固定式、卷盘式、桁架式喷灌等。不同模式具有不同的优缺点，在应用中各有利弊。

1. 膜下滴灌 滴灌是农田灌溉最节水的灌溉技术之一。可适用于果树、蔬菜、经济作物以及温室大棚灌溉。在干旱缺水的地方大田作物可结合地膜覆盖，实行膜下滴灌，河北省北部张家口、承德等干旱地区马铃薯、春玉米、谷子、胡萝卜等一般采用膜下滴灌技术。膜下滴灌具有很多优点。一是节水、节肥、省工、增产。膜下滴灌属全管道输水和局部微量灌溉，使水分的渗漏和损失降低到最低限度。膜下滴灌水肥一体化可方便地施肥，实现水肥同步，大大提高肥料利用率。二是膜下滴灌可控制温度和湿度。三是保持土壤结构。滴灌水分缓慢均匀地渗入土壤，对土壤结构冲击小，能起到保持作用。但膜下滴灌也有自身不足和缺点。一是易引起堵塞，因此，滴灌时水质要求较严，一般均应经过过滤处理。二是可能引起盐分积累。三是可能限制根系的发展。由于滴灌只湿润部分土壤，加之作物的根系有向水性，这样就会引起作物根系集中向湿润区生长。四是采用膜下滴灌时，要防止滴灌带的灼伤。铺设滴灌带时要压紧压实地膜，使地膜尽量贴近滴灌带，地膜和滴灌带之间不要产生空间。避免阳光通过水滴形成聚焦。播种前要平整土地，减少土地多坑多洼现象。防止土块杂石杂草托起地膜，造成水汽在地膜下积水形成透镜效应，灼伤滴灌带。铺设时可将滴灌带进行潜埋。

2. 微喷式喷灌 基本没有空白地，全部去除垄沟畦背，占地最少，喷水均匀，无盲区，适合于规模200亩左右土地经营户应用，成本相对较低。缺点是微喷带属于易损件，根据质量好坏3年内需更新换代，由于水肥一体化在河北省仍属于新生事物，产后社会化服务体系不健全，更新换代难；另外，河北省大部区域属于一年两熟制，小麦收获、播种等季节需要拆装微喷带，增加了人工。

3. 固定式喷灌 使用寿命长、拆装方便、用工少，且出水口在地下，有保护盖，占地较少，方便耕作，适合种粮大户和规模化经营使用。缺点是成本稍高，有喷水盲区。

4. 卷盘式喷灌 使用寿命长、成本适中、用工很少，适合种粮大户和规模化经营使用。缺点是：喷头车（喷架）作业道每幅占地1.8米左右，浪费土地，喷枪有盲区，喷头车作业转道费力，浇水不均匀。

（三）加肥模式选择

要实现水肥一体化，仅有灌溉设施还不行，还需要将作物所需的各种肥料加入到灌溉输水管道中，将肥料输送到作物根区土壤中，供作物吸收利用。将放置、溶解、注入肥料的一系列设施，称为加肥系统。一般包括盛放肥水溶液的容器、加快肥料溶解的搅拌设备、肥料溶液注入输水管道的注肥设备等。常用的施肥设备主要有施肥罐、文丘里施肥器、施肥泵等。根据河北省粮食作物种植规模大、主要以井水灌溉的特点，水肥一体化适宜选择大容器、便于控制施肥均匀度和数量、对输水管道压损小的加肥设施。盛放肥水溶液的容器建议选用施肥池或大的塑料容器，加注肥设备建议根据灌溉模式的不同选用比例施肥器、活塞式加肥泵或一体化的施肥机。

（四）水溶肥料选择

选择的原则：一是养分含量高。如果肥料中的养分含量较低，为了保证作物养分需求，只能增加肥料用量，如此一来，溶液中的离子浓度过高，容易造成堵塞。二是溶解度要高。一般要求肥料在常温下能够完全溶解于水。三是相容性要好。因为水肥一体化施肥，肥料中养分靠溶解在水中一起通过微灌系统进入作物根部，如果不同肥料中养分相容性不好，就会产生沉淀物，从而堵塞管道和出水口，进而影响设备的使用年限。四是受当地水质影响小。由于灌溉水中通常含有多种离子，如硫酸根离子、镁离子、钙离子等，当灌溉水 pH 达到一定值时，水中的阴阳离子会发生反应，生成沉淀。所以，在选择肥料时应考虑灌溉水质、pH、电导率等因素。五是对灌溉设备腐蚀性小的肥料。

根据生产实际，建议在上述原则基础上，根据作物需要优先选择易溶于水、溶解速度快的常规肥料，降低肥料成本。其次选择价格适宜的商品水溶性肥料或液体肥料。

（五）水肥一体化设备的操作技术

不同模式设备的操作基本原理相同（个别稍有差异），基本操作程序如下：

（1）先开启喷水设备出口阀门，开启数量与灌溉地块面积应相适应，根据水压、水量、幅长进行调整适宜喷灌面积。微喷式一般 2 亩左右，固定式 10～15 亩，卷盘式根据喷幅移动喷灌，没有面积限制。

（2）微喷带阀门开启时，一般应开启一个分水口的双侧或两个分水口的单侧；固定式根据地下管道走向开启喷头。

（3）水泵开启时，应先开启加压泵，随后马上开启潜水泵。

（4）根据水泵出水量开启微喷带数量或喷头数量。微喷式以两侧水雾喷射交叉为合理状态，固定式一般根据水压、水量和喷幅拟进行的安装，以达到拟设计喷幅为合理状态；卷盘式根据喷幅确定左右转道距离。

（5）施肥罐开启时，应先喷清水，喷雾均匀时再开启施肥灌，

肥料施完后继续喷一定时间的清水

（6）转换地块时，应先开启下一地块喷水阀门，再关闭现喷灌阀门。

（7）待全部地块喷灌结束，先关闭潜水泵，随后关闭加压泵。

（8）注意事项。注意定期清理过滤器，上冻前清空管道储水，沙多时及时清理微喷带。微喷式、固定式的施肥罐可改为单独建设施肥池。

（六）水肥一体化的田间管理技术

水肥一体化的田间管理技术和常规种植管理的区别主要在水肥管理两个方面。

1. 水分运筹及管理 河北省粮田应用水肥一体化主要在小麦、玉米两大作物使用，由于河北省自然条件特点，小麦季属于旱季，自然降水与小麦需水缺口较大，人工灌水较多；玉米季属于雨季，降雨量与玉米的需水量基本吻合，人工灌水较少，个别浇水也是季节性短期缺水所需，所以，节水的关键在小麦季。

常规灌溉情况下有土壤剩余水是可以进一步节水的理论基础。据在河北省藁城、赵县连续 3 年测定壤土地小麦季灌溉 3 水的 2 米土体土壤水分状态表明，小麦季结束后，2 米土体储水量仍可达 289.5 米^3/亩，扣除萎蔫系数（10%）不可利用水分，仍达 60～100 米^3/亩，说明在常规全生育期灌溉 3 水 140 米^3/亩的情况下，仍有进一步节水的空间，而大水漫灌、小畦多次灌溉的麦田，特别是沙土地单次灌水量大、灌水次数多，节水的空间更大。

3 种水分可以交替互补，为节省人工灌水提供了前提。农作物的需水主要来源于降水、土壤水、人工灌水，3 种水分是可以交替互补的。当降水多时，人工灌水可以减少，土壤供水也可以减少。当土壤水较多时（比如伏期降水量大），人工灌水也可以减少；反之，人工灌水则需加大。当人工灌水较多时，土壤供水则减少；反之，土壤供水则加大。本地研究表明，常规管理模式下土壤水供给量在 80 米^3 左右，在节水管理模式下，土壤水供给量可提高到 120 米^3 左右，相当于人工灌水可节省 40 米^3。

先进喷灌设备的应用为节水灌溉提供了保证。喷灌设备的应用改变了垄沟输水、做畦灌溉的传统习惯，解决了沙土地渗漏、盲目大水漫灌、垄沟渗漏跑水等现象，加之科学合理确定灌水量，为节水灌溉提供了可能。

（1）水肥一体化小麦总灌水量的确定。根据上述研究的理论基础和多点多年喷灌试验表明，水肥一体化的节水下线指标为灌水80 米^3/亩左右，适宜灌水量为 80～100 米^3/亩，也就是在常规灌水量 140 米^3/亩，土壤水利用 80 米^3/亩，土壤剩余可利用水最低60 米^3/亩的情况下，将土壤水利用量提高到 120 米^3/亩，人工灌水量减少到 80 米^3/亩。在上述灌水指标的基础上，沙土地适当增加，黏土地适当减少。

（2）水肥一体化的小麦灌水次数及单次灌水量。小麦季冬前冀中南一般不进行灌溉，北部麦区为确保小麦安全越冬，一般进行喷灌封冻水。小麦季春季壤土地主体麦田根据分次施肥的需要喷灌 3 次水，分别是起身拔节水、孕穗水、灌浆水，亩灌水量分别为 30 米^3 左右、≥25 米^3、≥25 米^3；也可喷灌两次，分别是起身拔节水、孕穗扬花水，亩灌水量分别为≥45 米^3、≥40 米^3。沙土地根据沙性强弱，适当增加喷灌次数，减少单次灌水量。黏土地一般喷灌 2 次，适当增加单次灌水量，以确保土壤淋湿层达到合理要求。

（3）水肥一体化玉米季的灌水量及次数。河北省玉米季属于雨热同季，人工补水不是主要问题，但由于阶段性干旱造成需人工补水，多在出苗期，一般可亩喷灌补水 25 米^3 左右即可，中后期根据分次追肥的需要，可喷灌 2 次左右，单次亩喷水量 8～10 米^{3}即可。

2. 肥料运筹及管理

（1）喷灌施肥的特点。与传统施肥方式相比较，喷灌施肥有以下特点：一是改固体肥料为水溶性肥料，可达到叶面施肥的效果，提高肥料利用率；二是在不增加人工投入的前提下，可以变一次追肥为分次追肥，使养分的供给更加符合作物不同时期的需要；三是改传统的磷肥一次底施管全季，变为根据作物养分供需变化及时调整补施。

（2）喷灌施肥的原则。一是根据各地的土壤养分状况，以当地配方施肥量为基数；二是由于叶面喷肥和水溶性肥料提高了肥料利用率，在总施肥量的基础上可减少10%的用量；三是由于中后期可以补施水溶性磷钾肥，底施磷钾肥可适当减少，一般磷钾肥减少40%，其剩余量用于喷灌时追肥。

（3）喷灌施肥的方法。小麦季春季喷灌3次，氮肥一般底施总量的60%，第一水喷施25%～30%，第二水喷施10%～15%，第三水不再喷施氮肥；磷钾肥一般底施总量的60%，其剩余量结合春季3水平均施入即可，也就是第三水只喷施磷钾肥，不再喷施氮肥，防止小麦贪青晚熟。玉米季一般喷灌出苗水，其余时间根据旱情酌情喷灌，但即使中后期不缺水，也应为了追肥所需进行少量喷灌施肥，一般在大喇叭口期、抽雄期、灌浆期选择性追肥2～3次，施肥量可掌握底施50%～60%，其余量均衡分次施入即可。

3. 水肥一体化的配套技术措施

（1）选择节水抗旱小麦品种。要选择丰产性强、熟期适中，抗旱指数在1.1以上的品种，以确保既节水又高产。

（2）精细整地确保地势平坦。由于喷灌的单次灌水量较小，径流量也较小，地势不平容易造成“波浪田”，因此，要尽可能整地平整。

（3）采取等行全密种植形式。采取12～15厘米等行距种植形式，减少土壤蒸发量，合理利用空间，促小麦足穗，可起到抗旱丰产作用。

（4）播后强力镇压确保土壤踏实。小麦播种后出苗前，在地表土壤湿度适宜时，用强力镇压器进行镇压，既抗旱又抗寒，镇压器的重量一般在每延米120千克。

第二节　小麦玉米水肥一体化发展对策

水是农业的命脉，肥料是农业丰收的保障。常言道，有收无收在于水，收多收少在于肥。这些都说明了水、肥在农业生产中的重要作用。河北是水资源严重缺乏的省份，地下水严重超采。河北省2013年施用化肥达330万吨，过量施肥对脆弱的环境构成了压力。2014年国家开始在河北试点开展地下水超采综合治理，2015年在连续推广测土配方施肥技术的基础上，大力开展化肥零增长行动，水和肥都将要成为农业发展的制约因素。发展高效农业、节水农业，节水节肥，水肥一体化成为重要技术措施之一。2010年全省开始引进试验应用小麦玉米微喷灌水肥一体化技术，多地多年应用结果表明，其节水、增产效果非常明显。

一、实施情况及问题

2014年地下水超采综合治理试点项目在邯郸、邢台、衡水、沧州的29个县建设了10万亩小麦玉米微喷灌水肥一体化示范田，目前大部分都通过了项目验收。采用的形式主要是微喷灌，也有个别县采用了固定式喷灌的形式。2011—2013年建设小麦玉米微喷灌水肥一体化示范田8.4万亩。石家庄市政府也拿出专项资金推广小麦玉米微喷灌水肥一体化技术2万亩。其他途径、其他形式也在全省获得推广应用，特别是固定式、卷盘式喷灌系统在农业开发、水利项目和一些种植大户有所应用。从各地应用微喷灌情况看，有的地方是成功的，应用延续到现在，但有的地方失败了，农民弃用了。什么原因呢？通过调查分析，发现主要存在5个方面的问题：

第一，认识不到位问题。水肥一体化技术是一项综合性新技术，各级技术推广部门对水肥一体化技术掌握的不够，农民没见过，没用过，对技术不了解，或一知半解。企业对浇水与农民、农艺、农机、水肥一体相互协调配合认识不到位，对技术要求理解不全。主要是宣传培训学习不够。

第二，微喷灌技术本身存在的问题。如高产田植株高后阻水喷不匀问题，影响机械作业问题，拆装微喷灌带操作繁琐问题，加肥设备不配套问题，鸟啄、风刮问题，拆装后微喷带的存放问题。中喷等其他节水灌溉形式没有建立完善的水肥一体化技术方案。

第三，建设问题。选用的微喷管带质量差，快速接头不匹配，没有配备收带机械等。

第四，指导服务问题。没有建立后续服务体系，系统有了问题不知道怎么维护修理。没有建立浇水服务组织，特别是一家一户分散种植时，不能有效组织浇水施肥。没有技术服务组织，不能及时进行技术指导。

第五，使用问题。一是不知道怎么用。二是嫌麻烦不用。三是遇到问题不知道怎样解决停用。

在地下水超采综合治理农业项目检查督导中发现的主要问题：一是机械铺带、卷带机配备不全，快速接口过少，影响使用效率，有的没有建设施肥池。二是招标的建设单位水平参差不齐。有的施工人员技术水平不足，不能按照规范正确施工，容易误导农户。如铺设的微喷带宽度与农机作业要求不符，降低了玉米种植密度，影响增产效果。有的要求一年两次收铺微喷带，增加了劳动强度，严重影响使用积极性和技术的推广应用。需要强化技术指导和施工监理。三是业主对技术掌握还不到位。需强化对业主的技术培训。四是各地建立的浇水服务组织形式不一，后续服务难以保障。五是采用固定式喷灌水肥一体化的项目县没有建立水肥一体化技术方案。

二、发展水肥一体化对策

面对这些问题，要推广该项技术，需要从以下几个方面进一步加强工作。

（一）提升完善技术

一是完善加肥系统。根据不同情况建设施肥池或配套施肥罐，大户建设施肥池，散户配套施肥罐。改进加肥器，可以采用比例施肥器。二是配备便于拆装的设备零件，在不同输水管上应用快速接头技术。三是机械收铺喷灌带，特别是收带机必须配备。

（二）强化技术培训

水肥一体化技术是一项涉及多个方面的综合性配套新技术，科技含量高，操作要求严，应用效果显著。一要强化技术服务体系的技术培训。省市县要逐级开展技术培训，要让各级土肥技术人员掌握水肥一体化技术要点，具备开展技术指导的能力。二要加强对企业技术人员的培训。不仅要让其懂得设备的生产建设安装技术，还要了解灌溉与农艺、农机作业的相互关系，使其在项目建设时更能使三者有机结合。三要强化对农民和业主的培训。培训可以采用培训会、现场观摩、印发技术资料等多种形式。2017 年结合地下水超采项目编发了技术要点、技术图册、技术 100 问，编制了技术动漫，举办了多次技术培训班，对水肥一体化技术的普及发挥了重要作用。

（三）加强服务组织建设

一是建立技术指导服务组织，企业技术人员要能够及时为业主提供技术支持，土肥技术部门要积极开展技术宣传培训，深入田间调查指导。二是要建立水肥一体化设备维护组织，满足对设备维修更换的需要，建议每个县至少建立一个后续维修、零配件供应的组织机构。三是建立浇水服务组织。分散农户和合作社地块必须有浇水服务组织，对各农户在灌溉、施肥等方面进行组织协调。农场或大户要明确具备操作技术的专人进行负责。

（四）拓展节水灌溉模式

当前全省小麦玉米上主要节水灌溉设备主要有 3 种，包括微喷灌、固定式喷灌和卷盘式移动喷灌。3 种形式在小麦玉米上使用各有利弊。去年地下水超采综合治理项目主要采用了微喷灌水肥一体化形式。2018 年计划在以微喷灌水肥一体化模式为主的基础上，因地制宜示范推广固定式、移动式等其他多种形式的高效节水灌溉水肥一体化模式。采用固定式、移动式等其他节水灌溉形式不仅要看其省工、使用方便等，还要了解其效果，包括节水效果、增产效果，更重要的是要了解其如何实现水肥一体化，建立水肥一体化技术方案，另外要了解其实施条件、单位投资是否与项目要求相符。但不论采用哪种形式，必须把握节水指标、水肥一体两个关键点。

微喷灌优点是灌水均匀，投资少，技术配套。缺点是田间布置管带影响农机作业，增加繁琐劳动，寿命短。

固定式喷灌亩投资 1 200 元，优点为寿命长、便于农机作业，缺点是每次需要收插喷管和喷头，易受风影响。

卷盘式移动喷灌亩投资 1 500 元，优点为寿命长、便于农机作业，缺点是对水泵扬程和地下管道承压要求高，对作物的打击力大，易使小麦倒伏，要求田间电源，田间需要留出作业道，易受风影响。

第五章　应用实践

第一节　石家庄市小麦玉米微喷水肥一体化技术应用

石家庄市是一个资源型缺水城市，又是一个农业大市，农业用水占全市总用水量的70%，小麦又是农业用水的第一大户，占农业用水的70%。近年来全市对农田节水工作十分重视，小麦生产在工程节水基础上，以推广节水品种为前提，集成推迟播期、播后镇压、延迟春灌等农艺措施，实现生物节水与农艺节水相结合，取得了一定成效，高肥水麦田由以前的春三水为主改为春二水为主，总灌水量由以前的160 米^3/亩，减为120 米^3/亩左右。从2011年小麦秋播开始，通过政府引导，市县财政补助及农户筹资的办法，示范推广小麦、玉米微喷水肥一体化技术，取得了明显成效。

一、应用情况

从2011年秋季开始，按照“广泛布点、典型示范、突出重点、逐步推广”的原则，以“机井”为单元、以藁城、晋州、赵县、鹿泉为中心示范区，在全市18个（含辛集市）农业县（市）区的255眼机井示范推广小麦、玉米微喷水肥一体化技术，累计示范面积达到20 467.3亩。

微喷设备（包括首部系统、管道、微喷管、施工费等）每亩投资约600元。其中微喷管亩投资180元，可使用3年；其他设备一次投资可长期使用。

二、应用效果

总体来看，微喷水肥一体化技术具有两节（节水、节地）、两省（省工、省电）、两增（增产、增效）的明显效果，小麦、玉米两季合计节本增效200～300元。

1. 节水效果明显 从全市调查结果来看，壤质土壤麦田一般小麦浇水2～3次，亩灌水量100～130米^3；采用微喷灌溉3～4次，亩喷水量只需80～90米^3，亩节水30～50米^3。沙质土壤一般小麦浇水5～6次，亩灌水量360米^{3}左右；微喷灌溉5～6次，用水量130～160米^{3}左右，亩节水在200米^{3}以上。示范结果表明，沙质土壤节水效果较为明显。此外，由于夏玉米生育期降水较多，节水效果不如小麦明显。

2. 节地效果可观 应用微喷水肥一体化技术后，可以去除地头的大垄沟、田间小垄沟和田间的畦背，增加了农作物的有效种植面积。据全市不同类型麦田示范点调查结果，去除垄沟可节省耕地6%～13%（沙质土壤所占比例大一些），去除畦背节省2%～2.4%，合计亩节地10%左右。由于玉米行距较大，节地不如小麦明显。

3. 省工省时又便捷 应用微喷水肥一体化技术后，农民仅需开关阀门就能完成田间灌溉及追肥，省去了清垄沟、扒畦背、扒边埂、撒化肥等田间操作工序。通过对示范户调查，普通畦灌2～3小时浇1亩地，1眼机井需两人施肥、改畦、看管；而应用微喷后1小时可浇2亩地，1人可看管2眼机井。总的来看，应用微喷技术春季麦田管理每眼井可省工30～50个，每次灌溉可省时3～5天，工时均节省一半。

4. 拓宽雇工范围 微喷技术不但省工省时，解放了劳动力、降低了劳动强度。雇佣人员年龄范围较广，从20岁到70岁都可以从事该项工作，也为种植大户、合作社等组织解决了雇工难的问题。在小麦种、收基本实现机械化的基础上，加上微喷技术的推广，农业现代化水平迈进了一大步。在“春争日夏争时”的玉米播种季节，提早完成灌溉可使玉米提早播种、出苗，相应延长了玉米生育期，有利于玉米增产。

5. 增产效果明显 从示范情况来看，使用微喷后小麦产量均有增加，增产幅度沙质土大于壤质土。据全市调查统计，壤质、沙质土壤增产幅度分别达 6.7%、17%；玉米一般壤质土壤增产5%～10%，沙质土壤增产率均在 18%以上。2012 年藁城市 100 亩滹沱河沙滩地使用微喷水肥一体化技术后，由于解决了玉米后期需肥问题，玉米产量达到了 874.78 千克，创全省夏玉米最高纪录。使用该项技术后虽然增产幅度各不相同，但规律性比较强，效果较为明显。

6. 节本增效显著 应用微喷水肥一体化技术后，由于灌溉时间缩短而减少了用电量，降低了种田成本，小麦春季浇水按亩平均节水 40 米^3 计算，全市如果有一半麦田推广该项技术，即可节水 1.1 亿米^3。按小麦节地 10%、全市一半麦田推广该项技术计算，可节地 28.5 万亩，相当于深泽县现有耕地面积。

三、几点启示

1. 沙地效果最为显著 沙滩地“水难浇、肥难保”，跑肥漏水严重，产量水平低下，用水量是壤土地的 4～6 倍。沙滩地应用微喷水肥一体化技术增产效果优于壤土地。全市现有 100 多万亩沙滩地，如果全部实施该技术，不但节水效果明显，而且可以把中低产田变成中高产田，全市生产能力可以增加 1 亿千克以上。

2. 合作社、种粮大户是应用发展的主体 合作社、种粮大户实行的是规模化种植，到浇水时节需要雇佣大批人员，由于雇工费用增加，使得生产成本增加。而使用微喷水肥一体化技术后，既节省了劳力，又缩短了灌溉时间，还降低了劳动强度和用工成本，扩大了雇工范围，解决了雇工难、雇工贵的问题。

3. 坚持政府支持是发展微喷水肥一体化的基础 由于微喷水肥一体化设施一次性投资较大，加之种粮效益偏低，农民节水意识不强，农民自身投资发展微喷水肥一体化难度较大。应坚持“政府投资、农民受益”的原则，政府搞好引导，给予补贴，加快推广步伐，提高生态效益，提高生产能力，促进粮食生产的发展。

第二节　枣强县冬小麦夏玉米微喷灌水肥一体化技术应用

微喷灌水肥一体化技术利用现代高效微喷灌溉设备，将灌溉与施肥相结合，同时完成灌溉和施肥作业，使作物能够及时均匀的获得水分和养分，具有省肥、省水、省工、环保、高产、增效的特点。2014年，结合地下水超采综合治理试点项目，在冬小麦和夏玉米上开展了微喷灌水肥一体化技术的示范，取得了明显效果。

一、基本情况

枣强县隶属河北省衡水市，位于河北省黑龙港低平原旱作区，东经115°34′～115°58′，北纬37°13′～37°39′。属于大陆性季风气候，四季分明，光照充足，春季天气多变，时冷时热，少雨干旱，夏季气候闷热，秋季天气晴朗，冬季寒冷，干寒少雪，年平均降水量525.3毫米，降雨主要是集中在夏季（6～8月），占全年降水的60%，全年平均气温12.9℃。大于和等于10℃的积温4 489.5℃，无霜期189天，平均日照数为2 798.8小时，年日照率为64%，蒸发量2 034.2毫米，干旱指数为2.56。枣强县辖11个乡镇，553个行政村，8.4万农户，农业人口33.87万人，总耕地面积93万亩，是一个粮、棉、油、瓜菜为主的农业县，是国家重要粮食生产基地。冬小麦和夏玉米是主要种植粮食作物。

小麦玉米微喷灌水肥一体化技术示范区位于枣强县新屯镇西黄甫村的洪图家庭农场，面积256亩，土壤类型为轻壤质，常年种植冬小麦－夏玉米，年均产量约为460千克和560千克，地块高低不平，地下水位在500～600米，灌溉方式为井灌，一方面存在单位灌溉用水量大，灌溉过程中渗、漏损失严重，水分利用率低；另一方面灌溉耗时费力，投劳投工多，强度大。施肥方式为传统的人工撒施，不均匀，由于种植面积大，耗费大量的人力、物力，成本极高。

二、建设情况

为了改善灌溉施肥技术，洪图家庭农场在当地农业技术部门的支持下，示范建设了小麦玉米微喷灌水肥一体化设施，规范了灌溉施肥配套技术。主要建设内容包括机井水源机泵配套、首部灌溉控制系统、加肥系统、输水管道及田间微喷带系统。

（一）水源及机泵

水源为地下水，配套水泵为出水口径 3 寸[①]以上，功率 10～13 千瓦，扬程 65 米以上，出水量 50 米^3/小时（一次浇 20 亩地，辐射 50～80 亩）。每个机井服务面积控制在 50～80 亩，可根据水井流量适当调整。每口井出水量≥40 米^3/小时，水泵出水压力为0.1～0.15 兆帕，压力达不到灌溉压力要求，首部需要匹配加压泵。

（二）首部控制系统

主要有加压泵、过滤器、逆止阀、排气阀及压力表、流量计等设施。过滤器为 1.5 米离心式除沙过滤罐。3 寸回水止水阀门、自动减压进气阀、压力水表。1.5～2 寸放水（排气）阀门。

（三）加肥系统

加肥设施为容积 5 米^{3}以上肥料池（可满足一天肥料用量）。功率 1.5～2 千瓦活塞式高压注肥泵。

（四）输水管道系统

建设内容包括地下输水管、直通、三通和出水口及安装施工。设备选型标准。直径 90～110 毫米 PVC 管，直径 110 毫米 PVC 管较好。

采用的材料及性能要求。直径 63～90 毫米 PVC 管。选用 63 毫米 PVC 管，安装时要采用两头供水方式。建设包括分水口、支

---

① 寸为非法定计量单位，1 寸=3.3 厘米。——编者注

管道、球阀四通。

（五）田间微喷带

微喷带为直径40毫米斜五孔喷带，选择喷头参数要与系统相匹配。微喷带间隔距离1.8米。微喷带放置方向与种植作物种植方向一致。喷头根据射程参数合理布置。

三、使用维护技术

开始灌溉施肥时，先计算好灌溉一天需要使用的肥料数量，同时还需按照每个灌溉轮次控制面积，需要施肥数量，确定每次注肥所需时间，然后将水和肥料倒入施肥池内，用搅拌泵循环抽放肥水，起到搅拌作用，使肥料充分溶解；再次打开系统电源，开始浇一定时间的清水；之后打开注肥泵开关，调到所需的注肥时间，控制注肥泵向输水管道中注入肥料，通过微喷带，随水喷洒施用到田间；时控开关停后，再浇一定时间的清水，然后转到下一组田地继续。在施肥过程中，应定时监控灌水器流出的水溶液浓度，避免肥害。要定期检查，及时维修系统设备，防止漏水。及时清洗过滤器，定期对离心过滤器、集砂罐进行排沙。作物生育期第一次灌溉前和最后一次灌溉后，应用清水冲洗系统，冬季来临前应进行系统排水，防止结冰爆管，做好易损件保护。

四、配套灌溉施肥技术

（一）冬小麦水肥一体化配套技术

玉米秸秆直接粉碎还田，精细整地足墒播种。底肥按照测土配方施肥要求施用氮、磷、钾等肥，氮肥需视基础地力减量施用，一般氮肥底肥施用量占全生育期施氮总量的40%～50%。磷、钾肥全部底施。精选种子，主要选择早熟高产、抗寒、抗倒、耐旱小麦新品种。实行种衣剂包衣或药剂拌种，进行杀菌杀虫处理后待用。采取等行距播种，使田间麦苗分布均匀。播种深浅要适宜。推广“两晚”技术。播后1～3天适时镇压。小麦起身—拔节期（3月下旬至4月上旬）：微喷灌浇水20～30米^3/亩，尿素 9～12 千克，五氧化二磷 0.5 千克，氧化钾 0.5 千克。孕穗—扬花期（4 月下旬至 5 月上旬）：微喷灌浇水 20～30 米^3/亩，尿素 4.5～6 千克，五氧化二磷 0.5 千克，氧化钾 0.5 千克。扬花期—灌浆期（5 月中旬）：微喷灌浇水 20～30 米^3/亩，施尿素 1.5～2 千克，五氧化二磷 0.5 千克，氧化钾 0.5 千克。灌浆中后期：采用“一喷三防”技术，微喷灌浇水 15～20 米^3/亩。根据病虫害发生情况，随水喷施防治适宜药物。除草剂不适用于随水喷施。

（二）夏玉米水肥一体化配套技术

播种期微喷灌浇水 20 米^3/亩。苗期微喷灌浇水 15 米^3/亩，苗期追肥尿素 5 千克左右，五氧化二磷 1 千克，氧化钾 1 千克。玉米 7～11 可见叶期，用生长调节剂进行叶面喷施，降低株高，提高抗倒能力。大喇叭口期微喷灌浇水 10 米^3/亩，大喇叭口期追施尿素 15～20 千克，五氧化二磷 1 千克，氧化钾 1 千克。抽雄期微喷灌浇水 10 米^3/亩，尿素 10 千克左右，五氧化二磷 1 千克，氧化钾 1 千克。灌浆后期灌水 20 米^3/亩，主要为下茬小麦播种造墒，满足下茬小麦出苗及冬季墒情。适时晚收，河北南部夏玉米区一般应推迟到 9 月 30 日至 10 月 5 日收获。

五、应用效果分析

（一）应用情况

2015 年小麦生育期内共 10 次有效降水，降水量共 76.2 毫米；微喷灌溉 3 次，灌水量为 75 米^3/亩，灌溉费用 93.75 元/亩；亩底施配比为 18-20-7 配方肥 50 千克，追肥 1 次，追施尿素 25 千克。

2015 年玉米生育期内共 20 次有效降水，降水量共 240 毫米；微喷灌溉 3 次，灌水量为 75 米^3/亩，灌溉费用 93.75 元/亩；亩施水溶肥 50 千克，追肥 1 次，追施尿素 15 千克。

（二）效果

1. 增产增收 据对西黄甫村洪图家庭农场应用微喷灌水肥一

体化效果结果，小麦应用微喷灌水肥一体化后亩产550千克，增产90千克；玉米亩产665千克，增产100千克；除去了地头大垄沟、田间小垄沟和田间的畦背，增加农作物的有效种植面积20亩，小麦增收10 000千克，玉米增收26 000千克。增产原因主要包括两个方面，一是节地增加作物的有效种植面积，每亩小麦可增产43千克，玉米增产52千克；二是施肥方式的改变，提高了肥料利用率。需肥关键时节能及时浇水施肥，尤其是小麦灌浆期、玉米大喇叭口期的浇水施肥对增产影响很大（表5-1）。

表5-1　西黄甫村洪图家庭农场微喷灌水肥一体化效果调查

浇水模式	作物	亩产（千克）	单价（千克/元）	投入成本（增减/元）	增产（千克）	增产率（%）	新增（元/亩）
水肥一体化	小麦	550	2.23	−112	90	19.56	312
传统		460	2.23				
水肥一体化	玉米	665	1.6	−68	105	18.75	236
传统		560	1.6				

2. 节水节电、省时省工

（1）节水节电：小麦传统灌溉模式浇一水，一亩地用40元钱（电费），用水量60米^{3}左右，改用水肥一体化浇水模式后，浇一亩地用20元钱，亩用水30米^3，每亩一次浇地节水30米^3，节水50%，水肥一体化浇四次水，常规浇两次水，整个生育期节省费用40元钱。节水120米^3。玉米传统灌溉模式浇一水，一亩地用40元钱（电费），用水量60米^{3}左右，改用水肥一体化浇水模式后，浇一亩地用20元钱，亩用水30米^3，每亩浇地节水30米^3，节水50%。水肥一体化浇三次水，常规浇两次水，整个生育期节省费用20元钱。

（2）省工省时：常规浇水施肥亩用工0.5个/次，改用水肥一体化后，亩用工仅0.1个/次，水肥一体浇水4次计算，整个生育期亩用工0.4个，另外小麦地上微喷带铺设管护用工亩0.2个左右。按常规浇地浇水3次，整个生育期亩用工1.5个，水肥一体化比常规浇地节省用工0.9个。按每工80元计算，整个生育期人工节省72元钱。常规浇水施肥亩用工0.5个/次，改用水肥一体化后，亩用工仅0.1个/次，另外秋季卷拾地上微喷带0.1个。按常规浇地浇水两遍，水肥一体化浇三次水计算，常规浇地整个生育期亩用工1个，水肥一体化整个生育期亩用工0.4个，比常规浇地节省用工0.6个。按每工80元计算，整个生育期人工节省48元钱(表5-2)。

表5-2 洪图家庭农场投入成本调查

<table>
<tr><th rowspan="2">作物</th><th rowspan="2">浇水模式</th><th rowspan="2">浇水次数</th><th>水</th><th colspan="2">电费</th><th colspan="3">人工</th><th rowspan="2">合计（元）</th></tr>
<tr><th>总用水量（米³）</th><th>总金额（元）</th><th>节省（元）</th><th>用工（个）</th><th>总金额（元）</th><th>节省（元）</th></tr>
<tr><td rowspan="2">小麦</td><td>水肥一体化</td><td>4</td><td>120</td><td>81</td><td rowspan="2">40</td><td>0.6</td><td>48</td><td rowspan="2">72</td><td rowspan="2">112</td></tr>
<tr><td>传统</td><td>3</td><td>180</td><td>121</td><td>1.5</td><td>120</td></tr>
<tr><td rowspan="2">玉米</td><td>水肥一体化</td><td>3</td><td>90</td><td>60</td><td rowspan="2">20</td><td>0.4</td><td>32</td><td rowspan="2">48</td><td rowspan="2">68</td></tr>
<tr><td>传统</td><td>2</td><td>120</td><td>80</td><td>1</td><td>80</td></tr>
</table>

改良土壤，有利于增强土壤微生物活性，促进作物对养分的吸收；有利于改善土壤物理性质，克服了因灌溉造成的土壤板结，改善了土壤结构，土壤容重降低，孔隙度增加。提高空气湿度，调节局部小气候。同时，通过小麦玉米微喷水肥一体化项目的实施，提高了农民对新生事物的认知度，从开始的陌生到熟悉，到现在的主动要求。

六、存在问题及建议

(1) 农民接受新事物的需要一个过程，筛选主体非常重要，建议选择200～300亩成方连片的地块；选择有责任心、爱惜农业设施、具有一定号召力的经营主体，可以起到示范带动作用。

(2) 微喷带铺设不规范，影响耕作质量，同时造成微喷带的严重损坏；建议规范铺设微喷带，边铺边覆土，避免风刮。

（3）目前没有征收水资源费，农民的节水意识很淡薄。缺乏水肥方面的专业人才指导，技术推广手段落后，普及力弱，阻碍其推广发展，技术推广中农民的主体意识不强，农户学习水肥一体化的途径很少，政府对技术推广支撑不足，缺乏监管。建议征收水资源费，坚持政府引导，国家政策扶持，坚持因地制宜、全面布局的原则，加大农业科学技术推广力度，大力宣传，做好培训工作。

（4）田间铺设输水管道和微喷带后，会影响小麦收获和玉米播种机械作业，需要将输水管道和微喷带两次铺收，增加了劳动强度和用工。因此建议配备机械管带铺收设备。输水微喷带经长时间的风吹日晒雨淋极易损坏，建议能有替换到更合适的微喷带，或每年适度补贴微喷带购置费用。

第三节　藁城区小麦玉米微喷灌水肥一体化技术应用

一、基本情况

石家庄市藁城区金喜种植专业合作社种植耕地面积 1 039 亩，土壤为轻壤质石灰性褐土，土壤有机质 1.59～2.08 克/千克，有效磷 29～45.3 毫克/千克，速效钾 110～140 毫克/千克，pH 8.1～8.6。种植形式一年两熟，上茬小麦，下茬玉米。全部井水灌溉，灌溉率 100%，常年小麦平均亩产 550 千克左右，夏玉米平均亩产 600 千克左右，合作社 2014 年全部建设成水肥一体化灌溉施肥模式，其中微喷面积为 1 001 亩，中喷面积为 38 亩。

二、小麦应用数据调查

（一）产量调查

2016 年 6 月 12 日，全站技术人员按照对角线 5 点取样法对合作社种植区小麦进行测产，测产结果见表 5-3。

表 5-3　小麦测产结果

类型	编号	亩穗数	穗粒数	千粒重（克）	亩产（千克）	平均增产（千克）
水肥一体化示范区	1	50.9	33.5	43.8	634.83	71.84
	2	51.2	33.6	44.1	644.86	
	3	49.8	33.8	44.5	636.69	
	4	50.7	34.2	43.6	642.60	
	5	51.4	34.6	43.4	656.07	
	平均	50.8	33.94	43.88	643.07	
农民常规对照区	1	47.9	31.8	44.1	570.98	
	2	49.5	32.5	42.2	577.06	
	3	48.5	32.2	43.3	574.78	
	4	50.8	31.5	41.9	569.91	
	5	47.8	32.7	42.3	562.00	
	平均	48.9	32.14	42.76	571.23	

测产结果表明，水肥一体化示范区平均亩产 643.07 千克，农民常规对照区平均亩产 571.23 千克，水肥一体化示范区较对照区平均亩增产 71.84 千克，增产率 12.58%，小麦按照 2.36 元/千克计算，亩增产值 169.54 元，1 039 亩总增产小麦 74 641.76 千克，总增产值 176 152.06 元。

（二）灌水量调查

小麦灌水量结果调查见表 5-4。

表 5-4　小麦生育期灌水量调查

类型	生育时期	灌水量（米^3/亩）	类型	生育时期	灌水量（米^3/亩）
水肥一体化示范区	起身拔节	30	农民常规对照区	出苗水或冬前	60
	孕穗期	25		起身拔节期	50
	开花期	30		孕穗期	45
	灌浆期	25		灌浆期	50
	合计	110			205
示范区较对照区减少		95			

对示范区和常规对照区小麦灌水量调查结果表明，水肥一体化示范区小麦生育期总灌水量 110 米^3，农民常规对照区生育期总灌水量 205 米^3，水肥一体化示范区较对照区亩节约灌水 95 米^3。

（三）生产成本调查

为了更好地掌握水肥一体化的成本投入及收益状况，我们进行了肥料、浇水、耙畦整地和微喷设施折旧等生产成本调查，水肥一体化亩肥料加用工投入 106.9 元；浇水电费和人工成本 58.4 元，设备折旧 70.8 元，投入成本共计 236.1 元；农民常规区亩肥料加用工投入 158 元；浇水电费和人工成本 58.4 元，耙畦整地人工费 26 元，投入成本共计 356 元；水肥一体化较农民常规区投入成本每亩节约 119.9 元（表 5-5）。

表 5-5　小麦生产成本调查

水肥一体化示范区				农民常规对照区			
种类	明细	金额	小计	种类	明细	金额	小计
底肥	肥料	72.19	74.4	底肥	肥料	104	114
	人工	2.21			人工	10	
维护	折旧	35	70.8	垄沟	人工	10	26
	人工	43.04		耙畦	人工	16	
追肥	肥料	31.5	32.5	追肥	肥料	34	44
	人工	1			人工	10	
浇水	电费	32	58.4	浇水	电费	60	172
	人工	26.4			人工	112	
合计			236.1				356

（四）施肥量调查

通过对水肥一体化示范区和农民常规对照区施肥调查得知，水肥一体化示范区小麦全生育期亩施肥量 21.618 千克，农民常规对照区亩施肥量 24.9 千克，示范区较对照区亩减少化肥用量 3.282

千克，节省化肥 13.18%（表 5-6）。

表 5-6　小麦施肥量调查

水肥一体化示范区				农民常规施肥			
施肥时期	种类	数量	折纯养分	施肥时期	种类	数量	折纯养分
底肥	配方肥	26	14.943	底肥	配方肥	40	18
拔节期	氮钾肥	15	5.25	拔节期	尿素	15	6.9
孕穗期	氮钾肥	2.5	1.425	孕穗期			
合计			21.618				24.9

（五）施肥、浇水用工

通过对小麦施肥、浇水、铺带、收带、耙畦等用工调查得知（表 5-7），水肥一体化区亩用工 0.908 5 个，折 72.65 元，常规区亩用工 1.975 个，折 158 元，水肥一体化区较常规区亩减少用工 1.066 5 个，节约了生产用工成本 85.35 元，提高了劳动效率。

表 5-7　小麦施肥浇水用工调查

水肥一体化示范区			农民常规区		
种类	用工（个）	金额（元）	种类	用工（个）	金额（元）
底肥	0.028	2.21	底肥	0.125	10
铺带、收带	0.538	43.04	领沟	0.125	10
追肥	0.012 5	1	耙畦	0.2	16
浇水	0.33	26.4	追肥	0.125	10
			浇水	1.4	112
合计	0.908 5	72.65	合计	1.975	158

（六）效益分析

通过对小麦施肥、浇水、产量等方面的调查结果可以看出，水肥一体化示范区较农民常规区亩降低成本 119.9 元；亩节肥 3.282 千克，增产小麦 71.84 千克，增产增收 169.54 元，小麦亩纯经济效益增加 289.44 元；合作社种植 1 039 亩共计增产小麦 74 641.76 千克；节约化肥纯养分 3 409.998 千克，节约化肥投入 35 648.09 元，总增加经济效益 30.07 万元。

三、玉米应用结果调查

（一）玉米测产结果

2016 年 10 月 2 日，全站技术人员按照对角线 5 点取样法对合作社种植区玉米进行田间测产，测产结果表明（表 5-8），水肥一体化示范区平均亩产 731.08 千克，农民常规对照区亩产 633.28 千克，水肥一体化示范区较对照区亩增产 97.8 千克，增产率 15.44%，玉米按照 1.56 元/千克计算，亩增产值 152.568 元，1 039亩总增产玉米 10.16 万千克，总增产值 15.85 万元。

表 5-8　玉米测产结果

类型	重复	亩穗数	穗粒数	千粒重（克）	亩产（千克）	平均亩产（千克）	较对照亩增产（千克）
水肥一体化示范区	1	4 032	546.4	369.6	732.83	731.08	+97.8
	2	4 006	539.5	369.6	718.91		
	3	4 051	548.8	369.6	739.52		
	4	4 072	542.3	369.6	734.55		
	5	4 033	545.7	369.6	732.08		
农民常规对照区	1	4 028	536.4	320.2	622.65	633.28	
	2	4 062	546.2	320.2	639.37		
	3	4 063	550.6	320.2	644.68		
	4	4 058	529.5	320.2	619.22		
	5	4 055	548.1	320.2	640.49		

（二）玉米生产成本调查

对玉米施肥、浇水等生产成本调查得知，水肥一体化示范区每亩肥料及用工成本 86.05 元，浇水电费及人工 28.8 元，设备折旧 70.8 元，投入成本共计 185.65 元；农民常规区肥料追施加人工成本 95 元，浇水电费加人工 90 元，投入成本共计 185 元；水肥一体化示范区较农民常规区调查成本增加 0.65 元，基本持平（表 5-9）。

表 5-9　玉米生产成本调查

水肥一体化示范区				农民常规对照区			
种类	明细	金额（元）	小计（元）	种类	明细	金额（元）	小计（元）
底肥	肥料	45	45	底肥	肥料	95	95
维护	折旧	35	78.04	垄沟	人工	0	0
	人工	43.04		耙畦	人工	0	
追肥	肥料	40.05	41.05	追肥	肥料	0	0
	人工	1			人工	0	
浇水	电费	16	28.80	浇水	电费	30	90
	人工	12.80			人工	60	
合计			192.89	合计			185

（三）玉米灌水量调查

我们对玉米灌水量进行了调查，调查结果得知，水肥一体化示范区亩灌水量 45 米^3，较农民常规区灌水量的 95 米^3 减少 50 米^3，节水率 52.6%（表 5-10）。

表 5-10　玉米生育期灌水量调查

类型	生育时期	灌水量（米^3/亩）	类型	生育时期	灌水量（米^3/亩）
水肥一体化示范区	出苗	25	农民常规对照区	出苗水	50
	大喇叭口期	20		小喇叭口期	45
	灌浆期				
	合计	45			95
示范区较对照区减少			50		

（四）玉米施肥量调查

通过对水肥一体化示范区和农民常规对照区施肥调查得知，水肥一体化示范区玉米一生亩施肥量 22.89 千克，农民常规对照区亩施肥量 24.9 千克，示范区较对照区亩减少化肥用量 2.01 千克，节省化肥 8.07%（表 5-11）。

表 5-11　玉米施肥调查

水肥一体化示范区				农民常规施肥			
施肥时期	种类	数量	折纯养分	施肥时期	种类	数量	折纯养分
底肥	配方肥	25	10	底肥	配方肥	45	18
大喇叭口期	尿素	20	9.2	小喇叭口期	尿素	15	6.9
灌浆期	磷酸一铵、氯化钾	5.5	3.69	灌浆期			
合计			22.89	合计			24.9

（五）玉米施肥浇水用工调查

通过对玉米施肥、浇水、铺带、收带、耙畦等用工调查得知，水肥一体化区亩用工 0.710 5 个，折 56.84 元；常规区亩用工 0.75 个，折 60 元，水肥一体化区较常规区亩减少用工 0.039 5 个，节约了生产成本 3.16 元，提高了劳动效率（表 5-12）。

表 5-12　玉米施肥浇水用工调查

水肥一体化示范区			农民常规区		
种类	用工（个）	金额（元）	种类	用工（个）	金额（元）
铺带、收带	0.538	43.04	浇水	0.75	60
追肥	0.012 5	1			
浇水	0.16	12.8			
合计	0.710 5	56.84	合计	0.75	60

（六）玉米经济效益分析

通过对玉米施肥、浇水、产量等方面的调查结果可以看出，水肥一体化示范区较农民常规区亩成本增加 0.65 元，成本基本持平，节肥 2.01 千克，增产玉米 97.8 千克，增产增收 152.568 元（每千克玉米按照 1.56 元计算），玉米亩纯增加经济效益 151.918 元；1 039亩玉米共计增产 10.16 万千克，节约化肥纯养分 2 088.39 千克，增加经济效益 15.78 万元。

第四节　献县冬小麦水肥一体化技术应用

随着工业化、城镇化和农业现代化建设的深入推进，社会用水总量逐年增加，导致地下水位持续下降，地下水环境恶化，严重影响全省农业和国民经济可持续发展，党中央、国务院对此高度重视，在河北省东部平原区开展了地下水超采综合治理试点。按照“节水灌溉、水肥一体、高效增产”的原则，结合献县实际及农户意愿，2015 年实施了小麦玉米固定伸缩式喷灌水肥一体化技术，该模式具有对地形的适应性强、机械化程度高、灌水均匀、省水、省地、省工、保土、保肥，调节空气湿度和温度等优点，是农田灌溉理想的节水技术之一。

一、基本情况

项目区土壤类型包括中壤质潮土、轻壤质潮土、砂壤质潮土，主要种植作物小麦、玉米，项目实施前，小麦平均产量 460 千克，玉米平均产量 500 千克。小麦平均浇水 4 次，采用的灌溉方式分为管灌和大水漫灌，亩均灌水量 200 米^3，亩均施 N 肥 20.9 千克，P_2O_5肥 11.5 千克，K_2O 肥 3.9 千克。

二、建设情况

1. 建设规模　2015 年安装和使用伸缩固定式喷灌项目区涉及 11 个乡镇的 24 个村。包括垒头乡刘垒头村、横上村；十五级乡后庄村、边马村、十五级村、尹店一分村、八章村；高官乡蒋高官村；张村乡贾庄村、古今庄村；段村乡尧上村、淮镇北洋村、西街村、李家洼村、西南村；西城乡小邵寺；陌南镇新北峰村、孔庄村、中旺村、策城庙村、龙驹村；商林乡商林二分村；韩村镇北张白村；

乐寿镇朱高坦村。实施面积1万亩，全部为固定伸缩式喷灌。

2. 建设内容　主要建设内容包括机井首部建设、机井井房、灌溉施肥自动控制系统、地下输水管道系统和地上输水灌溉系统等设备配件及建设安装施工。

3. 建成后实现的功能及技术特点

（1）实现了灌溉和施肥同时进行，融为一体。可以按土壤养分含量和作物种类的需肥规律和特点，配兑成的肥液与灌溉水一起，通过可控管道系统供水、供肥，使水肥相融后，通过管道和喷头形成喷灌、均匀、定时、定量，浸润作物根系发育生长区域，使主要根系土壤始终保持疏松和适宜的含水量，同时根据不同的作物的需肥特点，土壤环境和养分含量状况；作物不同生长期需水，需肥规律情况进行不同生育期的需求设计，把水分、养分定时定量，按比例直接提供给作物。达到了既节水又节肥的目的。

（2）与传统的固定式喷灌相比，采用半伸缩固定式喷灌，取水下体可以埋设到耕作土层30厘米以下，灌溉时能钻出耕作层，灌溉结束后又能缩至耕作层以下，无需田间套管或专用设施保护，喷灌的安装和使用，不仅不会减少耕地面积，也不会影响农业机械的耕作和收割，可节约用地7%。

三、小麦喷灌水肥一体化配套技术

（一）冬小麦喷灌水肥一体化的技术

（1）玉米秸秆直接粉碎还田，精细整地足墒播种。底肥按照测土配方施肥要求施用氮、磷、钾等肥，氮肥需视基础地力减量施用，一般氮肥底肥施用量约占全生育期施氮总量的50%。磷肥全部底施，钾肥大部分底施。提倡种肥同播。

（2）精选耐旱品种，主要选择早熟高产、抗寒、抗倒、耐旱小麦新品种。实行种衣剂包衣或药剂拌种，进行杀菌杀虫处理后待用。采取15厘米等行距播种，使田间麦苗分布均匀。播种深浅要适宜，播后1～3天适时镇压。

（3）灌水定额与施肥。小麦起身—拔节期（3月下旬至4月上旬）：喷灌浇水 30～40 米^3/亩，尿素 9～12 千克/亩，硫酸钾 1 千克/亩。孕穗—扬花期（4 月下旬至 5 月上旬）：微喷灌浇水 20～30 米^3/亩，尿素 4.5～6 千克/亩，硫酸钾 1 千克/亩。扬花期—灌浆期（5 月中旬）：微喷灌浇水 20～30 米^3/亩，施尿素 1.5～2 千克/亩，氯化钾 1 千克/亩。灌水定额根据土壤质地、降雨和土壤墒情进行调整，施肥量根据土壤养分状况合理确定。

（二）设施的使用、保养及维护

运行前的准备工作。主要是检查各主要设备和仪表的工作是否正常，漏电保护器是否灵敏，三相电压是否正常，控制阀门是否操作灵活且处于关闭位置，压力表及水表是否正常，水泵、伸缩喷灌出水栓、立杆、喷头、过滤设备、施肥设备是否正常。

过滤设备。离心式过滤器安装在灌溉系统的首部，过滤器要摆放平稳，安装完毕后做试压处理，在额定压力下所有连接处不得有漏水现象。整个首部应安装在室内。冬季来临时，离心式过滤器要排净过滤器内的积水，以防止锈蚀，装卸运输中应避免碰撞和抛摔，要定期对过滤器外表进行防锈处理。

管道系统。灌溉季节应经常对管道系统进行检查维护，做到控制闸门启闭自如，阀门井中无积水、裸露地表的管道及管件完整无损。灌水时应先开启出水口，后启动水泵；改换出水口时，应先开后关；停泵时应先停泵，后关出水口。冬季停灌期，应把地面可拆卸的设备收回，经保养后妥善保管；冬季来临前应及时放空管道，防止结冰爆管。

施肥系统。施肥过程中，应定时监测灌水器流出的水溶液浓度，避免肥害。要定期检查，及时维修系统设备，防止漏水。作物生育期第一次灌溉前和最后一次灌溉后应用清水冲洗系统。

四、使用情况调查及效果

项目建成后，我们对项目区和常规灌溉施肥区进行了调查研究，包括小麦的灌溉时间、次数、灌水量、肥料使用情况、小麦产量、灌溉用工、灌溉费用、肥料费用等内容。调查项目区个数 4

个，调查结果见表 5-13。

表 5-13　水肥一体化应用效果调查

地点	降水量	春灌水量（米³/亩）	施肥量（千克/亩）			产量（千克/亩）	灌溉用工（个/亩）	灌溉费用（元/亩）	肥料费用（元）
			N	P_2O_5	K_2O				
朱高坦	113.1	85	14	10	4.4	550	1.28	54	195
常规区	113.1	150	17.2	8.8	3.8	500	1.71	99	155
增减		−65	−3.2	1.2	0.6	50	−0.43	−45	40
八章村	113.1	90	15	10.8	3.4	550	1.2	60	190
常规区	113.1	150	25	8.8	2.4	510	1.68	105	155
增减		−60	−10	2	1	40	−0.48	−45	35
北张白	113.1	70	16	10.8	3.5	470	1.32	37.5	200
常规区	113.1	130	22.2	8	3	435	1.8	90	176
增减		−60	−6.2	2.8	0.5	35	−0.48	−52.5	24
商林一分	113.1	90	11.7	11.1	3.9	527	1.2	65	175
常规区	113.1	150	19.2	9.6	2.4	487.4	1.5	105	160
增减		−60	−7.5	1.5	1.5	39.6	−0.3	−40	15

从调查表中可以看出，在小麦上应用水肥一体化技术比常规灌溉施肥技术，在节水、增产、节肥、省工、节地、增效方面都有明显的效果。

（一）节水、节电、节工效果明显

乐寿镇朱高坦村项目区与常规灌溉区相比亩灌溉用水量减少 65 米³，亩用工减少 0.43 个，灌溉费用减少 45 元。

十五乡八章村项目区与常规灌溉区相比亩灌溉用水量减少 60 米³，亩用工减少 0.48 个，灌溉费用减少 45 元。

韩村镇北张白项目区与常规灌溉区相比亩灌溉用水量减少 60 米³，亩用工减少 0.48 个，灌溉费用减少 52.5 元。

商林乡商林一分村项目区与常规灌溉区相比亩灌溉用水量减少 60 米³，亩用工减少 0.3 个，灌溉费用减少 40 元。

（二）肥料利用率高，增产效果显著

小麦玉米水肥一体化技术的应用，由于小麦追肥施用的是水溶

性肥料，费用有所增加，但水溶性肥料容易被作物吸收，利用率更高，节肥、增产效果明显。乐寿镇朱高坦项目区比常规区亩增产50千克，增产率10.0%；十五级八章村项目区比常规区亩增产40千克，增产率7.8%；韩村镇北张白项目区亩增产35千克，增产率8.0%；商林乡商林一分村项目区亩增产39.6千克，增产率8.1%。

经汇总分析，在小麦上实施水肥一体化技术与常规区相比，每亩平均节水61.3米^3，省工0.44个，灌溉费用减少45.6元，亩增产41.2千克，增产率为8.5%。

五、存在问题及改进建议

（1）喷灌的使用受风的影响较大，因为喷出的是雾状水滴，如果风大的话，很容易被吹散，造成喷的不均匀，出现漏喷现象，影响作物的产量。

（2）安装喷灌设备，亩均投资1 329.03元，投资相对较高，大面积的推广不能依靠农民的投资，只能靠国家投资来完成。

（3）由于水肥一体化技术在我县刚刚起步，节水施肥配套技术还不太成熟，建议有关部门组织有关领域的科研院校、技术推广部门，针对节水灌溉工程与农艺技术问题进行联合攻关，将工程和农艺节水灌溉措施很好地结合起来，快速、大幅度地扩大节水灌溉措施技术的应用面积与范围，取得更好的节水效果，更大的经济效益、社会效益和环境效益。

第五节　柏乡县小麦玉米移动卷盘式喷灌水肥一体化技术应用

一、概况

2015年柏乡县王家庄乡王家庄村和龙华乡十里铺村建设了小麦玉米卷盘式喷灌水肥一体化技术示范地块，建设地点土壤类型均为轻壤质潮化褐土，土体为碎块，片状结构，宜耕性好，呈黄褐色，土壤碱解氮18.9毫克/千克、速效磷21毫克/千克、有机质含量15.61克/千克。种植作物为冬小麦和夏玉米。建设前小麦产量520千克/亩，小麦浇三水，主要为越冬水、拔节水、抽穗扬花水，每次每亩灌水量40～50米^3。底施氮磷钾（18-22-5或20-20-5）复合肥40～50千克/亩，拔节期追施15～20千克/亩尿素。玉米产量585千克/亩，为保苗全、苗齐、苗壮，一般播种后浇蒙头水，每亩灌水量30～40米^3。播种时每亩使用氮磷钾（28-6-6或22-9-9）复合肥15～20千克，大喇叭口期和穗期需水量大，对水分敏感，如遇干旱一般都要及时灌水，每亩灌水量30～40米^3。

二、设计及建设情况

推广小麦、玉米水肥一体化节水技术，主要是用于压采地下水，达到节约用水，提高水肥利用效率，同时提高农产品产量和质量。卷盘式喷灌设备建设的主要内容有管道立式增压泵、欧式卡箍、逆止阀、放气阀、控制开关、施肥器、水溶肥容器、流量表；管材部分主要有绞盘式喷灌机和喷灌机专用软袋输水管等。

卷盘式喷灌具有能自走、自停，管理简便，操作容易，省工（基本上一人可管理一台），劳动强度较低；结构紧凑，成本较低；材料消耗较少，田间工程量少，机动性好等技术优点，建成后实现节水、节肥、省工、省地，增产增效等功能。

三、配套使用技术

（一）喷灌设备的使用保养及维护

每次作业后，日常的维护和保养均应按产品说明书要求进行。卷盘式喷灌机使用前还应进行试运转。

卷盘式喷灌机运行前应对组成部件进行检查，当发现故障时应及时排除，严禁强行运行。

施用化肥后应对管道进行清洗，作业完毕后应排除管道内余水。

卷盘式喷灌机长时间不作业，应将管道和阀件冲洗干净，清除泥沙和污物，排净水泵及管内的积水，清除行走部位的泥土和杂草，对易锈部位进行防锈处理。

合理地检修、维护和保养可以大大降低卷盘式喷灌机的故障率，提高其使用寿命。

（二）配套浇水、施肥制度管理技术

1. 冬小麦水肥一体化技术

（1）优选良种。选用节水耐旱，高产、抗寒、抗倒的优良小麦品种，例如石新 828、济麦 22 等品种，播前药剂拌种。

（2）整地播种。玉米秸秆直接粉碎还田，精细整地足墒播种。底肥按照测土配方结果，以降低成本，提高肥料利用率。一般底肥每亩施氮磷钾复合肥 50 千克/亩。采用 15 厘米等行距条播，要求做到播行端直、下籽均匀、深浅一致（4～5 厘米）、覆土良好，播后 1～3 天镇压。

（3）水肥管理。越冬水。适时冬灌及时灌好越冬水，冬灌时间以平均气温降到 4～5℃，日消夜冻时浇越冬水为宜（一般在 11 月初前后），一般喷灌亩浇水 30 米^3 左右。拔节水。小麦起身—拔节期（3 月下旬至 4 月上旬）：喷灌每亩浇水 30 米^3 左右，同时追施尿素 10～20 千克/亩。扬花水。扬花期（5 月上旬）喷灌每亩浇水 20 米^3 左右。

（4）病虫害防治及化学除草。及时防治小麦吸浆虫、蚜虫和红蜘蛛等虫害和小麦白粉病、纹枯病、叶枯病等病害，实行病虫害综合治理。同时对小麦杂草提倡杂草秋治，尤其是提高对禾本科恶性杂草的防治效果。

2. 夏玉米水肥一体化技术

（1）品种选择。选用高产、优质、多抗、适于机械化要求的玉米品种。例如：郑单 958、浚单 20、伟科 702 等。

（2）合理密植。一般每亩播种量 1.5～2 千克（4 500～5 500 株/亩），60 厘米等行距，播种深度 3～5 厘米。种肥同播。在播种时每亩底种氮磷钾复合肥 15～20 千克，大喇叭口期或穗期如喷灌浇水亩施尿素 15 千克左右。

（3）生长期灌水。播种后喷灌浇蒙头水 30 米^3/亩。大喇叭口期或穗期喷灌浇水 10～30 米^3/亩。

适时晚收。玉米适时晚收，延长玉米的灌浆期，有效增加干物质的积累，在不影响小麦播种的情况下，提高玉米的产量和品质。

四、建成后使用情况

卷盘式喷灌设备安装使用后，由于农民常年形成的浇灌习惯，小麦喷灌灌溉次数与常规灌溉次数相同，均为 3 次。第一水为越冬水，灌水量为 30 米^3/亩；第二水为拔节水，灌水量为 30 米^3/亩。第三水在抽穗扬花期，灌水量为 20 米^3/亩。亩施肥情况：底施氮磷钾（18-22-5 或 20-20-5）复合肥 40～50 千克/亩，在拔节期追施尿素 10～20 千克/亩。项目建成后小麦亩产 550 千克，亩产量增加 30 千克。

玉米喷灌灌溉次数与常规灌溉次数也相同，玉米播种后浇蒙头水，灌水量为 20～30 米^3/亩，播种时每亩使用氮磷钾（28-6-6 或 22-9-9）复合肥 10～20 千克。一般玉米生产期处于雨季，雨水较多，大喇叭口期和穗期可根据土壤墒情进行浇灌。项目建成后玉米亩产 620 千克，亩产量增加 35 千克。

卷盘式喷灌技术可根据农作物不同生育期的需水、需肥特点和土壤特点，科学合理进行浇灌和施肥，为发展精准农业提供了有效可行的手段。

五、应用效果

项目建成后达到了很好节水、节肥、节地、省工、增产增效的效果。

节水：小麦全生育期常规灌溉每亩总需水量 130 米^3，卷盘式喷灌灌溉每亩总需水量 80 米^3；玉米全生育期常规灌溉每亩总需水量 90 米^3，卷盘式喷灌灌溉每亩总需水量 60 米^3；常规全年总需水量 220 米^3，卷盘式喷灌全年总需水量 140 米^3。采用喷灌技术同传统灌溉方式相比可节水 36%。

节肥：施肥均匀、省肥，肥效快，养分利用率提高。灌溉施肥可以避免肥料施在较干的表土层引起的挥发损失、溶解慢、肥效发挥慢的问题，提高肥料利用率8%以上。

节地：可省去田间垄沟、畦背，对田间平整度要求不高，节省土地，可提高土地利用率6%左右。

省工：卷盘式喷灌项目区一台喷灌12小时可以浇灌25亩地左右，一小时一人可浇灌2亩多地，灌溉用工每亩0.5个；周边常规灌溉模式中，每人每小时可浇灌0.5亩，灌溉用工每亩2个，比较可看出卷盘式喷灌每亩可省工1.5个。按照每小时每人5元计算，每亩可节省7.25元，可节约田间用工成本75%。

增产增效：缩短了作物灌溉周期，使作物在每个灌溉关键期能够及时得到灌溉，以种植小麦、玉米等粮食作物为主，水肥一体化技术后小麦每亩增产30千克，玉米每亩增产35千克，实施两季每年每亩可增产65千克，提高了作物产量，增加了经济效益。

六、存在问题及建议

应成方连片，在种植规模较大的地块进行实施。

由于农民多年种植习惯，没有预留作业道，对高秆作物玉米，在抗旱时不能正常使用，大大降低了该机的使用效益。

第六节　容城县冬小麦固定伸缩式喷灌水肥一体化技术应用

2014年，容城县承担并实施了新增千亿斤[1]粮食生产能力规划田间工程建设项目，该项目主要建设内容为建设水肥一体化管灌和水肥一体化喷灌设施，2015年完成并投入使用。该项目的实施对提升全县粮食生产能力起到了积极的促进作用，尤其是在平王乡建

① 斤为非法定计量单位，1斤=0.5千克。——编者注

设的 3 300 亩水肥一体化喷灌效果显著。现就容城县平王乡大先王村水肥一体化喷灌技术在冬小麦上的应用情况总结如下：

一、基本情况

大先王村现有耕地面积 2 200 亩，土壤类型属于壤质潮土，轻壤质地，肥力水平中等。种植作物以小麦、玉米为主，近 3 年小麦平均亩产 462 千克。传统小麦施肥分底施和春季追施。底施一般每亩选用氮磷钾复混肥 50 千克或磷酸二铵 30～40 千克，撒施后耕翻入土；追施一般在返青期或拔节期，施肥品种主要为尿素，亩用量平均 40 千克。小麦浇水一般 3 次，灌溉方式为畦灌，分别在越冬前、返青拔节期、扬花期，部分农户灌浆期浇第四水，平均亩灌水量 180 米^3。

二、工程设计及建设情况

该村采用固定伸缩式喷灌技术，灌溉周期为 5 天。全村2 200亩耕地全部实施水肥一体化喷灌，共 21 个单元，单井控制面积在 100 亩左右。

工艺技术流程为井水通过水泵加压输送给地下管道，通过伸缩式阀体分水至喷头，完成喷灌。在支管上设有阀门，控制喷头数量和喷灌面积。水肥一体化系统由水源工程、首部枢纽、输配水管道、喷灌系统、施肥系统五部分组成。

水源工程。水源为地下水，机井出水量能够达到 60 米^{3}以上，配套电源功率 25 千瓦。安装潜水泵功率 18.5 千瓦，出水量 50 米^3，扬程 90 米。

首部枢纽。首部枢纽设有离心式过滤器、逆止阀、闸阀、进排气阀、压力表、施肥罐、控制和量测设备、保护装置等。

输配水管道。包括主、支管道及管道控制阀门。主、支管道埋于地下 90 厘米。主管采用 0.63 兆帕 ϕ110PVC-U 管，支管采用 0.63 兆帕 ϕ75PVC-U 管，支管与作物种植行方向平行，主管与支管垂直布置。每道支管与主管连接处设一控制阀。

喷灌系统。包括伸缩式阀体和喷头。伸缩式阀体下与支管连接上与喷头连接，总高度 2 米。喷灌时伸出地面，喷灌结束后可缩回至地下 30 厘米。采用 ZY 系列中压喷头，射程 19.1 米，流量 3.83 米^3/小时。支管间距 16 米，喷头间距 16 米。相邻两道支管上的喷头呈三角形分布。

施肥系统。包括 1 个施肥罐、2 根连接管（带阀门）、1 只蝶阀。蝶阀安装于离心过滤器后面（水泵远端），连接管分布于蝶阀两侧与施肥罐连接，施肥罐入水口接水泵近端连接管。施肥罐容积 300 升。

三、水肥一体化喷灌设施的使用技术

首先检查设施连接是否正确。正确连接后，打开本幅支管阀门，接通水泵电源观察设施运转是否正常。正常运转后，一般喷完一罐水（300 升）需 20～30 分钟。接下来开始正常工作，关闭好施肥罐连接管阀门，先喷清水，同时将每幅喷灌面积所需肥料（液体肥料或速溶肥料）加入施肥罐，打开施肥罐连接管阀门，微微关闭蝶阀（蝶阀手柄关到 30°～40°）开始供肥，20～30 分钟供肥结束。打开蝶阀，关闭连接管阀门，继续喷清水，喷水量达到定额时改喷下一幅。为提高效率，改喷下一幅时先打开下一幅支管的阀门再关闭本幅支管阀门，以此类推直至喷完全部麦田。

确定“一罐肥”多长时间喷完的试验方法。施肥罐出肥口用透明管连接，往罐里加入医用高锰酸钾 200 毫升（为了观察颜色用，用量可酌情增减），按喷肥的方法操作。出肥口开始出紫色液时计时，待出肥口开始出清液时计时结束。所用时间就是一罐肥喷完的大概时间。

水、肥、药一体化施用技术。2012 年以来容城县开始利用水肥一体化设备在小麦田喷施农药和叶面肥的探索与实践，收到了良好的效果。具体方法是：配备一只 5 升的小罐（结构与施肥罐相似）作为施药罐，喷药时把施药罐与首部连接（连接方法与施肥罐相同），向罐里加药（药量根据每幅面积而定），喷水即将结束时开始喷药（喷药方法与喷肥相同），药液喷完后立即停泵，结束喷水。停泵前多长时间开始喷药根据喷完一罐药需要的时间来定（喷“一罐药”时间测定与喷“一罐肥”时间测定方法相同）。在实施喷药做业时喷头转速应达到每分钟一周以上。切记！喷肥是喷灌作业的前期，喷药（叶面肥）是喷灌作业的后期，顺序不可颠倒。施药量采用亩用量下限，喷洒浓度要求较严的药品应根据喷药时段内的水流量计算施药量。

遥控技术在农业产生中的推广应用。水肥一体化设备将成为智能化农业的载体，将来升级改造，把井首部开关阀、主管与支管连接开关阀都更换成为遥控电磁阀后，可以实施远程遥控浇水施肥喷药，与田间各类传感器结合，反馈田间水、肥、药需求，精量化节约用水、用肥、用药，提高农业生产效率。

四、建成后使用情况

大先王村水肥一体化灌溉设施 2015 年 12 月建成并投入使用。针对农民传统的大水大肥，浪费严重的现象，制定了科学合理的水肥管理方案，提出冻水浇透，春季小水勤浇的灌溉原则，以确保小麦安全越冬、争取春季管理的主动性。小麦全生育期浇水 4 次，分别是冻水、返青拔节水、扬花灌浆水、落黄水；为了减少肥料的盲目过量施用，提出了减氮、稳磷、提钾的施肥模式，底肥每亩施用氮磷钾复合肥 50 千克，春季追施尿素 25 千克，采用水肥一体化技术分两次施用。具体技术方案为：

冻水（2015 年 12 月 18～22 日）：灌水量 50 米/亩，浇足浇透。

返青拔节水（2016 年 3 月 26～30 日）：灌水 30 米/亩，施尿素 20 千克/亩。

扬花灌浆水（2016 年 4 月 1～5 日）：灌水 30 米/亩，施尿素 5 千克/亩。

落黄水（2016 年 5 月 23～27 日）：灌水 20 米/亩。

五、应用效果

通过对项目实施后和项目实施前进行比较，项目区在节水、节肥、节地、增产、省工等方面具有显著效果。

节水：项目实施前，农民一般浇水 3～4 次，亩用水量 150～200 米^3，平均 180 米^3。项目实施后浇水 4 次，亩用水量 130 米^3，平均每亩节水 50 米^3。全村节水 11 万米^3。

节肥：项目实施前，每亩施用尿素 40 千克，项目实施后，每亩施用尿素 25 千克，亩节肥 15 千克，全村累计节肥（折纯）15.18 吨，按尿素单价 1.6 元/千克计，亩节本 24 元，全村累计节本 5.28 万元。

节地：项目实施后减少畦垄、水渠用地 10%。全村累计节地 220 亩，按每亩 480 千克计，增产 105.6 吨，小麦单价 2.2 元，增收 23.23 万元。

增产：项目实施前全村平均亩产 462 千克，实施后达到 480 千克，亩增产 18 千克，小麦单价 2.2 元，亩增收 39.6 元。全村累计增产 35.6 吨，增收 7.84 万元。

省工：项目实施前浇水、施肥、喷药需要用工 1.5 个/亩，项目实施后用工 0.1 个/亩，每亩用工减少 1.4 个，人工 100 元/天，每亩节约人工成本 140 元，全村累计节省用工 3 080 个，节约人工成本 30.8 万元。

节本增效：综合节肥、节地、省工、增产情况，项目实施后全村累计节本增效 67.1 万元。

六、使用中存在的问题及改进建议

（1）伸缩效果不理想　一是地上部分伸缩效果不好，有的升不到顶，有的缩不到底。询问伸缩喷杆生产厂家，说是可能由于掩住了沙砾造成的。二是地下部分缩不下去，分析原因是土壤阻力造成的。改进措施：一是使用清洁水源，消除沙砾影响。二是在伸缩喷杆外增套保护装置（内径 25 厘米，长 60 厘米的水泥管）使伸缩喷杆体与保护装置间保留一定空隙，消除土壤阻力。2016 年冬前，全县 3 300 亩项目区全部加装了伸缩喷杆体保护装置，效果很好。建议伸缩杆体生产厂家加大研发力度，生产出升降自如的伸缩喷杆体。

（2）机械作业碰毁严重　改进措施是加装保护装置。

（3）水压不稳　增减喷头数量水压变化较大。改进措施是增加变频装置或改用变频泵。

（4）大风影响喷灌均匀度　改进措施是尽量避免大风天浇地。

七、讨论

容城县从 2012 年开始进行小规模的水肥一体化技术的应用（面积 118 亩），增收节支效果显著，尤其是利用水肥一体化设备喷施农药（叶面肥）的实践，实现了水肥药一体化，更加体现了该技术设备的优越性。在今后水肥一体化技术的大规模推广工作中，如果把喷药技术结合进去，实现水肥药一体化，对降低生产成本、提高生产效率、建设现代农业具有巨大的推动作用。

第七节　深泽县冬小麦玉米喷灌水肥一体化技术应用

深泽县位于河北省中南部，辖 6 个乡镇、125 个行政村，总人口 25.2 万，其中农业人口 21.6 万。全县总耕地面积 30.5 万亩，农民人均耕地 1.4 亩，全县农作物总播种面积 52 万亩左右，其中粮食作物 40.7 万亩，平均单产 495 千克，总产 20.1 万吨，属小麦、玉米等粮食生产优势主产区。

自 2013 年开始逐步开展水肥一体化技术在小麦、玉米上的应用，到 2016 年已实施 12 000 余亩。在节水、增产、增效等方面取得了较好的效果，积累了一些经验。

一、基本情况

深泽县自然条件优越，属暖温带大陆性季风气候，土地资源丰富，农业土壤以壤质潮土为主，质地适中，地势平坦，土层深厚，土壤肥沃。土壤有机质含量 15.8 克/千克，全氮量 0.92 克/千克，速效磷 21.4 毫克/千克，速效钾 107.6 毫克/千克；光热资源充足，四季分明，年平均日照总时数为 2 714 小时，年平均气温 12.4℃，无霜期 188 天；年平均降雨量 455 毫米，雨热同期，可满足作物一年两熟。以小麦、玉米种植为主。

深泽县属浅层地下水一般超采区，地下水静水位在 30 米左右，单井控制面积 50 亩左右。项目实施前一般采用畦灌方式灌溉，小麦一般浇 4 次水（冻水、起身拔节水、孕穗水、灌浆水），亩均灌水量 200 米^{3}左右，亩产 500 千克左右；玉米一般浇 2 水（播种后、大喇叭口），亩均灌水量 100 米^{3}左右，亩产 550 千克左右。

根据水肥一体化项目的技术特点，项目区选择在种植专业合作社、家庭农场、种粮大户地块实施，分布在全县 6 个乡镇，地块土壤类型主要为潮土，土壤质地包括壤土、中壤土和沙土。

二、项目设计及建设情况

项目建设的主要目的是节水，项目建成后在节水、节地、节肥、省工、增产、增效等方面均取得了较好效果。

根据地块形状、业主需求等情况，我们尝试了 4 种不同类型的喷灌形式，均能达到水肥一体化项目设计要求，但各有优缺点。

（一）卷盘式喷灌机

主要建设内容包括：对井口进行改造，安装计量设备、压力表；地头安装直径为 110 毫米的 PVC 管道（一般每 50 米设一个快接式出水栓）或直接配输水软带，卷盘喷灌机配喷枪、淋灌架、增压泵、比例施肥泵，实现水肥一体化功能。到目前已发展卷盘喷灌机 38 台，灌溉面积 3 150 亩

优点是：施工简单，投资相对较低；田间不增加固定的障碍物，不影响机械化田间作业；绞盘喷灌机浇水作业结束后移到用户仓库内，不易丢失；节省用工，一般 2 人可轻松管理 5 台喷灌机。

缺点是：对管理人员素质要求较高，需具备一定的机械知识和

操作技能；用喷枪浇地时，受风力影响较大，均匀度受到一定影响，高温季节蒸发量较大；使用淋灌架浇地时，辐射范围较小（一般 30 米左右），且受地块中电线杆、树木等障碍物影响；需水压较大，增加能耗。

（二）微喷式喷灌

主要建设内容包括：机井首部（计量设备、阀门、过滤系统、施肥系统、增压泵等）；地下输水管道（一般间隔 50～100 米设一个出水口）；地上输水管及微喷带等，能较好地实现水肥一体化功能。到目前已发展 300 余亩。

优点是：施工相对比较简单，亩投资较低；浇灌均匀度好，水分蒸发少，节水效果好。

缺点是：地上输水管道每年收放两次，用工成本较高；微喷带使用寿命短，每年都需要更换一批，增加业主投入（每亩更换毛管成本约 100 元）。

（三）固定式喷灌

主要建设内容包括：机井首部（计量设备、阀门、过滤系统、施肥系统、增压泵等）；地下输水管网（主管、支管、阀门及阀门井、伸缩式出水口、喷头等）。能较好地实现水肥一体化功能。到目前已发展 8 300 余亩。

优点是：操作简单，用工成本低，节水节肥效果好。

缺点是：投资成本高；浇水时受风力影响较大，均匀度受到一定影响，高温季节蒸发量较大；地头、地边浇水量较小，对产量造成一定影响；当前伸缩式出水口虽然解决了影响机械化田间作业问题，但还不十分成熟，存在伸缩困难、易损坏等问题。

（四）平移桁架式喷灌

主要建设内容包括：机井首部（计量设备、阀门、过滤系统、施肥系统、增压泵等）；地下输水管网（100 米设一个出水口）；桁架。能较好地实现水肥一体化功能。2016 年建设 181 余亩。

优点是：操作简单，用工成本低，节水节肥效果好。地里不增加新障碍物，有利于机械化作业缺点是：投资成本高；对地块要求较严格，地块必须方正，最好为长方形，无电线杆、树木、建筑物等障碍物。

三、设备的管护、使用

各种喷灌设备相对于普通井灌方式在使用和后期管护中存在较高的技术含量，但种地农民文化素质偏低，管护能力较弱，为保证喷灌设备长期平稳运行，成立了深泽县森海节水灌溉服务有限公司和深泽县建民灌溉服务有限公司两个专业化的灌溉服务组织，开展项目的后期管护及专业化的灌溉服务，起到了较好的管护、使用效果。

根据喷灌技术特点，合理借鉴有关专家经验，分别制定了小麦、玉米水肥一体化浇水、施肥管理技术方案。本方案为参考量，可根据地力、苗情和产量水平等因素合理调整；灌水时期如遇降雨，可用少量水施肥。

（一）小麦水肥一体化浇水、施肥管理方案

底肥：一般为复合肥，磷钾肥适当减少，一般为常年施肥量的1/2～2/3，底墒要足。

播后管理：播后镇压，底墒充足可不浇冻水。

春季管理：根据土质一般浇水3～4次，所用肥料为水溶性肥料，目前市场水溶肥价格较高，为节省成本可用尿素加水溶性磷钾肥。具体灌水时间、灌水量和施肥量见表5-14。

表5-14　喷灌小麦灌溉和施肥的时间及用量

生育期	浇水、施肥时间	灌水量（米^3/亩）	尿素施用量（千克/亩）	P_2O_5和K_2O施用量（千克/亩）
拔节期	4.1～4.10	35～40	10	各2
孕穗期	4.20～4.30	30～35	5	各1
灌浆期	5.10～5.15	25～30	5	各1
合计		90～105	20	各4

（二）玉米水肥一体化浇水、施肥管理方案

种肥：复合肥25～30千克，播后浇水30米^3/亩。

追肥：大喇叭口期追施氮肥25千克/亩，浇水时间和浇水量根据降水情况、苗情长势、土壤墒情灵活掌握。

通过召开培训会、观摩会等形式积极引导业主按制订的方案实施，取得了一定成效。

四、应用效果

推广水肥一体化技术国家层面的主要目的是节水，同时在推广过程中也起到了节地、节肥、省工、增产、增效等多重效果。

节水：2016年据对典型地块调查，小麦春季浇2～3水，喷灌浇灌区总浇水量平均85米^3/亩，传统畦灌平均120米^3/亩，亩均节水35米^{3}左右。浇水次数和浇水时间基本一致，但喷灌方式浇水量是可控的，可实现按需定量浇水。玉米生长期内降水集中，浇水次数少，如果遇到秋旱年份，同样可以起到明显的节水效果。

节地：减少了垄沟、畦背等占地，据测算一般可节地7%～10%。

节肥：据2016年调研，小麦、玉米施肥数量均有所减少，且增产效果明显，特别是玉米产量增幅较大。

小麦：全县传统灌溉方式施肥模式，每亩底施45%含量复合肥50千克，春季追施尿素20千克，氮磷钾用量合计约31.7千克/亩；喷灌节水区按照减少1/3～1/2底肥用量，后期补施磷钾肥的施肥方案，氮磷钾用量合计约29千克/亩。每亩节省化肥约3千克。

玉米：据测算玉米施肥量基本持平，但改变一次施肥为分次施肥，肥料利用率明显提高，增产10%以上。

省工：以森海粮食种植专业合作为例，共种植小麦玉米600亩，安装喷灌设备前浇地人工成本一般25元/亩，浇一水支出人工工资约15 000元，用喷灌浇地后两个人就轻松管理，5天时间浇完1遍，支出仅1 500元左右。减少浇地人工支出十倍。同时还可减少撒施化肥、刮畦、修垄沟等用工费用。

增产：据调查分析，小麦田增产效果不十分明显，但加上节地增产因素可增产7%左右。亩增35千克左右。

据调查分析，玉米因分次施肥技术的落实，亩增产10%以上。亩增50千克以上。

增效：每亩增产小麦35千克，按2.4元/千克计算，增收84元；每亩增收玉米60千克，按1.5元/千克计算，增收90元；每亩节省用工75元；节省用肥10元。合计每亩节本增收259元。

五、分析使用中存在的问题，改进建议

各种形式的喷灌技术在大田应用还存在这样或那样的问题，应增加喷灌企业研发能力搞创新，逐步解决存在的问题才能达到更好的效果，如针对卷盘喷灌机存在的能耗高、喷枪浇地均匀度差、淋灌架安装费时费工且受地块中障碍物影响等问题，农哈哈机械集团积极借鉴国外先进技术，改进水涡轮结构，解决了能耗高问题；自助研发折叠旋转式淋灌架，很好地解决了安装费时费工问题，同时能轻松避开地块中的障碍物。

各种喷灌设备都有一些已损零部件，每年都需要维修保养，因此建议每年投入部分维护费用，以保证建设项目持续稳定运行，发挥其应有的作用。

水肥一体化技术在粮食作物上的应用是一个新课题，浇水施肥方案还不完善，今后应投入更多精力试验、示范、调研水肥一体化节本增效技术，使该技术日臻完善。

第八节　邢台市冬小麦不同灌溉模式水肥一体化技术应用

一、概述

邢台市地处河北省南部，太行山脉南段东麓，太行山脉和华北平原交汇处，北纬36°45′～37°48′，东经113°52′～115°50′之间。属于暖温带半湿润季风气候，四季分明，全年降水量多集中在6～9月，主要集中在7月下旬和8月上旬，4个月降水量可占全年水

量的 70%～80%，近 30 年降水量在 450～540 毫米之间。邢台市是河北省重要的农业区，素有“棉海粮仓”之称，耕地面积为 1 030.4万亩。主要土壤类型为潮土和褐土，潮土面积 6 525 千米^2，褐土面积 4 270 千米^2。2016 年全市小麦播种面积 514.3 万亩，产量 224.4 万吨，平均亩产 436.3 千克；玉米播种面积 516.2 万亩，产量 211.6 万吨，平均亩产 410 千克。

邢台市水资源严重缺乏，水资源人均占有量极低。人均水资源量 220 米^3，是河北省人均水资源的 2/3，是全国人均水资源量的 1/10。据有关资料统计，全市年均用水量 21.0 亿米^3，其中农业用水近 17.6 亿米^3，占用水量的 80%以上。灌溉水源主要为地下水，传统的农业灌溉方式多是大水漫灌，将近 1/2 的水浪费掉。近年来，全市地下水年超采 4 亿～5 亿米^3，地下水位以平均每年 1 米多的速度下降，而社会需水总量将呈刚性上涨趋势，水资源供需矛盾将会更加凸现。

二、水肥一体化设施建设

借助地下水超采综合治理试点项目实施，邢台市在宁晋县、任县、临西县、巨鹿县、隆尧县、柏乡县、南宫市、新河县、清河县 9 个县（市）示范推广了小麦、玉米水肥一体化技术，建设了不同模式的水肥一体化技术应用地块，涉及 42 个乡镇、84 个村，共计 6.4 万亩。

示范区土地平坦开阔集中连片，田间障碍物较少，重点在种植大户、家庭农场、农民专业合作社、生产企业、规模园区和组织能力强的行政村整建制推进。根据项目区主要种植小麦、玉米的现状，结合当地灌溉习惯，兼顾当地群众意愿，2014 年主要示范了小麦、玉米微喷灌水肥一体化技术，2015 年、2016 年推广固定立杆式喷灌水肥一体化技术。主要建设内容包括机井首部系统、灌溉施肥自动控制系统、地下管道部分及地上喷灌部分（首部系统包括机井房、水泵、变频器、过滤器、加压泵、逆止阀、球阀、进排气阀、压力表、流量计）。固定喷灌模式除喷头外，所有各组成部分都是固定不动的，干管和支管埋在地下，竖管伸出地面，喷头和竖管轮流安装在支管上使用。使用时通过喷灌前端安装施肥桶（池）将肥溶解，通过注肥泵加压将肥液注入输水管道中，肥料随浇水喷灌到田。

三、小麦配套灌溉施肥技术

1. 玉米秸秆直接粉碎还田，精细整地足墒播种 深耕深松可打破犁底层，改善土壤耕作层结构，重新改良土壤层结构，增强土壤的缝隙度、疏松度、透气性能，增加耕层厚度，提高耕地质量，提高土壤蓄水能力，促进农作物根系下扎，提高抗旱能力，促进节水增产。耕深 30 厘米以上，耕作层厚度 25 厘米。

2. 测土配方施肥 测土配肥技术主要包括测土、配方、配肥、供肥、施肥 5 个技术要点。通过对土壤大量元素（氮、磷、钾）、有机质等项指标测试分析；配方即综合分析处理信息数据，确定所需养分的合理施用量和配方，提出合理施肥建议；配肥即实行技物结合，按所确定配方，生产配制专用肥；供肥即开展农化服务，将优质专用肥（BB 肥）及时供应到农民手中；施肥即通过技术培训和田间示范指导农民按施肥建议施肥。推广应用该技术，可促进土壤养分平衡，培肥改良缺素障碍土壤，提高土壤肥力 0.5～1 个等级，肥料利用率提高 10%，农作物增产 10%～15%，且品质明显改善，亩增收一般 40～80 元。

3. 底肥按照测土配方施肥要求施用氮、磷、钾肥 氮肥需视基础地力减量施用，一般氮肥底肥施用量占全生育期施氮总量的 40%～50%。磷肥全部底施，钾肥大部分底施。提倡种肥同播。

4. 增施有机肥 有机肥施用主要为成品肥，通过投入有机肥可改良土壤结构，提高土壤的保水、肥能力。各种有机肥亩使用量应达到 3 米^3 以上。

5. 精选耐旱品种 主要选择早熟高产、抗寒、抗倒、耐旱小麦新品种，改善现有种植结构，通过遗传改良、推广节水高产新品种种植，减少水资源消耗。目前全市耐旱作物面积 109.5 万亩，其中小麦 68.3 万亩（石麦 15、石麦 18、衡观 35、衡 4339 等）。

6. 实行种衣剂包衣或药剂拌种，进行杀菌杀虫处理后待用 采取 15 厘米等行距播种，使田间麦苗分布均匀。播种深浅要适宜，播后 1～3 天适时镇压。

7. 春季水肥管理 小麦起身—拔节期（3 月下旬至 4 月上旬），微喷灌浇水 20～30 米^3/亩，尿素 9～12 千克/亩，氯化钾 1 千克/亩。孕穗—扬花期（4 月下旬至 5 月上旬），微喷灌浇水 20 米^3/亩，尿素 4.5～6 千克/亩，氯化钾 1 千克。扬花期—灌浆期（5 月中旬）微喷灌浇水 20 米^3/亩，施尿素 1.5～2 千克/亩，氯化钾 1 千克/亩。灌浆中后期微喷灌浇水 15～20 米^3/亩。灌水定额根据土壤质地、降雨和土壤墒情进行调整，施肥量根据土壤养分状况合理确定。

四、小麦全生育期设施使用管理情况

根据邢台市气象局资料，小麦生长期间（2015 年 10 月 1 日至 2016 年 6 月 10 日）总有效降水次数为 34 次，平均降水量为 138.6 毫米，较常年偏少。各县（市）降水量差异较大，降水分布不均匀，大部分县（市）较常年偏少。在水肥管理上，微喷灌水肥一体化模式，10 月上旬施底肥，10 月中下旬开始浇出苗水 30 米^3/亩，4 月中旬拔节孕穗水 25 米^3/亩，5 月上旬灌浆水 25 米^3/亩；固定式喷灌水肥一体化模式，底肥施用时间相同，10 月中下旬开始浇出苗水 54 米^3/亩，4 月中旬拔节孕穗水 42 米^3/亩，5 月上旬灌浆水 24 米^3/亩；卷盘式喷灌水肥一体化模式，底肥施用时间相同，10 月中下旬开始浇出苗水 45 米^3/亩，4 月中旬拔节孕穗水 30 米^3/亩，5 月上旬灌浆水 30 米^3/亩。

五、应用效果

项目建设区传统灌溉方式，一方面单位用水量大，在输水及灌溉过程中蒸发、渗漏损失了一部分水量，水资源利用率低；另一方面传统灌溉方式，耗时费力，投劳投工多，强度大。通过实施固定立杆式喷灌，极大地改善了项目区的水利灌溉条件，并在项目区实行了水肥同步，优化了灌溉施肥制度，一是彻底改变了施肥方式，做到了定向、定量、定时、喷灌与施肥同步进行；二是应用测土配方施肥技术，优化了肥料配比和施肥量，变浇地为浇作物，变施肥看长势为施肥看土壤营养元素测试值配方施肥。

为了更好地分析该模式的喷灌效果，2015 年全市对 102 个实施主体进行了数据分析，微喷灌模式调查对象选在任县、隆尧县；固定式喷灌模式调查对象覆盖全市所有项目县，随机抽取了 24 个实施主体；卷盘式模式仅在隆尧、柏乡实施。同时，抽取周边农民常规习惯灌溉区作为对照。

（一）节水压采效益

常规种植灌溉 3 次（冻水、拔节、孕穗），灌溉量 185 米^3/亩；微喷灌溉 3 次（冻水、拔节孕穗、灌浆），灌溉量 92.5 米^3/亩；固定式喷灌灌溉 3 次（冻水、拔节孕穗、灌浆），灌溉量 126 米^3/亩；卷盘式喷灌灌溉 3 次（冻水、拔节孕穗、灌浆），灌溉量 117.5 米^3/亩。常规种植比微喷、固定式、卷盘式分别多灌溉 92.5、59、67.5 米^3/亩，采用水肥一体化技术效果显著。

微喷式、固定式和卷盘式喷灌项目区灌溉用工分别均为每亩 0.6、0.4、0.4 个，灌溉费用平均每亩分别为 56.25、71.2、57.75 元；周边农民常规灌溉模式中，灌溉用工每亩 1 个，灌溉费用每亩 107 元。通过对比可以明显看出微喷、固定式、卷盘式项目区要比农民常规区灌溉每亩节省用工 0.4、0.6、0.6 个，灌溉费用每亩分别节省 50.6、35.6、49.1 元。

项目区与农民常规灌溉区小麦底肥均为氮磷钾复合肥，生长过程中均追肥 1 次，追施品种有尿素、氮磷钾复合肥。微喷灌中 N 平均施量为 15 千克/亩，P_2O_5 平均施量为 7.5 千克/亩，K_2O 平均施量为 5 千克/亩；固定式喷灌中 N 平均施量为 14.5 千克/亩，P_2O_5 平均施量为 8.9 千克/亩，K_2O 平均施量为 3.6 千克/亩；卷盘式喷灌中 N 平均施量为 14.8 千克/亩，P_2O_5 平均施量为 10.4 千克/亩，K_2O 平均施量为 5 千克/亩，常规灌溉区 N 平均施量为16千克/亩，P_2O_5 平均施量为9千克/亩，K_2O 平均施量为3千克/亩，从数据中可以看出项目区与常规灌溉区在N、P、K施肥量中有差异，主要原因是由于农户施肥习惯和化肥选择造成的。

肥料费用上，微喷式项目区平均每亩147元，固定式喷灌项目区平均每亩138.8元，卷盘式喷灌项目区平均每亩181元，常规灌溉区每亩134元。从肥料使用量和费用上，项目区与常规灌溉区对比并没有明显的优势。

邢台市水肥一体化主要采取的是固定式喷灌模式，固定式喷灌平均产量与常规灌溉相比平均亩增产3.83%，但也有试验点出现减产现象，如巨鹿县出现减产，减产1.5%左右；柏乡的卷盘式灌溉与常规灌溉也出现减产现象，减产4千克；任县微喷与常规灌溉亩产量增加9千克。分析减产的原因，主要是建设不达标或设备管理使用技术不到位。多数项目区与常规灌溉渠亩产量基本持平，个别项目区出现减产现象。

（二）社会效益

邢台市地处黑龙港流域河北省地下水超采综合治理项目区，水资源不足，地下水位连年下降，使许多机泵报废，机泵需要更新，增加了浇地成本、农民负担及社会不安定因素。推广固定立杆式喷灌水肥一体化后，农民用工减少，降低成本，增加农民收益，有利于村级基层组织建设和社会稳定，有利于农业和生态的发展，有利于促进新农村建设，有利于全市节水灌溉事业的发展，改善全市水资源紧缺的局面。

六、存在的主要问题

一是对发展喷灌节水灌溉的必要性、重要性的认识尚未形成全社会的共识，很多村民对节水灌溉意识不强，没有把节水摆到应有的位置给予重视。

二是喷灌在种地大户实施比较有利，但实际使用过程中技术知识仍显缺乏，不能最大限度地利用好灌溉设施。

七、建议

在扩大示范面积的同时积极做好实验工作，应该充分发挥土肥部门的优势。

一是将继续在重点区域和优势作物上扩大应用面积，做好技术模式的选择和集成创新，开展对比试验，摸索技术参数，为水肥一体化技术灌溉制度和施肥方案的进一步完善提供技术支持。

二是进一步完善适合当地的配套技术。实施水肥一体化技术要配套应用作物良种、病虫害防治和田间管理技术，以充分发挥节水节肥优势，达到提高作物产量，改善作物品质，增加效益的目的。

三是要组织好后续培训工作，切实提高各农户水肥一体化的相关技术知识，努力帮助农户克服“怕麻烦、不敢用”等惰性惧怕思想，让这些节水灌溉设备由“新事物”变为老百姓的“家常物”。

第九节　栾城区小麦玉米喷灌水肥一体化技术应用

一、背景

栾城区总耕地面积 33.18 万亩，小麦、玉米是主要粮食作物，播种面积和总产量分别占全区粮食播种面积和总产量的 70%以上，每年灌溉用水量占年度农业用水的 70%以上。石家庄市水资源缺乏，加之农业的粗放式管理，导致水肥资源消耗巨大，利用效率低下。水肥资源约束已经成为威胁粮食安全、制约农业可持续发展的主要限制因素，因此发展现代农业必须转变发展方式，水肥一体化技术是将灌溉与施肥相结合的一项综合技术，具有省肥、省水、省工、环保、高产、高效的突出优点。近年来，劳力价格提高、水资源短缺、肥料利用率低及环境污染问题都迫使人们越来越重视水肥一体化技术。大力推广水肥一体化技术，实现水分养分的综合协调和一体化管理，提高水肥利用效率，减少资源浪费，减轻环境污染，实现增产增收。小麦、玉米水肥一体化技术，具有三节（节水、节肥、节地）、三省（省工、省时、省电）、三增（增产、增收、增效）的明显效果，可减少灌溉用水量，提高小麦、玉米产量，因此示范推广水肥一体化技术，对地下水超采综合治理和确保粮食安全具有重要意义。

二、应用情况

2015年在滦城区内公路沿线两侧，成方连片示范效应突出的地块，以流转了土地经营权的种植合作社、种粮大户为实施单位，涉及楼底镇、冶河镇、栾城镇、柳林屯乡、南高乡、西营乡、窦妪镇36个合作社、种粮大户，建设小麦玉米喷灌水肥一体化面积11 767亩。其中建设卷盘式喷灌水肥一体化模式10 121亩，主要建设内容包括首部输水控制系统、计量系统、地下输水主管道、地上灌溉设备比例施肥泵及配件、施肥桶及建设安装施工等；建设固定式喷灌系统模式1 646亩，主要建设内容建机井井房7米^2、加肥控制系统、地下输水主管道系统、升降式喷杆等，并根据喷幅设置作业带。

三、主体技术

喷灌水肥一体化配套技术。卷盘式灌溉模式优点是节省淋沟、田埂，相比传统灌溉模式提高了土地利用率，如果有的地块承包有变化，不影响卷盘机挪地块灌溉，缺点是挪动卷盘机必须有专门机械动力牵拉，用工至少2人，比较费力。固定式灌溉模式优点是管网遍布田间一人控制井闸即可，省工多，缺点是如果有的地块承包有变化，管网不易弄走，影响灌溉。小麦整地时预留好卷盘机作业通道，小麦生育期氮肥总量的40%、磷钾肥做底肥耕地前使用，春季小麦起身拔节期使用水溶性肥料结合喷灌使用，抢墒播种情况下，一般浇灌冻水、起身拔节水、孕穗灌浆水3次。每次亩灌溉水量25～30米^3。

四、应用调查

为了解技术实施效果，在小麦成熟期对 2015 年度建设的小麦喷灌水肥一体化不同灌溉模式应用区，就田间水分管理情况、施肥情况、小麦产量情况进行了调查，周边农民传统灌溉区作为对照。调查卷盘式喷灌 8 个点、固定式喷灌 3 个点。

（1）田间水分管理。小麦生长期间降水量为 121 毫米，卷盘式喷灌区：田间灌溉 2 次，亩均灌水量 48.75 米^3/亩，用工灌溉 1 亩/（小时・人），灌溉费用 19.25 元/（亩・次）；农民传统灌溉区田间灌溉 2 次，灌水量 111.25 米^3/亩，用工灌溉 0.5 亩/（小时・人），灌溉费用 19.38 元/（亩・次）。项目区与农民传统灌溉区对比节水 62.5 米^3/亩，省工 50%，灌溉费用基本相同。固定式喷灌区：田间灌溉 2 次，灌水量 42 米^3/亩，用工灌溉 2.83 亩/（小时・人），灌溉费用 16 元/（亩・次）；农民传统灌溉区田间灌溉 2 次，灌水量 106.7 米^3/亩，用工灌溉 0.57 亩/（小时・人），灌溉费用 19 元/（亩・次）。项目区与农民传统灌溉区对比节水 64.7 米^3/亩，省工 80%，节省电费 14%。

（2）施肥情况。卷盘式喷灌区：底肥施用氮磷钾复混肥（氮：磷：钾为 20-10-20），追肥亩施用水溶性肥料，亩均施用 N 11.45 千克、P_2O_5 6.2 千克、K_2O 6.15 千克，肥料费用 191.9 元/亩，施肥用工 5 亩/（人・天）。农民传统灌溉区底肥施氮磷钾复混肥为主，追肥施用尿素，亩均施用 N 16.5 千克、P_2O_5 4.6 千克、K_2O 3.05 千克，肥料费用 127.3 元/亩，施肥用工 10 亩/（人・天）。项目区与农民传统灌溉区对比节省 N 30.6%、P_2O_5增施 34.8%、K_2O 增施 102%，肥料费用增加 50%，施肥省工 50%以上。固定式喷灌区：底肥施用氮磷钾复混肥为主（氮：磷：钾为 20-10-20），追肥亩施用水溶性肥料，亩均施用 N 10.7 千克、P_2O_5 9.1 千克、K_2O 6.3 千克，肥料费用 190 元/亩，施肥用工 20 亩/（人・天）。农民传统灌溉区底肥施氮磷钾复混肥为主，追肥亩施用尿素，亩均施用 N 16.9 千克、P_2O_5 6.9 千克、K_2O 4.4 千克，肥料费用

116.5 元，施肥用工 5 亩/（人・天）。项目区与农民传统灌溉区对比节省 N 36.7％、增施 P_2O_5 31.8％、增施 K_2O 43％，肥料费用增加 34.9％，施肥省工 80％。

（3）小麦产量。卷盘式喷灌区：平均亩产 502.6 千克，农民传统灌溉区平均亩产 478.3 千克。项目区与农民传统灌溉区对比增产 5.05％。固定式喷灌区：平均亩产 519.3 千克，农民传统灌溉区平均亩产 493.7 千克。项目区与农民传统灌溉区对比增产 5.19％。

五、实施效果

通过项目的实施实现了“三节”“三省”“ 三增”。

“三节”：一是节水。水肥一体化技术属全管道输水和局部微量灌溉，使水分渗漏和损失降低到最低程度。同时，由于能做到适时地供应作物根际所需水分，不存在外围水分损失问题，使水肥利用率大大提高。传统灌溉方式小麦春季用水一般需 120 米^3 左右（按两水计），采用喷灌需 55 米^3 左右，亩均节水 65 米^3 左右。二是节肥。水溶性肥料其具有使用简单方便、肥效快速、施肥精确等优点。水肥一体化技术可将肥料加入施肥系统，且使用的肥料水溶性强，溶解充分，水肥结合，养分直接均匀地施入作物根际，可实现小范围局部控制，大大提高肥料利用率，减少化肥用量 30％。少量多次符合植物根系不间断吸收养分的特点而且能够减少一次性大量施肥造成的淋溶损失。三是节约土地，提高土地利用率。喷灌田内可免去淋沟、田埂占地，土地利用率可提高 5％左右。可提高机收作业质量，减少收获损失。

“三省”：省时、省工、省电。采用喷灌水肥一体化技术，浇水时间由平均每亩 1.5～2 小时减少到 1 小时，大大缩短了灌溉周期。同时还可在多个田间管理环节上减少用工，节约用工 50％以上，减轻劳动强度；由于节省了浇水，也就节约了用于提水的电能，一般可节电 15％左右。减少灌溉用电降低生产成本，利于劳动力转移，增加收入。

“三增”：增产、增收、增效。水肥一体化技术可促进作物产量提高和产品质量的改善，以小麦田间管理为例，都重视底肥和小麦拔节期追肥，对作物而言仍处在前中期，而开花灌浆阶段几乎没有肥料的供应，特别是漫灌肥料随水易渗漏到土壤深层，不仅对地下水造成污染，而且肥料利用率降低。水肥一体化的水肥运用原则注重在小麦生长发育的中后期，底肥和前期用肥较少而在拔节、开花、灌浆各期都有肥水及时的供应，特别是有可溶性磷、钾的供应，使作物生长健壮，穗大穗匀，籽粒饱满，粒重提高，经调查小麦平均亩增产 5.12%。由于喷灌专用肥的速溶性和分次少量按作物生长发育规律及时供给的突出特点，肥料利用率大大提高，减少化肥用量，节约了能源，减少土壤养分淋失，可减少空气和地下水的污染，利于节能减排。

社会生态效益。通过应用喷灌水肥一体化技术，合作社、种粮大户等新型经营主体业主亲身体验到水肥一体化的好处，提高了群众节水意识，可促进全区农业结构调整，加快全区土地流转和集约化生产趋势。同时减少地下水超采，降低肥料使用量，提高了灌溉水利用率和肥料利用率，减少了对环境的污染，生态效益显著。

六、问题及建议

由于水溶性复合肥价格高，经营门店少，如完全使用，增加了肥料成本，部分群众不易接受。固定式喷灌地上部分伸缩杆、喷头等部件在田间容易被盗窃，影响使用。固定式喷灌由于是转圈喷灌，喷灌时间短时容易造成喷灌不均匀。卷盘式喷灌机使用转移过程中需要拖拉机等动力机械牵拉，建议配套购买。

第十节　衡水市小麦玉米微喷灌水肥一体化技术应用

一、基本情况

衡水市位于河北省东南部，气候属暖温带大陆性季风气候区。多年平均降水量 509.7 毫米。降水年内分配不均匀，70%左右集中在6～9月。衡水市人均水资源量148米^3，仅为河北省人均水平319米^{3}的48%，亩均水资源量76米^3/亩，远低于农灌需水量，是河北省乃至全国严重缺水的地区之一。从衡水市现状水资源开发利用情况看，地下水超采量11.1亿米^3，开采量远超水资源的补给能力。衡水市平均年农业用水14.2亿米^3，在农业用水中，小麦生产年用水为8.0亿～10.0亿米^3，玉米大体为2.0亿～2.5亿米^3。由于为地下水，造成地下水超采，地下水位下降，致使每年约有40%的机井出水不足，3.8%机井报废，而且新打机井必须要200～400米才能水量充足，既增加了农民负担和浇地成本，又加重了深层地下水的超采，严重制约了衡水市农业现代化的发展，发展农业节水势在必行。衡水市是河北省重点粮食产区，主要种植粮食作物为冬小麦和夏玉米。稳定衡水市冬小麦夏玉米产量对粮食安全具有重要作用。水肥是粮食丰产的基础，提高灌水施肥技术，具有重要意义。过去衡水市主要采用地下防渗管道＋小白龙软管＋小畦灌溉模式进行灌溉，小麦全生育期浇水3～4次，包括造墒水、冻水、起身至拔节水、灌浆水。每次浇水量为60米^3。灌水量大，水分利用效率低，水分损失严重。施肥方式为底肥和春季追肥两次。据2014年10月对全市1 100农户施肥情况调查，冬小麦亩施纯N、P_2O_5、K_2O分别为20.20千克、9.18千克、4.40千克，其中底施复合肥40～50千克，追施尿素25～30千克；夏玉米亩施纯N、P_2O_5、K_2O分别为15.34千克、3.44千克、3.38千克，基本全部采用小麦秸秆还田，其中作种肥施用复合肥40千克左右，60%的农户追施尿素15～20千克。虽然近几年大力推广了测土配方施肥技术，但在施肥方式上仍然不合理，仍然存在追肥表面撒施，施肥设备落后，肥料利用率低等问题。

与常规灌水施肥技术相比，水肥一体化是根据肥料有水才能生效和作物需水、需肥关键时期基本吻合的特点，将水肥融为一体进行综合管理。通过微灌施肥等水肥一体化新技术，可将肥料的水溶液按照作物需要准确定量，输送到作物根层土壤。在土壤里肥料随水而走，由于水肥不流失、不渗漏，蒸发量减少，实现了节水节肥和优质高产的高度统一。因此推广水肥一体化技术具有重要的作用及意义。2012 年以来，依托国家相关项目，衡水市武强县、景县开展了小麦玉米水肥一体化技术的试验示范工作，主要示范推广了小麦、玉米微喷灌水肥一体化技术模式。水肥一体化技术推广应用，进一步推动了衡水市农业节水技术的发展，产生了良好的社会、生态和经济效益。

二、冬小麦夏玉米微喷灌水肥一体化技术建设

（一）微喷灌水肥一体化系统构成

小麦玉米采用的微喷灌水肥一体化系统包括一是首部，二是输水管路，三是微喷带。首部为整个灌溉系统提供加压、施肥、过滤、量测、安全保护等作用，应配备加压泵、过滤器、逆止阀、进排气阀、压力表、施肥池、搅拌泵、注肥泵、流量计等。二是输水管路，包括主干管、支管。三是微喷带，采用微喷孔喷水的方式进行灌溉。通过连接管件将 3 个部分连接成一个整体。这个系统是利用首部安装的过滤器和加压泵将井水过滤，把肥料溶于施肥池后水肥溶合，加压后经地下管道输送到田间地面微喷管道系统，通过微喷带上开设的有规则小孔使得井水喷洒作物根部附近土壤。每个微喷灌水肥一体化首部系统适宜控制麦田 100 亩左右，可根据水井流量或蓄水池的容量适当调整。肥料池建设，一般建造肥料池的规格为容积 4～5 米^3 以上，可选水泥砖混防渗结构，施肥池要配备安装搅拌泵，选用功率 0.75 千瓦的污水搅拌泵，对肥料水进行循环混合。选用功率 2 千瓦的活塞式污水泵进行注肥，注肥管道压力大于主管道出水压力 0.05 兆帕以上。

（二）水溶肥料选择

水肥一体化对肥料的要求是水溶性肥料。专用水溶肥，肥料要求必须是可水溶性要高，腐蚀性小，养分浓度高，1 分钟内溶解，静置 30 分钟，水不溶物达 17%以下。专用水溶肥价格比较高，一般每吨 4 000 元或更高。另外，还有液体水溶肥，由企业生产，把营养元素作为溶质溶解于水中成为溶液或借助悬浮剂的作用悬浮于

水中成为悬浮液。液体肥料的优点是生产成本低、无污染，配方容易调整，方便精确施肥，容易添加其他农用化学品如肥料增效剂、杀虫杀菌除草剂等。在国外液体水溶肥产品应用较普遍。也可选市场中的常规肥料溶解后应用，选择的肥料种类一是单质及二元肥，如尿素、硫酸铵、硝酸铵钙、磷酸二氢钾、氯化钾、硝酸钾、工业级磷酸二铵和一铵、水溶性硫酸钾；二是复合型肥，包括水溶性氮磷钾复混肥。这样造价低，农民容易接受。

（三）设施使用与维护

（四）铺设微喷带注意事项

（1）微喷带的喷口向上，尽可能平整顺直，不要打弯。

（2）为防风刮，可每1.5～2米用土适当压住。

（3）微喷带尽量安排在大垄内以利收回。

（4）收回微喷带时，要将喷带内水放净，轻轻卷起，防止扯坏，以利再用。

（五）准备与开启

（1）先开启微喷带阀门，开启数量与灌溉地块面积应相适应，一般2亩左右，其他微喷带阀门应关闭。

（2）微喷带阀门开启时，一般应开启一个分水口的双侧或两个分水口的单侧。

（3）水泵开启时，应先开启加压泵，随后马上开启潜水泵。

（4）根据水泵出水量开启微喷带数量，以单侧水雾喷射120厘米为合理状态。

（5）施肥罐开启时，应先喷清水，喷雾均匀时再开启施肥罐，肥料施完后继续喷一定时间的清水。

（6）转换地块时，应先开启下一地块喷灌阀门，再关闭现喷灌阀门。

（7）待全部地块喷灌结束，先关闭潜水泵，随后关闭加压泵。

（六）清洗与保养

喷灌一定时间后清洗过滤器，清洗时应关闭加压泵和潜水泵，打开封盖，取出纱网，冲洗干净，安装好后封盖，即可重新使用。

上冻前必须放完竖管中的水，以防冻坏影响以后使用。

（七）喷水次序与施肥原则

微喷灌水肥一体化技术采用的喷水施肥次序，一般先喷清水20分钟，然后施肥，施完肥后再喷清水20分钟洗管，原则上施肥时间越长越好。一般使土层深度20～40厘米保持湿润即可。避免过量灌溉，过量灌溉不但浪费水，严重的是养分淋失到根层以下，浪费肥料，作物减产。特别是水溶肥料中的尿素、硝态氮肥（如硝酸钾、水溶性复合肥）极容易随水流失，造成面源污染。

施肥原则：基肥与追肥结合，有机与无机结合，水溶肥与常规肥结合。不强调专用水溶肥，配合使用其他常规肥料，降低成本。

（八）管带拆装

夏季管带拆装。小麦收获前现将地上支管全部收起，以便小麦机械收获。将田间地头两端微喷管带盘卷5～6米，埋入地下，防止机械碾压。收割机收小麦时骑着微喷带收获，玉米播种时在两条微喷带之间作业。

秋季管带拆装。玉米收获前将大田内所有地上管道、管件拆下，把水排净放好。喷带用专用机械盘卷起来，并按顺序做好标记，方便下年安装。

三、配套灌溉施肥技术

（一）冬小麦水肥一体化配套技术

玉米秸秆直接粉碎还田，精细整地足墒播种。底肥按照测土配方施肥要求施用氮、磷、钾等肥，氮肥需视基础地力减量施用，一般氮肥底肥施用量占全生育期施氮总量的40％～50％。磷肥全部底施，钾肥大部分底施。提倡种肥同播。

精选耐旱品种。主要选择早熟高产、抗寒、抗倒、耐旱小麦新品种。实行种衣剂包衣或药剂拌种，进行杀菌杀虫处理后待用。采取15厘米等行距播种，使田间麦苗分布均匀。播种深浅要适宜。播后1～3天适时镇压。

小麦起身—拔节期（3月下旬至4月上旬）：微喷灌浇水25米^3/亩，尿素9～12千克，氯化钾1千克。孕穗—扬花期（4月下旬至5月上旬）：微喷灌浇水20米^3/亩，尿素4.5～6千克/亩，氯化钾1千克。扬花期—灌浆期（5月中旬）：微喷灌浇水20米^3/亩，施尿素1.5～2千克，氯化钾1千克。灌浆中后期：微喷灌浇水15～20米^3/亩。灌水定额根据土壤质地、降雨和土壤墒情进行调整，施肥量根据土壤养分状况合理确定。

（二）夏玉米水肥一体化技术

选用耐密性品种，60厘米等行距，种植密度4 500～5 000株/亩，种肥同播。一般氮肥种肥施用量约占全生育期施氮总量的25%～30%，磷肥全部作种肥，钾肥大部分种肥施用。

播种期微喷灌浇水20米^3/亩。拔节期微喷灌浇水15米^3/亩，追肥尿素5千克/亩左右，氯化钾2千克/亩。大喇叭口期微喷灌浇水10米^3/亩，大喇叭口期追施尿素15千克/亩左右，氯化钾2千克/亩。抽雄期：微喷灌浇水10米^3/亩，尿素10千克/亩左右，氯化钾2千克/亩。灌浆后期灌水20米^3/亩，主要为下茬小麦播种造墒，满足下茬小麦出苗及冬季墒情。

适时晚收。河北南部夏玉米区一般应推迟到9月30日至10月5日收获。浇水施肥次数不变，灌水定额根据土壤质地、降雨和土壤墒情进行调整，施肥量根据土壤养分状况合理确定。

四、微喷灌水肥一体化技术应用的效果

与传统浇水对比，方便施肥，水肥均衡，节肥。传统的浇水、追肥方式为大水漫灌和“一炮轰”，作物不能均衡吸收营养。微喷灌水肥一体化技术，可以根据作物需水需肥规律及时供给，满足作物不同生育时期对肥水的需求。采用微喷灌水肥一体化技术，可直接把肥料随水均匀输送到作物的有效部位，提高了水肥的利用率。改变传统施肥模式，由“一炮轰”方式，改为使用水肥一体化技术后浇水，施肥次数和时期能根据小麦玉米不同生育期需水状况分期按需施肥、浇水。同时也解决了小麦玉米后期追

肥难的问题。

微喷水肥一体化技术具有“三节”“三省”“双增”的效果。

“三节”：节水、节肥、节地。实施主体实际使用中，小麦全生育期采用微喷灌溉3～4次，灌水量为130米^3/亩，亩底施复合肥50千克。第一次灌溉时间为小麦播种前的底墒水，灌水量为40米^3/亩；第二次为起身拔节期，灌水量为30米^3/亩，同时追施尿素15千克；第三次在孕穗扬花期，灌水量为30米^3/亩，并追施尿素7千克；第四次在灌浆期，灌水量为30米^3/亩。玉米全生育期亩底施复合肥50千克，田间灌溉3次，灌水量为90米^3/亩，第一次灌溉时间为拔节期，灌水量为30米^3/亩，追施尿素5千克；第二次为大喇叭口期，灌水量为40米^3/亩，同时追施尿素10千克；第三次在灌浆期，灌水量为20米^3/亩，并追施尿素5千克。总节约肥料费用50元。应用微喷水肥一体化技术后，可以去除地头的大垄沟、田间小垄沟和田间的畦背，增加了农作物的有效种植面积。去除垄沟可节省耕地6%～13%，去除畦背节省2%～2.4%，合计增加耕地利用面积10%左右。

“三省”：省工、省时、省电。省工省时：应用微喷水肥一体化技术后，农民仅需开关阀门就能完成田间灌溉及追肥，省去了清垄沟、扒畦背、扒边埂、撒化肥等田间操作工序。通过对示范户调查，普通畦灌每2～3小时浇1亩地，1眼机井需两人施肥、改畦、看管；而使用微喷水肥一体化技术后1小时浇2亩地，1人可看管2眼机井。一般应用微喷技术春季麦田管理每眼井可省30～50个工，每次灌溉可省时3～5天，工时均节省一半以上。省电：原来每浇一水一亩地用时一个半小时，亩用水量为60米^3。改用水肥一体化浇水模式后，亩浇地用时40分钟左右，机井出水量为每小时40米^3，亩用水26.7米^3，节水33.3米^3，节水率为55.6%，全生育期亩节水60米^{3}以上，亩节电费16元。

“双增”：增产、增收。一般小麦增产效果达5%～15%，玉米增产16.7%～27%。每亩节本增效300～350元。

五、技术模式优缺点

优点。浇水施肥操作简便，省时、省力、省工。灌水施肥均匀，节水、节肥、增产效果好。适合规模化经营地块应用。

不足。一是在冬小麦夏玉米轮作条件下，在小麦收获玉米种植和玉米收获小麦播植时因农业机械作业需对田间铺设的管带收、铺，操作烦琐，用工多，费力，管带存放困难，费工费时不经济，不受农民欢迎。二是微喷带铺设不方便，铺设时和铺设后非常容易被大风刮乱，微喷带易受鸟啄鼠害损坏。三是因水源及机泵不匹配，出现出水不均匀、出水不稳、断流抽空等问题。四是后期维护服务不到位，易影响农民灌溉，造成设备弃用。五是一家一户分散经营地块不方便灌溉施肥组织管理。

第十一节　徐水县冬小麦滴灌水肥一体化技术应用

2014 年麦收前，在国营保定农场对小麦应用滴灌水肥一体化技术情况进行了调研，发现在小麦上应用滴灌水肥一体化技术有一定的效果，但也存在一些问题。

一、滴灌示范建设情况

为了减少种植成本，由农业部农垦局、省农垦局及新疆建设兵团农业科学院组织及技术指导下，保定农场开展了小麦—玉米一年两作滴灌高产综合配套示范。完成示范面积 600 亩，分两个系统，其中一号井滴灌系统 280 亩（西），二号井滴灌系统 320 亩（东）。滴灌采用井水，井水流量 80 米^3/小时，一号井首部采用自动反冲洗式过滤器，并采取 GPS 卫星遥感定位程控管理模式。二号井首部采用离心＋网式过滤器组人工控制模式；滴灌系统采用支管轮灌方式，支管采用 PE 管，支管管径 75 毫米，压力等级 0.25 兆帕，支管间距 100 米；采用内镶式滴灌带，一号井滴头流量 2.0 升/小时，滴头间距 40 厘米，二号井滴头流量 2.4 升/小时，滴头间距 30 厘米，工作压力 0.1 兆帕，滴灌带布置间距 60 厘米，滴灌带一次铺设使用两季，滴灌小麦布设一管四行，小麦 15 厘米等行距播种，滴灌玉米一管一行，玉米 60 厘米等行距播种。亩投资约 662 元。

二、小麦应用情况

种植品种、播种日期及播种量：小麦品种 733，播种日期 10 月 8 日，播种量 18 千克/亩。小麦全生育期，灌水 5 次，亩灌水总量 130 米^3，比常规灌溉方式节水 50%。水电农场统一管理。浇地按照 0.52 元/度电，一亩地滴灌用电费 10 元，水不收费。滴灌用水溶肥料，按照技术依托单位提供的技术要求，不施底肥，追肥 2 次，每次 15～20 千克/亩，含量 50%。小麦全生育期内滴施滴灌专用肥 37 千克，比常规播种灌溉方式节肥 50%以上，但是施肥成本比常规高 20%～30%。滴灌带每亩 200 元成本，加上人工成本 100 元/亩，合计 300 元/亩。有破损后需修补，相对费工费时，小麦产量比常规增 5%以内。

三、玉米应用情况

玉米品种郑单 958，播种日期 6 月 27 日前后，播种量 3 千克/亩。玉米全生育期灌水及施肥 5～6 次，亩灌水总量 80 米^3 左右，比常规灌溉方式节水 50%以上。亩施肥量 35 千克，比常规灌溉方式节肥 45%以上。玉米滴灌带铺设间距 60 厘米，玉米种子播到中间位置，水不能充分渗透。农户若按传统常规施肥，会趁雨天施入，不需要浇水；而滴灌必须随水施肥，会增加浇水费用。但滴灌碰着干旱年份发挥优势，多浇几次水总用水量不会增加。

四、存在问题

一是滴灌控制系统操作技术没有掌握，设备配置欠佳，不能正常运行，经常出问题。二是滴灌带每年新投资 200 元/亩，没有建立完善的回收机制。三是滴灌带有虫咬、鸟啄现象发生，会出现损坏，经专家及实际操作，有厂家生产防止鼠咬、虫咬、鸟啄的滴灌带，但造价高。农场曾经在滴灌过程中加入部分低毒农药，以达到杀死地下害虫的效果，但发现同时把益虫也杀死了，办法不可取，管子厚了会增加成本。四是滴灌带埋在土里玉米播种时看不到容易挂出来损坏，所以必须收了再重新铺。五是滴灌带深度达到 3 厘米以上的在第三水时部分滴头有被堵的现象发生，造成水肥不均匀，作物产生缺水肥现象发生，对产量有一定的影响。六是玉米生长期正值雨季，缺水不大，滴灌优势不大，这方面经验都是跟新疆学，新疆缺水严重效果好。总体评价玉米用滴灌不节水，滴灌不能解决一喷三防问题。

第十二节　宣化县春玉米膜下滴灌水肥一体化技术应用

由于水资源缺乏，冀西北山地丘陵区干旱缺水严重制约农业生产，多年来传统农业生产模式产量水平低，农民收入差。为提高粮食产量水平，充分利用当地水资源，宣化县引进示范推广了春玉米膜下滴灌水肥一体化技术，取得了较好的效果，为当地农业增产农民增收探索出了新路子。

一、示范安排

示范地块安排在宣化县丘陵地区的东望山乡东望山村，该地无霜期 120 天左右，土质为壤质栗褐土，传统露地玉米种植品种以巡天 16，四单 19、龙单 13 等为主栽品种，种植密度 3 000～3 500 株/亩，产量 400～500 千克/亩。示范面积 100 亩，示范玉米品种为郑单 958，采用全膜双垄沟播膜下滴灌水肥一体化技术，应用玉米多功能播种机，一次作业完成覆膜、播种、施肥、铺滴灌管、施除草剂等，4 月 24～26 日完成田间作业。底肥施用 45%玉米配方肥（18-18-9）75 千克/亩，6 月 26 日大喇叭口期滴灌浇水 34 米^3，追施尿素 20 千克/亩，7 月 27 日籽粒灌浆期滴灌浇水 30 米^3，追施尿素 15 千克/亩。目标产量 850 千克/亩。对照为当地农民传统种植方式，玉米品种同为郑单 958，未覆膜，沟灌，种植密度为 2 648株/亩。底肥施用 45%玉米配方肥（18-18-9）75 千克/亩，大喇叭口期一次追施尿素 25 千克/亩，同时浇水一次，灌水量 150 米^3。目标产量 450 千克/亩。

二、示范核心技术

一是全膜双垄沟播：玉米采用幅宽 1.2 米，厚度 0.008 毫米地膜进行全膜覆盖。玉米种植在垄沟内，可提高天然降雨利用率 2～3 倍。二是膜下滴灌：膜下滴灌带（管）采用单向直线布设（顺玉米行间布置）。模式为：一膜一带，滴灌二行玉米，滴孔间距 30 厘米。支管垂直毛管双侧布置，干管垂直于支管连接并与毛管平行，主管与干管和泵管出口连接，将水源引入田间。三是机械种植：利用玉米膜下滴灌专用播种机播种，该机是一种新型多功能联合作业播种机，可实现开沟、播种、施肥、覆膜、铺设滴灌带、喷施除草剂、覆土压膜等多道工序一次性完成，省工、省时，播种质量高。四是水肥耦合技术：按照肥随水走、少量多次、分阶段拟合的原则，按照玉米不同生育阶段需肥、需水规律，合理分配灌溉水量和施肥量，制定科学的灌溉施肥制度，充分满足作物不同生育期水分和养分需要。五是大小行适度加密：大小行种植有利于增加通风，提高作物下部采光，改善农田小气候。播种机设计理论种植大行 70 厘米，小行 40 厘米，平均行距 55 厘米，株距固定为 22.5 厘米。由于播种机取种器设计原因，每 7 穴中有 2 穴为双株，该示范方属于全县中低产田，土壤较贫瘠，技术上要求对双株采取间除一棵苗的措施，经田间调查，实际种植平均行距 56.3 厘米 ，平均株距 25.05 厘米，密度为4 654 株/亩。六是配方施肥：底肥采用 45%含量玉米配方肥（18-18-9）75 千克，随播种机械施入种植小行。追肥分两次施入，第一次在大喇叭口期每亩追施尿素20千克，第二次在籽粒灌浆期，每亩15千克尿素。

三、示范效果

一是产量大幅增加。春玉米全膜覆盖较露天种植，在山地丘陵区可延长生育期10～15天，为品种更新提供了保证。9月26日，组织相关技术人员进行了田间实际测产。测产结果显示，示范方平均亩产为964.5千克，对照田平均亩产493.7千克，亩增产470.8千克，增幅达95.4%，当年基本实现产量翻番。二是用工成本降低。为科学评价玉米水肥一体化技术的投入产出情况，对示范方及对照田的用工情况、用肥情况、用水情况及其他投入等进行了详细调查。调查结果表明，应用玉米双垄沟播膜下滴灌水肥一体化实际用工每亩2.8个，比农民传统种植方式用工减少0.75个，按当地用工价格80元计，亩减少用工费用60元。三是节水节肥效果明显。玉米抽雄到灌浆期40天左右没有有效降雨，使全膜双垄沟播技术的抗旱优势充分体现。采用技术的示范田共浇水两次，总灌水量为66米^3。其中大喇叭口期灌水量为36米^3，灌浆期30米^3。农民习惯种植对照区浇水一次，总灌水量为150米^3。亩节水84米^3。从施肥对比情况看，示范方2018年的每亩施肥量与对照田对比，氮增加4.6千克/亩，磷、钾相同。但是由于水肥一体化技术按照玉米需肥规律进行配方施肥，显著提高了肥料利用率，示范方的亩产量增加470.8千克，这样计算单位粮食生产的施肥量大幅减少。以氮肥为例，示范方每100千克玉米需氮3.069千克，对照田每100千克玉米需氮5.064千克，每100千克玉米需氮减少1.995千克，减少了39.4%左右。四是效益显著。调查结果表明，示范方比农民习惯种植需要增加地膜、滴灌管带、施肥器等的费用，种子用量也较习惯多。增产带来的增效明显，节省费用主要为人工费、水电费等，但增加了生产资料费用。总体计算，水肥一体化技术实现每亩节本增效763.9元。

四、问题和建议

一是水肥一体化技术是一项涉及多部门、多学科的综合集成技术，基层推广队伍技术力量薄弱，亟须进行深入、系统的培训。二是水肥一体化技术的发展对农村专业合作组织的建设提出了更高要求，需要建立一支专业的农机队伍、工程设计安装队伍等。三是水肥一体化技术的主要效益是社会效益和生态效益，前期投入较大，政府财政支持非常必要。四是随着水资源日益紧张，农业用水浪费问题仍然非常严重。建议政府制定农业用水的阶梯水价和阶梯电价，对浪费水资源的生产方式，逐步减少甚至取消补贴、优惠政策，对节约用水的农户制定奖励政策。五是残膜回收不理想，存在残膜污染现象。建议政府制定残膜回收配套政策措施。建议在项目资金中要安排地膜以旧换新、残膜回收专项补贴资金，采取强制措施。在项目实施区域，设立残膜回收点，对购买新膜的农民必须建立销售台账，签订残膜回收承诺书。第二年购买新膜时，按照上年度购买数量，要求必须交回一定数量的残膜（包括废旧塑料食品袋、塑料包装袋等）。建立不同等级的补贴机制，交回百分之几十的残膜，就补贴地膜款的百分之几十，百分之百交回的，免费发给新膜。残膜交回数量低于50%的农户，取消其享受补贴的资格。这个政策不仅调动农民回收耕地残膜，还可以鼓励农户在农闲季节收集废旧塑料食品袋、塑料包装袋等，以此达到农户减少成本投入，社会减低环境污染的双赢。

第十三节　宣化县杂交谷膜下滴灌水肥一体化技术应用

一、示范方情况

示范地点为宣化县东望山乡，无霜期120天左右，土质为壤质栗褐土，传统谷子产量150～200千克/亩左右，杂交谷300千克/亩左右。示范方面积110（亩），种植品种为张杂谷5号，采用穴播技术，每穴2～3株，播种时间为5月15～17日，目标产量850千克/亩。采用改造后的玉米播种机播种，底肥为配方肥45%（18-18-9），每亩施用75千克。孕穗期追施尿素20千克/亩，灌浆期追施尿素10千克/亩。结合追肥浇水两次，每次用水量30米^3/亩。

二、核心示范技术

一是半膜覆盖、机械穴播：采用幅宽75厘米，厚度0.008毫米地膜进行半膜覆盖，机械播种、铺设滴灌带、覆膜、覆土同时完成。杂交谷种植在膜上。二是膜下滴管：膜下滴灌带（管）选择单向直线布设（顺杂交谷行间布置）。模式为：一膜一带（毛管）种植二行杂交谷，滴孔间距30厘米。毛管铺设长度以60米左右。辅管垂直毛管双侧布置。支管通过竖管与地面辅管连接并与辅管平行，干管与支管和泵管出口连接，将水源引入田间。三是水肥一体化：按照肥随水走、少量多次、分阶段拟合的原则，按照杂交谷不同生育阶段需肥、需水规律，合理分配灌溉水量和施肥量，制定科学的灌溉施肥制度，充分满足作物不同生育期水分和养分需要。四是适度加密：经田间实测，行距48.5厘米，株距22.1厘米，穴密度达到6 263穴/亩，又因为每穴留苗2～3株，种植密度可达12 526～18 789株/亩。五是实行配方施肥：底肥采用45%含量谷子配方肥（18-18-9）75千克，旋耕前撒施。孕穗期追施尿素20千克/亩，灌浆期追施尿素10千克/亩。共追施尿素30千克/亩。

三、示范效果

通过2018年的示范方建设，水肥一体化表现出“节水、节肥、增产、增效”的明显效果。

一是节水效果显著。该区域地处全县丘陵地带，属旱作区，通过铺设地下输水管道，使得该区域实现小范围农业灌溉。农民种植杂交谷，在孕穗期浇水一次，采取大区漫灌，每亩用水量120米^3。

示范方采取了膜下滴灌技术，浇水 2 次，每亩耗水量 60 米^3。较传统种植模式每亩节水 60 米^3，节水率 100%。

二是节肥。该示范方今年的每亩施肥量氮 27.3 千克/亩，磷 13.5 千克/亩，钾 6.75 千克/亩。由于水肥一体化技术按照杂交谷需肥规律进行配方施肥，显著提高了肥料利用率，示范方的亩产 705.48 千克，这样计算单位粮食生产的施肥量大幅减少。示范方每 100 千克杂交谷需氮 3.87 千克、磷 1.91 千克、钾 0.96 千克。

三是增产。9 月下旬进行了田间实际测产，测产结果显示，试验方亩产为 705 千克。比过去传统产量增产 133%，大大超出了当地农民常年产量，实现翻番。

四是增效。采用水肥一体化技术，需要增加的投入主要是地膜、滴管带、施肥罐、过滤器等的费用，节省费用主要为人工费、肥料投入、水电费等。总体计算，水肥一体化技术实现每亩纯收入 2 748.5元。同时节肥、节水、省工，具有巨大的社会效益和生态效益。

第十四节　隆化县马铃薯膜下滴灌水肥一体化技术应用

一、农业生产基本情况

隆化县属滦河流域，平均海拔 750 米，大于等于 10℃积温 2 800℃，年平均气温 6.9℃，无霜期 128 天，四季分明、雨热同季、昼夜温差大。年均降水量 500 毫米左右，水资源相对匮乏。由于近年来滦河水位逐年降低，农田灌溉用水受到了极大影响，一部分水田已改为旱田耕作。马铃薯为第四大粮食作物，在全县的种植面积逐年扩大，2016 年种植面积近 3 万亩。土壤为壤土，有机质含量 19.9 克/千克，全氮 0.94 克/千克，碱解氮 142.6 毫克/千克，有效磷 22 毫克/千克，速效钾 158 毫克/千克，有效铜 2.4 毫克/千克，有效铁 27.1 毫克/千克，有效锰 14.1 毫克/千克，有效锌 0.9 毫克/千克。往年马铃薯种植灌溉采取沟渠灌溉，施肥方式主要采取底肥一次性施入，追肥采取灌水冲施，传统方式灌溉施肥，作物吸收利用率较低，既造成了浪费，又增加了投入成本，还污染了环境。膜下滴灌水肥一体化技术将马铃薯滴灌技术、地膜覆盖技术和垄作集雨种植技术有机结合，并通过干、支管道与水源相连，集成的一种新型田间灌溉方式，可以增产、节水节肥、省农药、节省人工，提高作物产量和改善品质。

二、膜下滴灌系统建设情况

滴灌栽培水肥一体化技术是借助压力灌溉系统，将可溶性固体肥料或液体肥料兑成的肥液与灌溉水一起，通过可控管道系统控水，使水肥相融后的灌溉水形成滴状，均匀、定时、定量浸润作物根系发育区域，使主要根系区土壤始终保持疏松和适宜含水状态，同时根据马铃薯的需肥特点，土壤环境状况，不同生长期需水情况进行全生育期需求设计，把水分和养分定时和定量，按比例直接提供给作物，该技术由水源、首部枢纽、输配水管道、滤水器四部分组成。为了示范推广马铃薯膜下滴灌技术，2016 年在隆化县张三营镇东风村进行了示范，面积 100 亩。示范区滴灌系统水源为地下水，机电井抽水，水泵流量为 20 米^3/小时，扬程 67 米，动水位 30 米。滴灌轮灌方式采用辅管轮灌设计，首部系统包括电机、过滤器、施肥罐等。水质处理采用离心＋网式两级过滤，施肥采用压差式施肥罐，体积为 150 升。支管采用 φ86PE 薄壁管（0.25 兆帕），辅管采用 ϕ60PE 薄壁管（0.25 兆帕），毛管采用 ϕ16 的薄壁边缝迷宫式滴灌带。输水管网由干管支管滴灌带三级组成，主管道东西布置。地膜选用 85 毫米白膜。每亩地用水溶肥 50 千克。

三、配套栽培管理技术

种植品种选用适合当地气候、土壤和管理水平的优质高产马铃薯品种荷兰 15 号早熟。采用平垄铺膜宽窄行种植，窄行间距为 30 厘米，宽行间距为 80 厘米，平均行距 55 厘米，株距 42 厘米，播种密度为 3 000 株/亩。4 月初深翻 40 厘米左右，并旋耕 15～20 厘米，使土壤松碎、平整、干净，达到较好的待播状态。于 4 月 7 日开始切种，切种时用高锰酸钾溶液沾刀消毒进行切种，切完的种块用人工进行拌药，拌种药包括滑石粉（防腐烂）、甲基硫菌灵（消炎杀菌）和农用硫酸链霉素 3 种。播种时作种肥施入复合肥 70 千克、硝酸钙 20 千克、硫酸钾 15 千克。4 月中旬开始播种，播种深度为 10～12 厘米，滴灌带浅埋 3 厘米左右，铺膜铺管播种一次完成。在 7 月中下旬适时收获。

四、水肥管理技术

根据马铃薯的需水规律和当地气候、降雨等情况，苗期至现蕾滴水 1 次（第一水），滴水量 10 米^3/亩；现蕾至开花滴水 2 次（第二水和第三水），亩次滴水量 15 米^3/亩 ；盛花期至终花期滴水 4 次（第四水到第七水），亩次滴水量为 20 米^3/亩；终花至收获期滴水 1 次（第八水），滴水量为 15 米^3/亩。全生育期滴水 8 次，总滴水量 135 米^3/亩。

根据马铃薯需肥规律和土壤中的养分状况，在马铃薯的现蕾期至盛花期滴施水溶性复合肥。现蕾期、开花后两次追肥，亩追施 N∶P∶K＝19∶4∶25 水溶性复合肥 25 千克。

五、应用效果

膜下滴灌水肥一体化技术，达到了明确需肥、精准供肥、省肥节水、省工省力、降低湿度、减轻病害、增产高效的目的。

1. 增产 应用传统技术种植马铃薯平均亩产 1 500 千克左右，应用膜下滴灌水肥一体化技术，平均亩产达到 3 000～3 500 千克左右，平均增产 1 倍以上，增产效果十分显著。

2. 节水 膜下滴灌水肥一体化技术可以大大减少水分的下渗和蒸发，提高水分利用率，利用膜下滴灌水肥一体化新技术，马铃薯整个生育期用水量约 135 米^3/亩，周边农户传统种植灌溉方式采用沟渠灌溉，整个生育期用水量约 200 米^3/亩，新技术比传统种植约可节水 65 米^3/亩，节水率 48%左右。

3. 节肥 水肥一体化实现了平衡施肥和集中施肥，减少了肥料的挥发和流失，以及养分过剩造成的损失，具有施肥简便，供肥及时，作物易吸收，提高肥料利用率等优点。底肥施入相同，传统施肥追肥 50 千克，膜下滴灌水肥一体化追肥 25 千克，水肥一体化施肥技术与传统施肥技术相比，追肥节省肥料 50%。

4. 生态效益 一是采用滴灌水肥一体化可以明显降低土壤湿度，有效减少病虫害的发生。二是有利于提高地温，利于作物生长。三是增强微生物活性，促进马铃薯根系对养分的吸收。四是有利于改善土壤物理性状，滴灌施肥克服了因灌溉造成的土壤板结，土壤容重降低，土壤孔隙变大。五是减少土壤养分的流失，减少地下水的污染。六是增加产量改善品质。

六、使用中出现的问题

一是水肥一体化的加压系统由于是手动操作，压力有时不稳，易引起支管道与滴灌带衔接处开扣，引起漏水现象。

二是施肥灌在加入颗粒状可溶肥后溶解速度较慢，若在施肥灌中安装上搅拌器，可以加速肥料的溶解，提高施肥效率。

第十五节 宣化县马铃薯膜下滴灌水肥一体化技术应用

一、示范方基本情况

示范点位于宣化县李家堡乡，平均海拔 850 米，无霜期 120 天左右，≥10℃有效积温 2 789℃，土质为壤质栗褐土，有机质 16.64 克/千克，速效氮 47.43 毫克/千克，速效磷 15.14 毫克/千克，速效钾 177.25 毫克/千克，pH 8.3。属全县马铃薯中低产区。传统种植方式产量水平 1 000～1 500 千克/亩。

示范方面积 600 亩，示范品种为荷 14（生育期 100 天）、荷 15（生育期 85 天），目标产量为 3 000 千克/亩。4 月 6～22 日播种，开沟、起垄、播种、施肥、覆膜、铺设滴管带、覆土压膜等工序一次性机械完成。亩用种量150千克。采取大垄双行种植模式，大垄1.3米，垄高35厘米，大行102厘米，小行28厘米，株距28厘米，种植密度3 800株/亩。地膜规格0.008毫米×100厘米。

底肥施用过磷酸钙100千克/亩，主要目的是调节土壤pH，施可丰复合肥（12-16-16）80千克/亩。追肥通过滴灌，在现蕾期、盛花期、闭花期（膨大期）各追1次，累计每亩追施硝酸钾40千克、硝酸钙镁20千克、尿素14千克。每次追肥结合浇水进行。浇水原则是土壤见干即浇，保持土壤湿润状态。每次用水量12～15米^3/亩。

主要是防止早疫病发生，花蕾期第一次喷药，以后每隔12天喷药1次，共计4次。用药种类为大生、杀毒矾、抗菌优、功夫等。

二、示范方核心技术

1. 半膜覆盖、机械种植 采用幅宽1米，厚度0.008毫米地膜进行覆盖。采用马铃薯专用播种机进行机械播种。可实现开沟、起垄、播种、施肥、覆膜、铺设滴管带、覆土压膜等工序一次性完成，省工、省时，播种质量高。

2. 膜下滴灌、水肥耦合 膜下滴灌带（管）采用单向直线布设（顺马铃薯行间布置）。模式为：一膜一带，滴灌二行马铃薯，滴孔间距30厘米。支管垂直毛管双侧布置，干管垂直于支管连接并与毛管平行，主管与干管和泵管出口连接，将水源引入田间。按照肥随水走、少量多次、分阶段拟合的原则，按照马铃薯不同生育阶段需肥、需水规律，合理分配灌溉水量和施肥量，制定科学的灌溉施肥制度，充分满足作物不同生育期水分和养分需要。

3. 大垄双行种植 采取大垄双行种植模式，可以大大提高马铃薯单株的结薯数，提高大薯的比例，并且减少绿薯，同时，大小行种植有利于增加通风，提高作物下部采光，改善农田小气候，最终提高马铃薯的产量。示范方大垄 1.3 米，垄高 35 厘米。大行 102 厘米，小行 28 厘米，株距 28 厘米。

4. 适度加密　播种机理论种植大行 102 厘米，小行 28 厘米，株距 28 厘米，种植密度 3 665 株/亩。经田间调查，平均行距 62.3 厘米，平均株距 28.2 厘米，实际密度 3 797 株/亩。

5. 配方施肥　底肥施用过磷酸钙 100 千克/亩，主要目的是调节土壤 pH，施可丰复合肥（12-16-16）80 千克/亩。追肥通过滴灌，在现蕾期、盛花期、闭花期（膨大期）各追 1 次，累计每亩追施硝酸钾 40 千克、硝酸钙镁 20 千克、尿素 14 千克。

三、示范效果

节水：该区域地处丘陵地带，属缺水区域，农民种植马铃薯，春浇 1 次，后期浇水 2 次，每次用水 150 米^3 左右，共计 450 米^3。示范方采取了膜下滴灌技术，浇水 5 次，每亩耗水量 150 米^3。较传统种植模式对照田每亩节水 300 米^3，节水率 66.7%。

节肥：该示范方今年亩施氮 25.24 千克、磷 29.8 千克、钾 28.24 千克。但是由于水肥一体化技术按照需肥规律进行配方施肥，显著提高了肥料利用率。示范方每 100 千克马铃薯需氮 0.828 千克、磷 0.977 千克、钾 0.926 千克。

增产：8 月中旬经实收测产，产量达 3 300 千克，其中 150 克以上商品薯 3 050 千克，商品率达 92.4%，较农民常年种植的 1 000～1 500 千克/亩，实现翻番。

增效：采用水肥一体化技术，需要增加的投入主要是地膜、滴管带、施肥罐、过滤器等的费用，节省费用主要为人工费、肥料投入、水电费等。总体计算，水肥一体化技术实现每亩纯收入 3 145.6元。同时节肥、节水、省工，具有巨大的社会效益和生态效益。

四、结论

马铃薯水肥一体化技术具有“省工、省力、节水、节肥、增产、增效”的显著效益，应加大推广力度。马铃薯半膜覆盖较露天种植，在山地丘陵区可缩短生育期 7～10 天，为抢占市场奠定了基础，同时，与坝上马铃薯主产区错开了收获期，市场价格高，销售容易，效益更好。该项技术的推广将促进农村土地的快速有序流转和农民专业合作组织、种植大户的大量出现，为农业新技术的推广创造条件。